Thomas D. Seeley

Bienendemokratie

Wie Bienen kollektiv entscheiden und was wir davon lernen können

Aus dem Amerikanischen
von Sebastian Vogel

FISCHER Taschenbuch

Aus Verantwortung für die Umwelt hat sich der S. Fischer Verlag zu einer nachhaltigen Buchproduktion verpflichtet. Der bewusste Umgang mit unseren Ressourcen, der Schutz unseres Klimas und der Natur gehören zu unseren obersten Unternehmenszielen.

Gemeinsam mit unseren Partnern und Lieferanten setzen wir uns für eine klimaneutrale Buchproduktion ein, die den Erwerb von Klimazertifikaten zur Kompensation des CO_2-Ausstoßes einschließt.

Weitere Informationen finden Sie unter: www.klimaneutralerverlag.de

FSC www.fsc.org
MIX
Papier aus verantwortungsvollen Quellen
FSC® C083411

3. Auflage: September 2020

Erschienen bei FISCHER Taschenbuch
Frankfurt am Main, Dezember 2015

Die amerikanische Originalausgabe erschien 2010 unter dem Titel »Honeybee Democracy« bei Princeton University Press

Abbildungen bearbeitet für die deutsche Ausgabe
von Peter Palm, Berlin
Satz: Dörlemann Satz, Lemförde
Druck und Bindung: CPI books GmbH, Leck
Printed in Germany
ISBN 978-3-596-19407-0

Inhalt

Prolog 7
1. Einleitung *11*
2. Das Leben im Bienenvolk *30*
3. Traumwohnung für Honigbienen *53*
4. Die Diskussion der Kundschafterinnen *86*
5. Einigung auf die beste Stelle *117*
6. Auf dem Weg zum Konsens *140*
7. Der Umzug beginnt *172*
8. Der fliegende Schwarm wird gesteuert *205*
9. Der Schwarm als kognitives Ganzes *231*
10. Der kluge Schwarm *257*
Epilog *277*

Anmerkungen *283*
Danksagung *307*
Abbildungsnachweise *311*
Register *315*

Prolog

Imker beobachten und beklagen es schon seit langem: Ihre Bienenvölker schwärmen gern im späten Frühjahr und Frühsommer. Die Mehrzahl der Bienen aus einem Volk – eine Masse von einigen zehntausend Arbeiterinnen – fliegt mit der alten Königin davon und bildet ein neues Volk. Der Rest bleibt zu Hause, füttert eine neue Königin heran und sorgt so für den Fortbestand des alten Volkes. Die ausgeschwärmten Bienen lassen sich als riesige Traube, die wie ein Bart aussieht, an einem Ast nieder und klammern sich dort stunden- oder sogar tagelang aneinander. Während dieser Zeit tun die obdachlosen Insekten etwas wahrhaft Verblüffendes: Sie entscheiden in einer demokratischen Diskussion über ihren neuen Wohnort.

Dieses Buch beschreibt, wie der demokratische Entscheidungsprozess bei den Bienen abläuft. Es wird davon die Rede sein, wie einige hundert der ältesten Bienen aus dem Volk als Nistplatz-Kundschafter tätig werden und die Landschaft nach dunklen Winkeln absuchen. Wir werden erfahren, wie sie die gefundenen potentiellen Wohnorte bewerten, ihre Kundschafterkollegen mit lebhaften Tänzen über ihre Entdeckungen in Kenntnis setzen, in einer hitzigen Debatte den besten Nistplatz auswählen, das ganze Volk zum Abflug veranlassen und die Wolke schwärmender Bienen zu dem neuen Zuhause dirigieren. Im typischen Fall handelt es sich dabei um einen hohlen, einige Kilometer entfernten Baumstamm.

Warum habe ich dieses Buch geschrieben? Ich verfolge damit ein doppeltes Ziel. Einerseits möchte ich Biologen und Sozialwissenschaftlern eine einheitliche Zusammenfassung der Forschungsergebnisse der letzten 60 Jahre präsentieren. Den Ausgangspunkt bilden dabei die Arbeiten von Martin Lindauer in Deutschland. Bisher verteilten sich die Informationen zu dem Thema über Dutzende von

Fachartikeln, die in zahlreichen Fachzeitschriften erschienen sind. Deshalb war nur schwer zu erkennen, in welchem Zusammenhang jede Einzelentdeckung zu allen anderen steht. Die Frage, wie Honigbienen in einer persönlichen Zusammenkunft den Konsens suchen und so zu einer demokratischen Entscheidung gelangen, ist sicher von großer Bedeutung für Verhaltensforscher, die sich für die Entscheidungsprozesse in Tiergruppen interessieren. Darüber hinaus wird sie sich hoffentlich auch für Neurowissenschaftler als wichtig erweisen, die sich mit den neuronalen Grundlagen der Entscheidungsfindung beschäftigen, denn in den Wegen der Informationsverarbeitung, die zu Entscheidungen führen, gibt es zwischen Bienenvölkern und dem Gehirn von Primaten verblüffende Ähnlichkeiten. Außerdem hoffe ich, dass die Geschichte der wohnungssuchenden Bienen sich auch als hilfreich für Sozialwissenschaftler erweisen wird, die nach Wegen suchen, um die Entscheidungsprozesse in Menschengruppen zuverlässiger zu gestalten. In dieser Hinsicht können wir von den Bienen eine wichtige Lektion lernen: Auch in einer Gruppe freundlich gesinnter Individuen mit gemeinsamen Interessen kann der Konflikt ein nützliches Element der Entscheidungsfindung sein. Oder anders gesagt: Häufig zahlt es sich für eine Gruppe aus, wenn sie eine Frage sorgfältig durchdiskutiert und so die beste Lösung für ein schwieriges Problem findet.

Mein zweites Motiv war der Wunsch, Imkern und dem allgemeinen Lesepublikum davon zu berichten, welchen Spaß mir die Untersuchung von Honigbienenvölkern gemacht hat. Ich verdanke diesen wunderschönen kleinen Lebewesen viele Stunden der reinsten Entdeckerfreude, die aber (wie könnte es anders sein) auch durch Tage und Wochen der fruchtlosen und manchmal entmutigenden Anstrengung unterbrochen waren. Um einen Eindruck davon zu vermitteln, wie spannend und schwierig die Bienenforschung ist, berichte ich über zahlreiche persönliche Erlebnisse, Spekulationen und Gedanken über den Ablauf wissenschaftlicher Untersuchungen.

Die hier beschriebenen Arbeiten bauen auf ein festes Fundament des Wissens auf, das der kürzlich verstorbene Professor Martin Lindauer (1918–2008) in den 1950er Jahren mit seinen Untersuchungen an wohnungssuchenden Bienen legte. Ich widme dieses Buch meinem Freund und Lehrer Martin Lindauer, dessen Pionierarbeiten für mich zur Anregung für meine eigenen Forschungsreisen im Wunderland der Bienengesellschaft wurden.

Tom Seeley
Ithaca, New York

1. Einleitung

> Geh zur Biene,
> du Dichter.
> Betrachte ihre Wege
> und werde weise.[1]
>
> George Bernard Shaw,
> *Mensch und Übermensch*

Honigbienen sind Süße und Licht – sie produzieren Honig und Bienenwachs. Deshalb ist es kein Wunder, dass Menschen die kleinen Lebewesen schon in uralter Zeit zu schätzen wussten. Selbst heute, da üppige Süßigkeiten und helles Licht Allgemeingut sind, stehen diese hart arbeitenden Insekten bei uns in hohem Ansehen. Das gilt insbesondere für die rund 200 Milliarden Bienen, die in Partnerschaft mit kommerziellen Imkern leben und zu unserem Nutzen eine lebenswichtige landwirtschaftliche Aufgabe erfüllen: Sie fliegen herum und bestäuben.[2] In Nordamerika sind bewirtschaftete Honigbienen die wichtigsten Bestäuber für rund 50 Obst- und Gemüsesorten, die zusammen den nahrhaftesten Anteil unserer täglichen Ernährung bilden. Den Honigbienen verdanken wir aber auch ein anderes großes Geschenk, und das füllt nicht unseren Magen, sondern unser Gehirn: Jedes wimmelnde Bienenvolk ist ein Musterbeispiel für eine Gemeinschaft, deren Mitglieder Erfolg haben, weil sie zugunsten gemeinsamer Ziele gemeinsam arbeiten. Wie wir noch genauer erfahren werden, können wir von den kleinen sechsbeinigen Schönheiten etwas über den Aufbau reibungslos funktionierender Gruppen lernen, insbesondere solcher, die die Möglichkeiten der demokratischen Entscheidungsfindung in vollem Umfang ausschöpfen.

Unsere Lehren werden wir von nur einer Honigbienenspezies beziehen: *Apis mellifera*, der bekanntesten Insektenart der Welt.[3] Sie war ursprünglich in Westasien, dem Nahen Osten, Afrika und Europa heimisch, aber heute findet man sie dank der Verbreitungsbemühungen ihrer menschlichen Bewunderer in den gemäßigten und tropischen Klimazonen der ganzen Welt. Sie ist eine wunderschön soziale Biene. Diese Schönheit erkennen wir an den Bienenstöcken mit ihren Waben, feinen Anordnungen aus sechseckigen Zellen, die in dünnstem Bienenwachs ausgeführt sind (siehe Bildteil, Abb. I). Ebenso erkennen wir sie an ihrer harmonischen Gesellschaft, in der Zehntausende von Arbeiterinnen im aufgeklärten Eigeninteresse zum gemeinsamen Wohle der Kolonie zusammenarbeiten. Die soziale Schönheit der Honigbienen werden wir auf den folgenden Seiten in allen Einzelheiten kennenlernen; dazu sehen wir uns an, wie ein Bienenvolk bei der Auswahl seiner neuen Wohnung zu nahezu perfekten Entscheidungen gelangt.

Die Auswahl des richtigen Wohnortes ist für ein Honigbienenvolk eine Frage von Leben und Tod. Wenn die Kolonie sich falsch entscheidet und eine zu kleine Nisthöhle bezieht, die keine ausreichenden Honigvorräte für den Winter aufnehmen kann oder zu wenig Schutz vor Wind und hungrigen natürlichen Feinden gewährt, geht sie zugrunde. Da also die Entscheidung für eine ausreichend geräumige, komfortable Heimstatt so lebenswichtig ist, kann es eigentlich nicht überraschen, dass die Wahl des Heimatortes nicht wenigen allein agierenden Bienen überlassen bleibt, sondern von mehreren hundert Insekten gemeinsam gefällt wird. Das vorliegende Buch zeigt, wie eine solche recht große Findungskommission fast immer eine gute Wahl trifft. Wir werden erfahren, wie die Wohnungssucher-Bienen in der Umgebung nach geeigneten Nistplätzen fahnden, über ihre Entdeckungen berichten, eine freimütige Diskussion über die Alternativen führen und letztlich zu einer Übereinkunft darüber gelangen, welche Stelle zum neuen Wohnort für die Kolonie wird. Kurz gesagt, werden wir die geniale Funktionsweise der Bienendemokratie kennenlernen.

Was die innere Funktionsweise eines Bienenvolkes angeht, muss ich gleich zu Beginn ein verbreitetes Missverständnis ausräumen: die Vorstellung, ein Bienenvolk werde von einer wohlwollenden Diktatorin regiert, Ihrer Majestät, der Königin. Der Gedanke, eine Kolonie halte zusammen, weil eine allwissenden Königin (oder ein König) den Arbeiterinnen sagt, was sie zu tun haben, ist viele Jahrhunderte alt; sie geht auf Aristoteles zurück und hat sich bis in die Neuzeit gehalten. Aber sie ist falsch. Allerdings stimmt es, dass die Königin das Kernstück des ganzen Unternehmens bildet – ein Volk von Honigbienen ist eine ungeheuer große Familie mit der Königin als Mutter und ihren vielen tausend Nachkommen. Ebenso stimmt es, dass die vielen tausend fürsorglichen Töchter (die Arbeiterinnen) letztlich bemüht sind, ihrer Königinmutter das Überleben und die Fortpflanzung zu sichern. Die Königin des Bienenvolkes ist aber nicht die oberste Entscheidungsinstanz, sondern der oberste Eierproduzent. Im Sommer legt sie Tag für Tag eintönig die rund 1500 Eier ab, die notwendig sind, um die Arbeitskraft der Kolonie zu erhalten. Von dem sich ständig wandelnden Bedarf der Kolonie hat sie keine Ahnung – sie weiß zum Beispiel nicht, dass hier mehr Wabenbauer und dort weniger Pollensammler gebraucht werden; auf solche Anforderungen stellt das Personal der Arbeiterinnen sich von selbst ein. Soweit man weiß, übt die Königin nur in einem Punkt die Vorherrschaft aus: Sie verhindert, dass weitere Königinnen großgezogen werden. Dies erreicht sie mit einem Drüsensekret, der »Königinnensubstanz«, die von den Arbeiterinnen mit den Antennen aufgenommen und in alle Winkel des Bienenstocks verteilt wird.[4] Auf diese Weise verbreiten die Arbeiterinnen die Nachricht, dass die Königinmutter noch lebt und wohlauf ist, so dass kein Bedarf für die Aufzucht einer neuen Königin besteht. Die Königinmutter ist also nicht die Chefin der Arbeiterinnen. Einen allwissenden zentralen Planer, der die Tausende und Abertausende von Arbeiterinnen eines Bienenvolkes beaufsichtigen würde, gibt es nicht. Die Arbeit im Bienenstock wird vielmehr von den Arbeiterinnen selbst gemeinsam geregelt: Jede von ihnen ist immer aufmerksam, sucht auf Inspektionsgängen nach Aufgaben, die erledigt werden müssen, und wird selbständig im Dienste der Gemeinschaft tätig. Da die Arbeiterinnen eng zusammenleben, durch das Netzwerk ihrer gemeinsamen Umwelt verbunden sind und über ein gemeinsames Signalrepertoire verfügen, mit dem sie sich über dringende Aufgaben informieren können – beispielsweise indem Nahrungssammlerinnen durch einen Tanz zu Blüten voller süßem Nektar dirigiert werden –, erreichen sie mit ihrer Tätigkeit auch ohne Aufsicht eine dauerhafte Harmonie.

Kollektive Intelligenz

Im Mittelpunkt des vorliegenden Buches steht das in meinen Augen erstaunlichste Beispiel dafür, wie die vielen Bienen in einem Bienenvolk ganz ähnlich wie die vielen Zellen eines Organismus ohne Aufseher kooperieren und eine Funktionseinheit bilden, deren Fähigkeiten weit über die ihrer Einzelteile hinausgehen.[5] Insbesondere werden wir betrachten, wie ein Honigbienenvolk bei der Auswahl seines Nistplatzes eine Form der kollektiven Intelligenz erlangt. Wie in Kapitel 2 genauer beschrieben wird, findet die Wohnungssuche der Bienen im späten Frühjahr und Frühsommer statt, wenn die Kolonien an ihren bisherigen Nistplätzen (Bienenstöcke und hohle Baumstämme) übervölkert sind, so dass ein Schwarm sie verlässt. In einem solchen Fall bleibt ungefähr ein Drittel der Arbeiterinnen zu Hause und zieht eine neue Königin heran, so dass die Ausgangskolonie erhalten bleibt; die anderen zwei Drittel – einige zehntausend Individuen – fliegen mit der alten Königin davon und gründen ein Tochtervolk. Die Auswanderer legen zunächst nur ungefähr 30 Meter zurück und sammeln sich dann in einer Traube, die wie ein Bart aussieht. Darin klammern sie sich mehrere Stunden oder auch einige Tage lang zusammen (siehe Bildteil, Abb. II). Nachdem der Schwarm sich auf diese Weise eingerichtet hat, schickt er einige hundert Wohnungssucher aus, die rund 70 Quadratkilometer der umgebenden Landschaft nach potentiellen Nistplätzen absuchen; sie finden vielleicht ein Dutzend oder mehr Alternativen, bewerten jede einzelne davon anhand der vielen Kriterien, die das Traumhaus einer Biene definieren, und wählen dann auf demokratische Weise den Lieblingsplatz für das neue Heim. Das gemeinsame Urteil der Bienen fällt fast immer zugunsten der Stelle aus, die ihren Bedarf an einer ausreichend geräumigen, schützenden Unterkunft am besten erfüllt. Kurz nachdem sie ihre Wahl getroffen haben, setzt der Schwarm die Entscheidung um: Die ganze Bienenmasse fliegt direkt zu dem neuen Nistplatz, meist einem gemütlichen Hohlraum in einem einige Kilometer entfernten Baumstamm.

Die bezaubernde Geschichte über die Wohnungssuche der Bienen stellt uns vor zwei faszinierende Rätsel. Erstens: Wie kann ein Schwarm von Bienen mit winzigem Gehirn, der an einem Ast hängt, eine so komplizierte Entscheidung fällen und dabei auch noch eine gute Wahl treffen? Die Antwort auf diese erste Frage werden wir in den Kapiteln 4, 5 und 6 erfahren. Und zweitens: Wie kann ein summender Schwarm von mehreren zehntausend fliegenden Bienen gemeinsam steuern und zusammenbleiben, um quer durch die Landschaft zu dem ausgewählten Nistplatz zu reisen – wobei dieser in der Regel ein kleines Loch im Stamm eines unauffälligen Baumes in einem abgelegenen Winkel des Waldes ist? Die Lösung für dieses zweite Rätsel wird in den Kapiteln 7 und 8 deutlich werden.

Wie wir noch genauer erfahren werden, erlangen die 1,5 Kilo Bienen in einem Schwarm ihre kollektive Klugheit auf ähnliche Weise wie die 1,5 Kilo Neuronen in unserem Gehirn: Sie organisieren sich so, dass die Gruppe insgesamt erstklassige kollektive Entscheidungen trifft, obwohl jedes Individuum nur über begrenzte Informationen und geringe Intelligenz verfügt. Die Ähnlichkeit zwischen einem Bienenschwarm und einem Gehirn mag oberflächlich erscheinen, sie hat aber einen wahren Kern. Während andere Soziobiologen und ich in den letzten 20 Jahren die Mechanismen der Entscheidungsfindung in Insektengesellschaften untersuchten, beschäftigten sich die Neurobiologen mit den neuronalen Grundlagen der Entscheidungsfindung im Primatengehirn.[6] In den Bildern, die sich aus diesen beiden ganz unterschiedlichen Forschungsrichtungen herauskristallisierten, zeigten sich faszinierende Ähnlichkeiten. Auf der einen Seite untersuchte man die Aktivität einzelner Neuronen eines Affengehirns in Verbindung mit den Entscheidungen über Augenbewegungen, auf der anderen die Aktivität einzelner Bienen eines Honigbienenschwarms in Verbindung mit Entscheidungen über den Nistplatz. Wie sich dabei herausstellte, ist der Entscheidungsprozess in beiden Fällen im Wesentlichen ein Wettbewerb zwischen Alternativen, die sich Unterstützung sichern (Neuronenimpulse und Besuche von Bienen); ausgewählt wird dann die Alternative, deren angesammelte Unterstützung als Erste einen kritischen Schwellenwert überschreitet. Solche Übereinstimmungen legen die Vermutung nahe, dass es für den Aufbau von Gruppen, die weitaus klüger sind als ihre klügsten Individuen, allgemeine Organisationsprinzipien gibt. Diese Prinzipien werden wir in Kapitel 9 genauer untersuchen: Dort vergleichen wir die Mechanismen von Bienenschwarm und Primatengehirn, und in Kapitel 10 fassen wir noch einmal zusammen, was wir an den Bienenschwärmen über die Strukturen von Gruppen gelernt haben, die als kluge Entscheider tätig werden.

Unter Menschen sind Entscheidungen von Gruppen weit verbreitet und sehr wichtig, ob sie nun im kleinen Maßstab (zum Beispiel als Verabredungen zwischen Freunden und Kollegen), im mittleren Umfang (zum Beispiel demokratische Entscheidungen in Bürgerversammlungen) oder im großen Maßstab (Parlamentswahlen oder internationale Abkommen) getroffen werden. Wie nicht anders zu erwarten, haben Menschen schon seit Jahrtausenden darüber nachgedacht, wie man optimale Gruppenentscheidungen trifft. Das Thema spielte bereits in Platons *Staat* (360 v. Chr.) eine Rolle, zweifellos aber auch schon lange davor; dennoch bleiben, was die Verbesserung solcher gemeinsamer Entscheidungen angeht, immer noch viele Fragen offen. In Kapitel 10 werde ich einige Vorschläge machen, die ich als »Schwarmschlauheit« bezeichne, weil wir sie von den Bienen gelernt haben; sie betreffen die Frage, wie Menschengruppen sich im Interesse einer verbesserten Entscheidungsfindung organisieren können.

Der amerikanische Essayist Henry David Thoreau äußerte Skepsis gegenüber der Klugheit der Massen und schrieb: »Die Masse erreicht nie das Niveau ihres besten Mitglieds, sondern stuft sich im Gegenteil auf die Ebene des geringsten herab.«[7] Eine noch schlechtere Meinung über Gruppenintelligenz hatte der deutsche Philosoph Friedrich Nietzsche; er schrieb: »Der Irrsinn ist bei einzelnen etwas Seltenes – aber bei Gruppen ... die Regel.«[8] Mit Sicherheit treffen Gruppen in vielen Fällen schlechte Entscheidungen – man denke nur an die Blasen am Aktienmarkt oder die Massenpanik in brennenden Gebäuden; die Realität der Bienenschwärme, die gute Entscheidungen treffen, ist für uns aber ein Zeichen, dass eine Gruppe tatsächlich auch einen hohen kollektiven Intelligenzquotienten erlangen kann.

Tanzende Bienen

Die Wissenschaftsgeschichte, die in diesem Buch erzählt wird, beginnt vor fast 70 Jahren, im Sommer 1944, in Deutschland. Damals machte Karl von Frisch, ein angesehener Zoologieprofessor an der Universität München, eine umwälzende Entdeckung, für die er später den Nobelpreis erhalten sollte: Ein Insekt, die Bienenarbeiterin, kann die Artgenossen in ihrem Bienenstock mit Hilfe ihres Tanzverhaltens über Richtung und Entfernung einer reichhaltigen Futterquelle in Kenntnis setzen.[9] Von Frisch wusste zu jener Zeit bereits seit fast 30 Jahren, dass eine einsame Kundschafterin, die eine reichhaltige Nektarquelle gefunden hat, aufgeregt in ihren Bienenstock zurückkehrt und dort einen auffälligen »Schwänzeltanz« aufführt. Mit diesem Verhalten zieht sie die Blicke anderer Bienen auf sich: Sie läuft auf der senkrechten Oberfläche einer Wabe geradeaus, tänzelt dabei mit dem Körper von rechts nach links, hält dann inne, wendet sich nach rechts oder links und kehrt im Halbkreis mit einem »Rundlauf« zum Ausgangspunkt zurück. Es folgt ein weiterer »Schwänzellauf«, ein weiterer Rundlauf und so weiter (Abb. 1). Der Schwänzeltanz besteht also aus einer Reihe von kreisförmigen Tanzfiguren, die sich

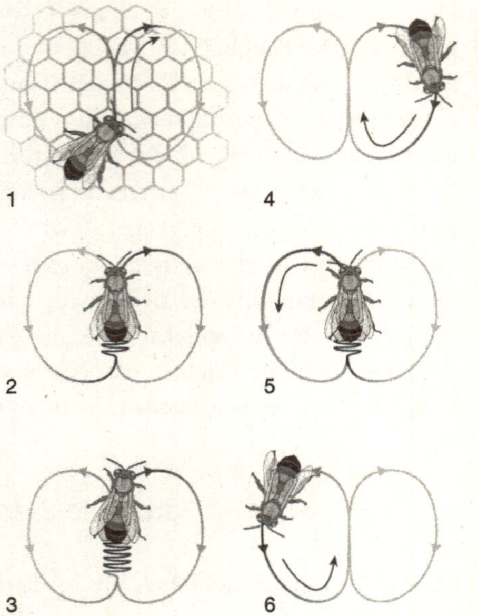

Abb. 1 Das Bewegungsmuster einer Bienenarbeiterin beim Schwänzeltanz auf einer senkrechten Wabenoberfläche im Stock ihrer Kolonie. Gezeigt sind zwei Runden des Schwänzeltanzes.

jeweils aus einem Schwänzellauf und einem Rundlauf zusammensetzen. Von Frisch wusste auch, dass eine Biene den Tanz sekunden- oder sogar minutenlang fortsetzt und dabei von arbeitslosen Kundschafterinnen verfolgt wird. Diese, so von Frisch, »beteiligen sich an allen ihren Manövern, so dass die Tänzerin selbst bei ihren wunderlichen Drehbewegungen einen ganzen Kometenschweif aus Bienen hinter sich herzuziehen scheint«.[10] Wie er außerdem entdeckte, fliegt eine Nahrungssammlerin, die während mehrerer Tanzrunden hinter der Tänzerin hergelaufen ist, anschließend aus dem Bienenstock und sucht nach der Futterstelle, die von der Artgenossin angekündigt wurde. Bis 1944 glaubte von Frisch, die Sammlerin würde von der Tänzerin nur etwas über den Duft der besuchten Blüten erfahren – immerhin hält sie ihre Antennen ganz in die Nähe der Tänzerin und nimmt so den anhaftenden Duft auf –, um dann angeregt in immer größeren Kreisen zu suchen, bis sie die Blüte mit dem Duft, den sie

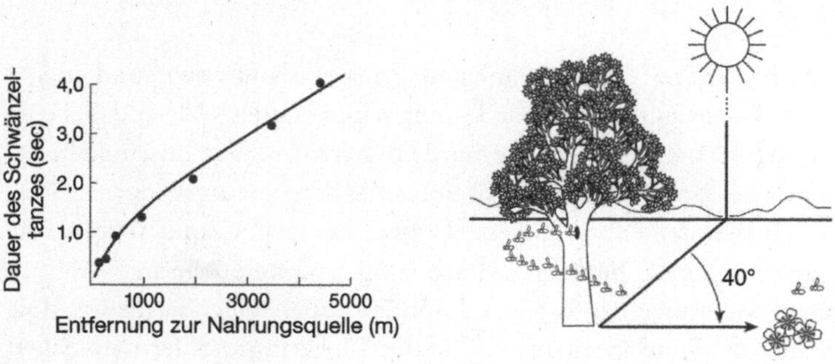

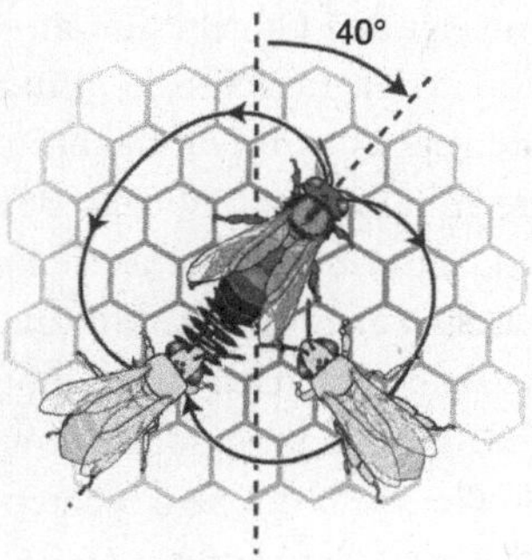

Abb. 2 So gibt eine Biene die Informationen über Richtung und Entfernung eines reichhaltigen Blütenstandes weiter. Codierung der Entfernung: Die Dauer des Schwänzeltanzes ist proportional zur Flugstrecke. Codierung der Richtung: Außerhalb des Stockes registriert die Biene ihre Flugrichtung relativ zum Sonnenstand; im Inneren richtet sie die Richtung ihres Schwänzeltanzes im gleichen Winkel relativ zur Senkrechten aus. Zwei Sammlerinnen nehmen die Informationen von der tanzenden Biene auf.

sich gemerkt hat, findet. Was von Frisch dann aber 1944 entdeckte, war geradezu unglaublich: Die Sammlerinnen suchen nicht überall im Umkreis des Bienenstockes nach Blüten mit dem passenden Duft, sondern nur in der Nähe der Stelle, an der sich zuvor auch die Tänzerin aufgehalten hat. Das gilt auch dann, wenn diese an einem abgelegenen Ort gesucht hat, beispielsweise an einem schattigen Weg am Seeufer weit weg vom Bienenstock. Die Sammlerinnen beziehen also von der erfolgreichen Kundschafterin zweifellos Informationen nicht nur über den Duft der Nahrungsquelle, sondern auch über ihre Lage. Wurde diese Information innerhalb des Bienenstockes durch den Tanz der Bienen übermittelt?

Wie sich herausstellte, lautet die Antwort eindeutig ja. Im Sommer 1945, mitten im Chaos Europas nach dem Ende des Zweiten Weltkrieges, kehrte von Frisch zu seinen tanzenden Bienen zurück. Er beobachtete jetzt ihre Bewegungen genauer als je zuvor und suchte nach Anhaltspunkten für die Lösung seines Rätsels. Wie er dabei entdeckte, vollzieht eine Biene mit dem Schwänzeltanz im dunklen Inneren des Bienenstockes im Kleinformat den vorausgegangenen Flug durch die sonnenbeschienene Landschaft nach. Damit teilt sie die Lage der gerade besuchten, reichhaltigen Futterquelle mit (Abb. 2). Die Codierung der Lage funktioniert dabei folgendermaßen: Die Dauer des Schwänzeltanzes – die die Tänzerin trotz der Dunkelheit mitteilt, indem sie während des Tanzes laut mit den Flügeln summt – ist direkt proportional zu der draußen zurückgelegten Strecke. Eine Sekunde mit Schwänzeln und Summen entspricht im Durchschnitt einer Flugstrecke von etwa 1000 Metern. Und der Winkel des Schwänzeltanzes relativ zur Senkrechten auf der Wabe entspricht dem Winkel der Flugrichtung im Verhältnis zur Sonne. Läuft eine Kundschafterin also beim Schwänzeltanz senkrecht nach oben, gibt sie damit an, dass die Futterquelle sich genau in Richtung der Sonne befindet. Weicht die Tanzrichtung um 40 Grad von der Senkrechten ab, bedeutet das: »Die Nahrung befindet sich 40 Grad rechts von der Sonne« (Abb. 2). Was vielleicht am erstaunlichsten ist: Die Bienen, die der Tänzerin folgen und ihre Tanzbewegungen aufnehmen, können den Tanz entschlüsseln und die Informationen in ihre Flugrichtung umsetzen.

Während von Frisch die geheimen Botschaften des Schwänzeltanzes entschlüsselte, arbeitete bei ihm auch der junge Doktorand Martin Lindauer, der sich als von Frischs begabtester Schüler erweisen sollte und das Innenleben der Honigbienenkolonien weiter aufklärte (Abb. 3). Lindauer spielt für das vorliegende Buch eine besonders wichtige Rolle: Er leistete Pionierarbeit bei der Untersuchung der Honigbienen-Demokratie, wie sie in einem Bienenschwarm bei der Auswahl einer neuen Behausung praktiziert wird.

Lindauer wurde in einem kleinen Dorf am Fuße der bayerischen Alpen als zweitjüngstes von 15 Kindern einer armen Bauernfamilie geboren. Er wuchs in engem Kontakt zur Natur auf – zu der auch die Bienen in den Bienenstöcken seines Vaters gehörten –, war aber auch

Abb. 3 Karl von Frisch (der ältere Herr in der Mitte), Martin Lindauer (der junge Mann ganz links) und andere Studierende bei der Vorbereitung eines Experiments mit Bienen, um 1952.

ein hervorragender Schüler und erhielt ein Stipendium für ein angesehenes Internat in Landshut. Im April 1939, acht Tage vor dem Abitur, wurde er zu Hitlers Arbeitsdienst eingezogen und musste Schützengräben ausheben. Sechs Monate später musste er zur Wehrmacht wechseln und wurde einer Panzerabwehreinheit zugeteilt. Im Juli 1942, während heftiger Kämpfe an der russischen Front, wurde er durch eine explodierende Granate schwer verletzt. Dies erwies sich als seine Rettung. Er wurde von der Front abgezogen, die anderen 156 Männer seiner Kompanie zogen in die Schlacht um Stalingrad. Nur drei von ihnen kamen lebend zurück.[11]

Während Lindauer sich in München von den Verletzungen erholte, empfahl ihm sein Arzt, die Universität zu besuchen und sich die Vorlesungen des berühmten Professors Karl von Frisch über Allgemeine Zoologie anzuhören. Später erinnerte sich Lindauer, wie er von Frisch über Zellteilung reden hörte und dabei in »eine neue Welt der Menschlichkeit« zurückkehrte, in der Menschen nicht zerstören, sondern Neues schaffen.[12] Er entschloss sich, Biologie zu studieren, und nachdem er im Sommer 1943 als schwerverwundeter Soldat aus der Armee entlassen worden war, nahm er in München sein Studium auf. Im Frühjahr 1945 begann er unter von Frischs Leitung mit den Forschungsarbeiten für seine Doktorarbeit über Honigbienen.

Dirty Dancers

Lindauer hatte eine besondere Begabung dafür, im Vorübergehen kleine Dinge zu bemerken, die sich irgendwann als wichtig erweisen sollten – irgendeine seltsame Anomalie zum Beispiel oder eine überraschende Besonderheit im Verhalten. Wegen dieses speziellen Talents hatte Lindauer sich der Frage zugewandt, wie Honigbienen ihre Behausungen auswählen – später sprach er von »dem schönsten Erlebnis« seiner wissenschaftlichen Arbeit.[13] Alles begann an einem Nachmittag im Frühjahr 1949, als Lindauer an den Bienenstöcken vor dem Zoologischen Institut vorüberging und eine goldene Masse aus Bienen erblickte, einen Schwarm, der an einem Busch hing. Als er stehen blieb und die Traube betrachtete, fielen ihm mehrere Bienen auf, die an der Oberfläche des Schwarmes den Schwänzeltanz aufführten. Dabei verschafften sie sich mit ihrem üblichen, lebhaften Verhalten Aufmerksamkeit, aber sie liefen nicht auf einer Bienenwachswabe umher, dem normalen Tanzboden der Bienen, sondern auf den Rücken anderer Bienen. Anfangs vermutete er, bei diesen Schwarmtänzerinnen handele es sich um Kundschafterinnen, die dem Schwarm das Futter brachten; alle tanzenden Bienen, die er und von Frisch im Laufe der vorangegangenen Jahre beobachtet hatten, waren solche Nahrungssammlerinnen gewesen. Aber wenn es um das Beobachten von Bienen ging, brachte Lindauer eine besondere Geduld auf: Er trieb sich in der Nähe des Schwarmes herum, behielt die

Tänzerinnen im Auge und gelangte nach und nach zu der Erkenntnis, dass sie nicht wie Nahrungssammlerinnen aussahen: Anders als Bienen, die Pollen transportieren, trugen sie keine Ladung aus Blütenstaub bei sich, und im Gegensatz zu Nektarsammlerinnen würgten sie auch nie Nektartropfen hoch, um sie an andere Bienen weiterzureichen. Außerdem sah er etwas Seltsames: Viele Tänzerinnen kamen schmutzig und staubbedeckt beim Schwarm an. Mit einer Pinzette pickte er einige dieser recht schmuddeligen Bienen vom Schwarm, staubte sie mit einem kleinen Pinsel ab und untersuchte den Schmutz unter dem Mikroskop. Dabei fand er keine Pollenkörner, sondern nur unterschiedlich geformte Staubteilchen. »Schwarz von Ruß«, berichtete er, »rot von Ziegelstaub, weiß von Mehl oder grau und staubig, als hätten sie ein Loch in die Erde gegraben.«[14] Als er an den rußschwarzen Bienen schnupperte, erinnerte ihn der Geruch an einen Schornsteinfeger.

Lindauer gelangte zu dem Schluss, dass diese staubigen, schmutzigen Tänzerinnen sicher keine Nahrungssammlerinnen waren. Er hatte den Verdacht, dass es sich um Nistplatz-Kundschafter handelte, die mitten in den Trümmern des ausgebombten München potentielle Nisthöhlen entdeckt hatten – einen unbenutzten Schornstein hier, einen Hohlraum in einer zusammengebrochenen Ziegelmauer dort oder sogar eine vergessene Mehlkiste in einem verlassenen Keller – und ihren Artgenossen die Lage der entdeckten Stellen mit dem Schwänzeltanz mitteilten. Er war erpicht darauf, seine Vermutungen durch weitere Untersuchungen an Schwarmbienen zu überprüfen, aber 1949 – die deutsche Wirtschaft lag noch in Trümmern, und in von Frischs Labor waren die Bienen knapp – hatte der Chef die Imker des Instituts angewiesen, alle Schwärme sofort einzufangen, damit keine Bienen verlorengingen. Damit wurde die Nistplatzsuche der Bienen unterbrochen, und das bedeutete, dass auch Lindauer mit seiner Untersuchung dieses Vorganges vorerst nicht weiterkam. Er bemühte sich aber weiterhin hartnäckig um die Erlaubnis, einige Schwärme in Ruhe zu lassen, so dass er ihre tanzenden Bienen studieren konnte. Zwei Jahre später, im Sommer 1951, erteilte ihm von

Frisch die Genehmigung, alle Schwärme aus den Bienenstöcken, die im Garten des Zoologischen Instituts in München gehalten wurden, nach Belieben zu untersuchen.

Später, in den Kapiteln 3 bis 6, werden wir die faszinierende Geschichte der demokratischen Entscheidungsfindung, die Lindauer 1951 erstmals untersuchte, in allen Einzelheiten betrachten.[15] Vorerst soll nur davon die Rede sein, wie er seine Hypothese überprüfte, dass es sich bei den Bienen, die auf einem Schwarm ihre Tänze aufführen, um Nistplatz-Kundschafterinnen handelt, die potentielle neue Wohnorte bekanntmachen. Im Sommer 1951 studierte er die Tänze auf neun Schwärmen. Geduldig saß er stunden- oder tagelang neben jedem einzelnen Schwarm und markierte jede tanzenden Biene zu Beginn des Tanzes mit einem Farbtupfer. Gleichzeitig hielt er fest, welche Richtung und Entfernung sie mit dem ersten Tanz anzeigte. (Lindauer ging dabei von der plausiblen Annahme aus, dass die Schwarmbienen ihre Informationen über Entfernung und Richtung im Tanz auf genau die gleiche Weise codieren wie die Nahrungssammlerinnen, die von Frisch studiert hatte.) Aber durch seine weiteren Beobachtungen gelangte Lindauer zu einem überraschenden Befund: Wenn die ersten Tänzerinnen beim Schwarm eintreffen, bringen sie Nachrichten über ein Dutzend oder mehr weit auseinanderliegende Orte mit; nach einigen Stunden oder Tagen jedoch berichten sie in immer größerer Zahl nur noch über einen einzigen potentiellen Nistplatz. Am Ende, ungefähr in der letzten Stunde bevor der Schwarm zu seinem neuen Zuhause fliegt, geben die auf dem Schwarm tanzenden Bienen nur noch eine einzige Entfernung und Richtung an. Nun stellte Lindauer folgende Überlegung an: Wenn die auf dem Schwarm tanzenden Bienen zuvor nach Nistplätzen gesucht hatten und ihre Funde mit dem Tanz bekanntmachten, sollte die Stelle, auf die sie am Ende ausnahmslos hinwiesen, der Lage des neuen Nistplatzes entsprechen. Um diese Voraussage zu überprüfen, bemühte er sich, den Schwärmen auf dem Flug zu ihrer neuen Heimat zu folgen: Er rannte hinter dem fliegenden Schwarm her durch die Straßen und Gassen von München (Abb. 4). Dreimal hatte er Erfolg. Und in allen drei Fällen passte der Ort, den die Bienen zum Abschluss ihres Tanzes genannt hatten, zur Adresse des neuen Nistplatzes. Lindauers Dirty Dancers waren also echte Behausungskundschafter.

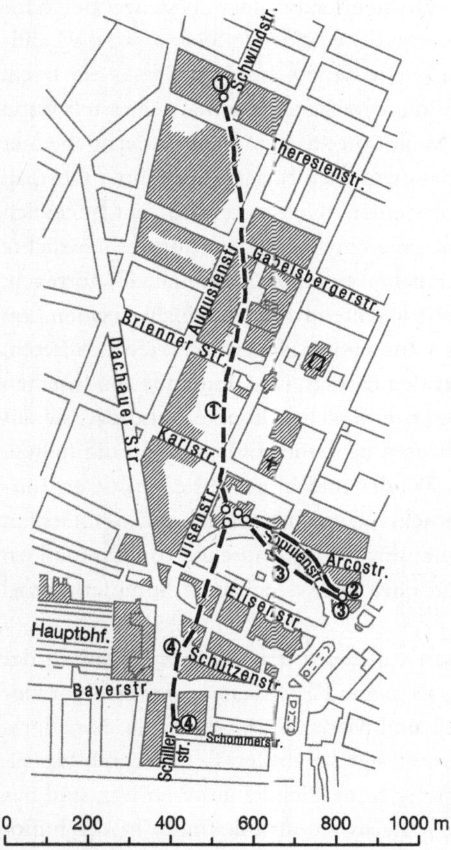

Abb. 4 Das Münchner Stadtviertel rund um das Zoologische Institut. Der Plan zeigt die Flugrouten von vier Schwärmen, denen Lindauer von ihrem vorübergehenden Quartier im Institutsgarten zu ihren neuen Nistplätzen (Schwärme 1 bis 3) oder zu einem vorübergehenden Rastplatz (Schwarm 4) folgen konnte.

Das Summen einfangen

Im Juni 1952, als Lindauer schon den zweiten Sommer mit der Beobachtung seiner Bienenschwärme beschäftigt war, kam ich 6500 Kilometer entfernt in einer kleinen Ortschaft in Pennsylvania zur Welt. Ein paar Jahre später zog meine Familie nach Ithaca im Bundesstaat New York, das seither eigentlich immer meine Heimatstadt war. Ich wuchs in Ellis Hollow auf, einer ländlichen Gemeinde wenige Kilometer östlich von Ithaca, und dort streifte ich häufig allein durch die umgebende wilde Natur: schattige Laubwälder an steilen Berghängen, sonnendurchflutete aufgegebene Felder an Stellen, wo die Landschaft sanft abfiel, und der gewundene Cascadilla Creek, ein Bach, der am Talboden breite Sümpfe verband. Meinen schönsten Fund machte ich ungefähr eine Meile von unserem Haus entfernt an einer unbefestigten Straße, die zu einem alten Bauernhaus führte. Dort, an einer sonnigen Stelle neben einem Goldrautenfeld, entdeckte ich zwei hölzerne Bienenstöcke, die einem Imker gehörten. Ich suchte den Ort gern auf. Wenn ich neben einem Bienenstock saß, hörte ich, wie die Bienen, schwer mit leuchtend bunten Pollen beladen, am Eingang landeten und mit summenden Flügeln das Nest belüfteten, und ich roch den Duft reifenden Honigs. Dass Tausende von Insekten so dicht und harmonisch zusammenleben konnten und dass sie aus Wachs raffinierte Waben bauten und mit köstlichem Honig füllten, erschien mir fast wie ein Wunder und hinterließ einen tiefen Eindruck. Nicht weniger eindrucksvoll war das, was ich sah, wenn ich im hohen Gras neben den Bienenstöcken lag: Tausende von summenden Bienen schossen kreuz und quer über den blauen Sommerhimmel wie Sternschnuppen.

Ganz und gar hingerissen von den Bienen war ich dann an der Highschool, zu einer Zeit, als meine Klassenkameraden sich vorwiegend für Sport, Motorräder und Mädchen interessierten. Neugierig auf Honigbienen war ich schon seit der dritten Grundschulklasse, als ein Imker zu einer Vorführung in der Schule gewesen war, und besonders hatte ich mich gefreut, als ich als Pfadfinder in der Junior

Highschool ein Ehrenabzeichen für die Untersuchung von Insekten erhalten hatte. In meinen Tagträumen bestellte ich sogar aus dem Katalog von Sears einen Bienenstock und ein paar Bienen, und dann begann ich mit der Imkerei. Ganz und gar jedoch packte mich die Begeisterung erst an einem Sommertag im Jahr 1969, als ich einen Schwarm entdeckte, der an einem Ast hing. Schnell nagelte ich ein paar Bretter zu einem einfachen Bienenstock zusammen, schüttelte die Bienen hinein und brachte sie nach Hause. Jetzt hatte ich diese kleinen Funken des Wunderbaren in einer Kiste, die ich nur vorsichtig zu öffnen brauchte, um sie eingehend zu beobachten. Das tat ich jeden Tag nach der Arbeit mehrere Stunden lang, und immer wieder faszinierten mich die raffinierten Verhaltensweisen der einzelnen Bienen und der Frieden in ihrer großen Gemeinschaft.

Im Herbst 1970, als mein erstes Studienjahr am Dartmouth College begann, war mir noch nicht klar, dass die Bienenforschung ein ernsthafter Beruf sein kann. Ich wollte Arzt werden und die Imkerei als Hobby betreiben. Aber die Bienen zogen mich immer mehr in ihren Bann. Ich machte Bienen oder Imkerei zum Thema nahezu aller meiner Studienarbeiten. Als Hauptfach wählte ich die Chemie, so dass ich zu einem Fachmann für die chemische Sprache (die Pheromone) der Bienen werden konnte, deren Entschlüsselung zu jener Zeit gerade begann. Jeden Sommer fuhr ich nach Hause nach Ithaca, wo ich am Dyce Laboratory for Honey Bee Studies der Cornell University arbeiten konnte. Roger A. Morse (»Doc«), der Leiter des Instituts, verstand meine Leidenschaft für die Bienen nur allzu gut und gab mir den Rat, über eine Promotion nachzudenken.[16] Während der letzten beiden Jahre am Dartmouth College wurde mir nach und nach bewusst, dass mein Interesse an der Insektenforschung größer war als die medizinischen Neigungen; obwohl ich mich an drei medizinischen Fakultäten bewarb und auch angenommen wurde, war ich begeistert, als ich von der Harvard University die Zusage erhielt, bei dem angesehenen Insektensoziologen Edward O. Wilson eine Promotionsarbeit in Angriff zu nehmen; Wilsons 1971 erschienenes Buch *The Insect Societies* hatte gewaltigen Eindruck auf mich gemacht.[17]

Als ich im Herbst 1974 an die Harvard University kam, hatte ich das Glück, Bert Hölldobler zugeteilt zu werden, einem brillanten Fachmann für das Verhalten der Ameisen; er war ein junger Mann mit einer ungeheuren persönlichen Ausstrahlung und sollte vorläufig meine Doktorarbeit betreuen. Bert war kurz zuvor von der Universität Frankfurt in die Vereinigten Staaten gekommen. Die Harvard University hatte ihn als ordentlichen Professor eingestellt, damit er an der Hochschule Karl von Frischs Ansatz der Tierverhaltensforschung einführte: genaue Beobachtung des Verhaltens von Tieren, die in ihrem natürlichen Umfeld leben, in Verbindung mit eingehenden experimentellen Untersuchungen der Mechanismen, die hinter ihrem Verhalten stehen. In Deutschland hatte Bert bei Martin Lindauer studiert und kannte deshalb die Bienen ebenso gut wie die Ameisen, denen seine größte Liebe galt. Er unterstützte meine Zuneigung zu den Bienen, und wir wurden schnell gute Freunde.

Bert Hölldoblers Beziehung zu Martin Lindauer war für mich wichtig, denn ich wusste, dass ich mit meiner Doktorarbeit Lindauers Untersuchung der Frage, wie ein Honigbienenvolk als Einheit, als eine Art Superorganismus funktioniert, weiterführen wollte. Besonders erpicht war ich darauf, die Entscheidungsprozesse in einem Honigbienenschwarm detaillierter zu analysieren. Schon am Dartmouth College hatte ich Lindauers kleines Buch *Communication among Social Bees* (dt. *Verständigung im Bienenstaat*) gelesen; besonders fasziniert hatte mich dabei das Kapitel 2 mit der Überschrift »Verständigung durch Tanz bei Schwarmbienen«; darin hatte er die Ergebnisse seiner Untersuchungen zur Nistplatzwahl von Bienen zusammengefasst.[18] Ich war davon so gefesselt, dass ich Lindauers vollständigen Bericht über die Arbeiten ausfindig machte, einen Fachartikel von 62 Seiten, ausschließlich auf Deutsch, mit der Überschrift »Schwarmbienen auf Wohnungssuche«.[19] Für mich stellte sich dabei nur ein Problem: Ich konnte kein Deutsch. Meine Lösung bestand darin, am Dartmouth College einen Deutsch-Anfängerkurs zu belegen, ein Deutsch-Englisches Wörterbuch zu kaufen, Lindauers Artikel zu kopieren und den Text geduldig zu entziffern. (An die Ränder schrieb ich mit Bleistift die Bedeutung jedes neuen deutschen Wortes; dieses Exemplar mit seinen vielen Anmerkungen ist jetzt 38 Jahre alt und ein hochgeschätzter Teil meiner Sonderdrucksammlung.) Als ich über dem Artikel brütete, wurde mir klar, dass Lindauers erste Forschungsarbeiten zum Thema der kollektiven Entscheidungsprozesse von Schwarmbienen nur vorläufige Kenntnisse über das Thema vermittelten und dass sie wie alle guten wissenschaftlichen Untersuchungen mehr Fragen aufwarfen, als sie beantworteten. Darüber hinaus war ich erstaunt – und, wie ich zugeben muss, auch entzückt –, dass in den fast 20 Jahren, seit Lindauer seine Befunde 1955 veröffentlicht hatte, niemand die Analysen weiter vorangetrieben hatte. Ich entschloss mich, genau das zu tun, und begann mit den Arbeiten für meine Dissertation (siehe Bildteil, Abb. III).

In dem vorliegenden Buch möchte ich für Biologen und das allgemeine Lesepublikum darlegen, was Lindauer in den 1950er Jahren und ich selbst und andere seit den 1970er Jahren in Erfahrung gebrachte haben. Es handelt davon, wie die Arbeiterinnen in einem Honigbienenschwarm in einem demokratischen Entscheidungsprozess darüber bestimmen, wo sie ihr neues Nest bauen – eine Frage auf Leben und Tod. Durch die Untersuchungen wurde deutlich, wie die Evolution das Verhalten der Bienen im Laufe der Jahrmillionen so gestaltet hat, dass es zu einer einzigen kollektiven Intelligenz zusammenfließt. Die Geschichte über die Bienen bietet auch nützliche Richtlinien für Menschengruppen, deren Mitglieder gemeinsame Interessen haben und gute kollektive Entscheidungen treffen wollen. Vor allem aber möchte ich mit diesem Buch einen Blick auf das Privatleben eines Honigbienenvolkes werfen. Wenn es dazu beiträgt, dass wir diese kleinen Lebewesen mit all ihrer Schönheit und ihrem Sozialverhalten, aber auch mit ihrem Beitrag zur Schaffung einer blühenden, fruchtbaren Welt besser zu schätzen wissen, hat es seinen Zweck erfüllt.

2. Das Leben im Bienenvolk

… dies ist ein amazonisches
oder weibliches Königreich.[1]

Charles Butler,
The Feminine Monarchie, 1609

Die Honigbiene *Apis mellifera* ist nur eine der fast 20 000 Bienenarten, die es auf der Welt gibt.[2] Bienen sind eine erstaunlich vielgestaltige Gruppe – manche sind kleiner als ein Reiskorn, andere füllen eine Teetasse zur Hälfte aus –, aber alle stammen von einer einzigen Spezies vegetarischer Wespen ab, die vor rund 100 Millionen Jahren lebte; damals, in der frühen Kreidezeit, trampelten noch riesige Dinosaurier über die Erde, und die ersten Blütenpflanzen erschienen gerade erst auf der Bildfläche. Selbst heute ähneln viele Bienenarten in ihrem äußeren Erscheinungsbild erstaunlich stark den Wespen, aber was das Verhalten angeht, sind die beiden Gruppen ganz verschieden. Nahezu alle Wespen, darunter die bekannten Echten Wespen und Hornissen, sind Räuber: Sie töten andere Insekten oder Spinnen (häufig durch ihren Stich), um die Eier legenden Weibchen und ihre heranwachsenden Jungen mit proteinhaltiger Nahrung zu versorgen. Die Bienen dagegen haben die Vorliebe ihrer Urahnen für Fleisch aufgegeben und sind stattdessen darauf angewiesen, proteinreiche Blütenpollen zu sammeln. Die Gewohnheit, Pollen zu fressen, ist auch eine Erklärung für das flauschige, manchmal fast teddybärenhafte Aussehen vieler Bienen; ihr Körper ist dick mit weichen Haaren besetzt, die die Pollen sehr wirksam festhalten, wenn die Biene durch eine Blüte krabbelt.

Sowohl Bienen als auch Wespen suchen regelmäßig Blüten auf: Beide Insektengruppen nutzen den zuckerhaltigen Blütennektar als

Energiequelle, aber nur zwischen den Bienen mit ihrer Vorliebe für Pollen und den Blütenpflanzen hat sich in den Jahrmillionen, seit beide Gruppen entstanden, eine starke gegenseitige Abhängigkeit entwickelt. Heutzutage sind Bienen und Blüten wie füreinander gemacht. Bienen können sich nur mit Hilfe der Blüten ausreichend ernähren, und viele Blütenpflanzen sind nur mit Hilfe der Bienen zur geschlechtlichen Fortpflanzung in der Lage.[3] Mit ihrem behaarten Körper und der Fixierung auf Blüten als Proteinlieferanten dienen die Bienen den Pflanzen als fliegende Penisse: Sie nehmen die Pollenkörner aus den platzenden Staubgefäßen einer Blüte auf und legen sie auf der klebrigen Narbe einer anderen wieder ab. Bringt man ein Honigbienenvolk in ein Gebiet mit vielen Blüten – einen Garten, eine Obstplantage, einen blühenden Wegesrand oder eine Prärie –, gibt man dieser Lebensgemeinschaft im Prinzip einen großen, von morgens bis abends tätigen »Escortservice« durch die kleinen Freundinnen der Blüten.

Honigbienen sind unter den Bienen ungewöhnlich: Sie leben in wimmelnden Gesellschaften, deren große Nester mit ihren Waben die Kisten der Imker oder, wie wir noch genauer erfahren werden, geeignete Hohlräume in Baumstämmen ausfüllen. Die Individuen der meisten anderen Bienenarten dagegen leben allein und bauen kleine Nester in engen Röhren, die sie in Pflanzenstängel oder in den Sandboden gebohrt haben.[4] Der typische Lebenslauf einer solchen Solitärbiene beginnt im späten Frühjahr oder Frühsommer, wenn ein befruchtetes Weibchen aus seinem Winterquartier ins Freie kommt (die Männchen sind schon im vorherigen Herbst gestorben). Während der nächsten Wochen baut die Bienenmutter ein Nest mit mehreren Kammern, stattet jede Kammer mit einem klebrigen, mit Nektar angefeuchteten Ball aus Pollen aus, legt auf jede Pollenkugel ein weißliches Ei, verschließt die Kammern und überlässt es dann den Nachkommen, zu fressen und im weiteren Verlauf des Sommers erwachsen zu werden. Sie stirbt, lange bevor ihre Jungen ausgewachsen ins Freie kommen, sich miteinander paaren und sich auf den kommenden Winter vorbereiten. Die meisten Bienen sind Einsiedler.

Ein Wesen aus vielen Teilen

Wenn wir durch die Glasscheiben eines Schau-Bienenstockes blicken oder vorsichtig den Deckel eines gewöhnlichen Bienenstockes abheben und ins Innere spähen, sehen wir das genaue Gegenteil von Einsiedlern: Hier leben Tausende und Abertausende von Bienen zusammen.[5] Praktisch alle sind Arbeiterinnen, und alle sind Töchter einer einzigen Königin, die in ihrer Mitte lebt. Die Arbeiterinnen sind zwar Weibchen und tragen die vollständige Ausrüstung zur Versorgung von Jungen, ihre Eierstöcke sind aber schlecht entwickelt, und sie legen nur selten Eier ab.[6] Wenn wir nun die Waben des Bienenstockes sorgfältig durchsuchen, machen wir irgendwann die Königin ausfindig: Sie sieht ähnlich aus wie die Arbeiterinnen, ist aber ein wenig größer und hat sowohl einen längeren Hinterleib als auch längere Beine (siehe Bildteil, Abb. IV). Ihre Größe ist eindrucksvoll, am auffälligsten aber ist, wie langsam und wahrhaft majestätisch sie sich über die Waben bewegt und wie sie von ihren Töchtern, den Arbeiterinnen, behandelt wird. Wenn die Königin vorwärtsschreitet, treten die Arbeiterinnen zurück und machen ihr den Weg frei; hält sie inne, treten rund ein Dutzend Arbeiterinnen eifrig vor, um sie zu füttern und zu pflegen – eine Entourage aus Versorgungsbienen, die sie vollständig umringen. Anders als die Arbeiterinnen legt die Königin eine erstaunliche Zahl von Eiern: Im späten Frühjahr und Frühsommer, wenn die Brutfürsorge in der Kolonie ihren Höhepunkt erreicht, dauert es noch nicht einmal eine Minute, ein Ei in einer Zelle unterzubringen, und insgesamt summiert sich die Zahl der Eier auf mehr als 1500 am Tag (mit einem Gesamtgewicht, das fast dem der Königin entspricht, siehe Bildteil, Abb. V). Im Laufe eines Sommers produziert die Königin einer Kolonie etwa 150 000 Eier; in den zwei bis drei Jahren ihres voraussichtlichen Lebens sind es also ungefähr eine halbe Million.

Die meisten der mattweißen Eier, welche die Königin ablegt, werden befruchtet; bei einigen bleibt die Befruchtung jedoch aus. Während ihrer ersten Lebenswoche ist die Königin vom Stock ihrer Kolonie weggeflogen und hat sich mit 10 bis 20 Männchen aus anderen Bienenvölkern aus der Gegend gepaart; dies reicht für einen lebenslangen Vorrat von rund 5 Millionen Samenzellen. Diese speichert die Königin in scheintoter Form in der Samentasche, auch *Receptaculum seminis* genannt, einem kugelförmigen Organ, das hinter den großen Eierstöcken im hinteren Teil des Hinterleibes liegt. Jedes Mal, wenn die Königin ein Ei ablegt, entscheidet sie, ob sie zur Befruchtung einige Samenzellen hinzugeben soll oder ob sie die Samenzellen zurückhält; damit bestimmt sie über das Geschlecht der Nachkommen: Befruchtete Eier werden zu Weibchen, unbefruchtete zu Männchen. Ob eine befruchtete Eizelle sich zu einer unfruchtbaren Arbeiterin oder zu einer eierlegenden Königin entwickelt, hängt davon ab, wie sie behandelt wird. Wenn sie in einer normal großen Zelle der Wabe heranwächst und dort nach dem Schlüpfen, also als Larve, von Arbeiterinnen mit Larvennahrung der üblichen Qualität gefüttert wird, entwickelt sie sich zu einer Arbeiterin. Wird die befruchtete Eizelle dagegen in einer großen, speziell für sie gebauten Königinnen- oder Weiselzelle abgelegt, die vom unteren Ende einer Wabe herabhängt, erhält die darin schlüpfende Larve eine üppige Ernährung aus nährstoffreichen Sekreten (dem sogenannten Gelée Royale), und ihre Entwicklung schlägt einen Weg ein, der zur Entstehung einer Königin führt. Für die befruchteten Eizellen der Bienen bestimmt die Nahrung also das Schicksal.

Eine Königin hält bei weniger als fünf Prozent ihrer Eizellen die Samenzellen zurück, aber diese wenigen unbefruchteten Eizellen sind wichtig: Aus ihnen gehen die Söhne hervor, die Drohnen der Kolonie (Abb. 5). Sie sind die stämmigsten Bienen des Volkes: Mit ihren riesigen Augen können sie Ausschau nach jungen Königinnen halten, die auf dem Hochzeitsflug sind, und eine mächtige Flugmuskulatur versetzt sie in die Lage, die Königinnen mit Geschwindigkeiten von bis zu 35 Stundenkilometern zu verfolgen.

Gleichzeitig sind sie auch die faulsten Bienen einer Kolonie. Im Gegensatz zu den Arbeiterinnen, die im Haushalt des Bienenstocks alle anfallenden Arbeiten erledigen – Reinigung von Zellen, Fütte-

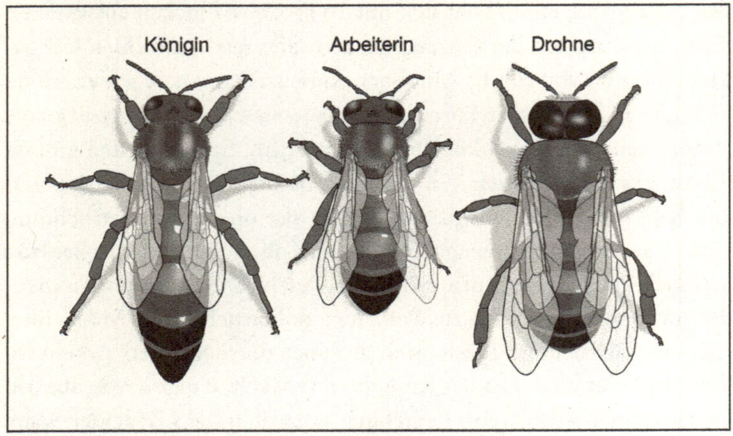

Abb. 5 Drei Typen ausgewachsener Honigbienen.

rung der Larven, Bau von Waben, Reifung des Honigs, Durchlüftung des Bienenstockes, Bewachung der Eingänge und so weiter –, treiben sich die Drohnen zu Hause einfach in entspannter Muße herum; von Zeit zu Zeit nehmen sie aus den Honigvorräten der Kolonie eine Mahlzeit ein, oder sie betteln bei ihren Schwestern, den Arbeiterinnen, um Fütterung. Dennoch leisten sie zum Erfolg der Kolonie einen Beitrag von grundlegender Bedeutung: Durch die Paarung mit jungen Königinnen aus Nachbarvölkern geben sie Gene an zukünftige Generationen weiter und helfen damit ihrer Kolonie, in dem unaufhörlichen Evolutionswettbewerb Sieger zu bleiben. Und wenn es um Sex geht, sind Honigbienen-Drohnen keine Kinder von Traurigkeit. Wenn eine Drohne im Alter von ungefähr zwölf Tagen geschlechtsreif geworden ist, fliegt sie an jedem sonnigen Nachmittag aus dem Stock hinaus und sucht nach Betätigung. Auf nach wie vor rätselhafte Weise findet das Männchen im Umkreis von wenigen Kilometern um sein Zuhause den Weg zu den traditionellen Paarungsgebieten der Honigbienen (den »Drohnen-Versammlungsgebieten«), und auf diesen luftigen Kontakthöfen wartet es, bis eine junge Königin auftaucht. Sobald das geschieht, heftet das Männchen sich an ihre Fersen. Wenn es ihm gelingt, schneller als die Konkurrenten zu sein und die Königin zu berühren, übergibt er ihr im Flug, 10 bis 20 Meter hoch in der Luft, seine Samenzellen. Kommt der Kontakt nicht zustande, fliegt das Männchen nach Hause, ruht sich aus, nimmt Nahrung auf und versucht sein Glück später noch einmal.

Einerseits kann man sich ein Honigbienenvolk also als Gesellschaft aus vielen tausend Individuen vorstellen: den gerade beschriebenen Königinnen, Arbeiterinnen und Drohnen. Um aber die charakteristischen biologischen Eigenschaften dieser Bienenspezies zu verstehen, ist es oftmals nützlich, die Kolonie etwas anders zu betrachten: nicht als Gebilde aus Tausenden von einzelnen Bienen, sondern als ein einziges lebendes Gebilde, das als einheitliches Ganzes funktioniert (siehe Bildteil, Abb. VI).[7] Mit anderen Worten: Es kann nützlich sein, sich eine Honigbienenkolonie als Superorganismus vorzustellen. Genau wie ein menschlicher Organismus, der aus einer Vielzahl von Zellen besteht und dennoch als zusammengehöriges Ganzes tätig wird, so funktioniert auch der Superorganismus eines Honigbienenvolkes als einheitliches Ganzes, obwohl es aus zahlreichen Bienen zusammengesetzt ist. In der Tatsache, dass beide Sichtweisen – die Kolonie als Superorganismus und als Gesellschaft – ihre Berechtigung haben, spiegelt sich ein Weg wider, auf dem die Evolution viele Male Einheiten auf einer höheren biologischen Organisationsebene aufgebaut hat: Einheitliche Gesellschaften werden aus Einheiten niedrigerer Ordnung zusammengesetzt. Bei der Entstehung der vielzelligen Lebewesen beispielsweise begünstigte die natürliche Selektion manche Zellgesellschaften, deren Mitglieder nicht miteinander konkurrierten, sondern zusammenwirkten. Stück für Stück führte diese Selektion einer engen Zusammenarbeit zu den ungeheuer stark integrierten Zellgesellschaften, die wir heute beispielsweise als Kolibris oder Menschen kennen. Eine ganz ähnliche Selektion zugunsten extremer Zusammenarbeit brachte bei manchen Tierarten auch die zutiefst harmonischen, reibungslos funktionierenden Gesellschaften hervor, die wir als Superorganismen bezeichnen. Dazu gehören nicht

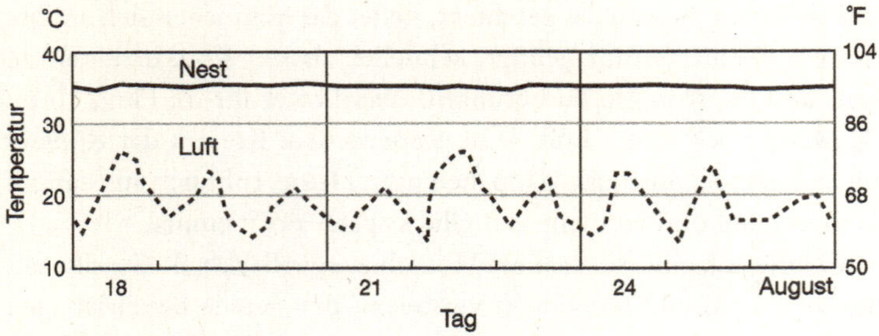

Abb. 6 Die höhere, gleichbleibende Temperatur im Nest einer Honigbienenkolonie im Vergleich zur Lufttemperatur in der Umgebung.

nur die Bienenvölker, sondern auch die riesigen Kolonien der Blattschneiderameisen, Treiberameisen oder pilzzüchtenden Termiten.

Ein Honigbienenvolk ist also weit mehr als nur eine Ansammlung von Individuen: Es ist ein zusammengesetztes Lebewesen, das als integriertes Ganzes funktioniert. Man kann sich eine solche Kolonie durchaus als ein einziges lebendes Gebilde vorstellen, das bis zu fünf Kilo wiegt und alle grundlegenden physiologischen Prozesse vollzieht, die zum Leben notwendig sind: Aufnahme und Verdauung von Nahrung, Aufrechterhaltung des Nährstoffgleichgewichts, Kreislauf der Nährstoffe, Gasaustausch, Steuerung von Wassergehalt und Körpertemperatur, Wahrnehmung der Umwelt, Verhaltensentscheidungen und Fortbewegung.[8] Betrachten wir beispielsweise die Steuerung der Körpertemperatur, also der Temperatur der Kolonie (Abb. 6): Vom Spätwinter bis zum Vorfrühling, wenn die Arbeiterinnen ihre Jungen großziehen, wird die Innentemperatur einer Kolonie zwischen 34 und 36 Grad Celsius gehalten und liegt damit etwas niedriger als die Körpertemperatur eines Menschen; das gilt für eine Umgebungstemperatur von −30 bis +50 Grad Celsius. Dies erreicht die Kolonie, indem sie die Menge der abgegebenen Wärme aus dem Ruhestoffwechsel steuert; bei extremer Kälte wird dieser Stoffwechsel außerdem verstärkt, so dass auch die Wärmeproduktion steigt. Angetrieben wird der Stoffwechsel eines Bienenvolkes durch den Honig, der im Stock gespeichert ist. Auch andere Anzeichen sprechen für die stark integrierten Funktionen eines Honigbienenvolkes, so die *Kolonieatmung*: Die Anreicherung des bei der Atmung entstehenden Kohlendioxids im Stock wird begrenzt, indem die Bienen die Lüftung verstärken, wenn die CO_2-Konzentration einen Wert von einem bis zwei Prozent übersteigt; es gibt auch einen *Koloniekreislauf*: Die wärmeproduzierenden Bienen im Inneren des Stockes, wo sich auch die Brut befindet, werden ausreichend mit Honig versorgt, der aus den Honigwaben an der Peripherie herangeschafft wird; und es gibt die *Kolonie-Fieberreaktion*: Zur Krankheitsbekämpfung steigt die Temperatur im Nest, wenn die Kolonie durch eine Pilzinfektion der Bienenbrut gefährdet ist. Das beste Anzeichen dafür, dass die Kolonie wie ein Superorganismus funktioniert, ist jedoch nach meiner Vermutung die Fähigkeit eines Honigbienenschwarmes, bei der Auswahl eines neuen Nistplatzes als intelligente Einheit seine Entscheidung zu treffen.

Ein einzigartiger Jahreszyklus

Um zu verstehen, warum Honigbienenschwärme bei der Auswahl ihres Wohnortes so sorgfältig vorgehen, muss man den einzigartigen Jahreszyklus dieser Tiere verstehen: Er hängt entscheidend davon ab, dass die Hohlräume, in denen die Kolonie nistet, sowohl ausreichenden Schutz als auch ausreichenden Platz bieten.[9] Im Gegensatz zu allen anderen sozialen Insektenarten, die in kalten Klimazonen zu Hause sind, überstehen Honigbienen den Winter nicht in einem Ruhezustand, sondern als vollständig funktionsfähige Kolonien in Nestern, die sie selbst beheizen. Um auf diese Weise überleben zu können, zieht sich jede Kolonie im Winter zu einem gepackten, gut isolierten Bienenhaufen zurück, der ungefähr so groß ist wie ein Basketball. Die Oberflächentemperatur des Haufens wird bei über 10 Grad Celsius gehalten und liegt damit wenige Grad über der Grenze, bei der Arbeiterinnen ins Kältekoma fallen. Die Wärme

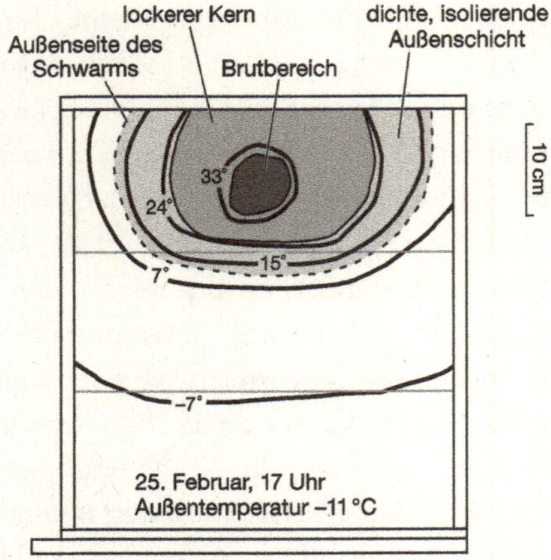

Abb. 7 Der Aufbau eines Honigbienenschwarms im Winter.

reicht also aus, damit auch die am Rand befindlichen Bienen am Leben bleiben (Abb. 7). Das Innere des Haufens heizen die Bienen auf, indem sie ihre beiden Flugmuskelpaare (von denen das eine die Flügel hebt und das andere sie nach unten zieht) isometrisch zusammenziehen; damit erzeugen sie viel Wärme, aber höchstens geringfügige Flügelbewegungen. Die Flugmuskulatur stellt also für die Biene eine erstaunlich leistungsfähige Heizung dar. Natürlich fliegen Bienen, indem sie mit den Flügeln schlagen – die energetisch anspruchsvollste Fortbewegungsart bei Tieren –, und die Flugmuskulatur der Insekten gehört zu den Geweben mit dem aktivsten Stoffwechsel. Eine fliegende Biene verbraucht eine Energiemenge von rund 500 Watt je Kilogramm Körpergewicht – zum Vergleich: Eine olympische Rudermannschaft bringt es höchstens auf ungefähr 20 Watt je Kilogramm. Zu jedem Zeitpunkt zittert aber nur ein kleiner Anteil der Bienen in dem Haufen mit maximaler Intensität. Die Energiemenge, die von den zwei Kilo Bienen im Winter erzeugt wird, liegt also nicht bei 1000, sondern nur bei ungefähr 40 Watt; eine ähnlich große Wärmemenge erzeugt eine kleine Glühbirne. In einer behaglichen Höhle, die Schutz vor dem wärmeraubenden Wind bietet, überlebt eine Kolonie mit einer solchen Wärmeproduktion recht angenehm den

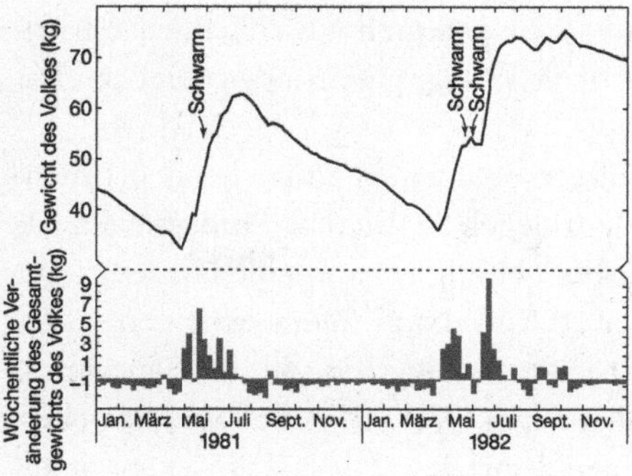

Abb. 8 Die wöchentliche Gewichtsveränderung eines Honigbienenvolkes (Bienenstock mit Bienen und Futtervorräten).

Winter. Wie wichtig die schützende Wohnhöhle ist, zeigt sich am traurigen Schicksal der wenigen Bienenvölker, die keine Unterkunft finden und im Freien nisten müssen (siehe Bildteil, Abb. VII); sie werden mit ziemlicher Sicherheit absterben, wenn die winterliche Kälte einsetzt.

Ein Honigbienenvolk lebt rund ums Jahr von *Flower Power*: Die mindestens 20 Kilo Honig, die das Volk während des vorangegangenen Sommers in seinen Honigwaben gesammelt hat, dienen als Brennstoff, der den ganzen Winter über die Wärmeproduktion ermöglicht. Wenn man ein Bienenvolk auf eine Waage legt und über das ganze Jahr hinweg jeden Tag das Gewicht misst, so erkennt man, dass es im Laufe des Winters stetig abnimmt: Die Kolonie verbraucht ihre Honigvorräte, und im Sommer, wenn die Lager wieder aufgefüllt werden, geht das Gewicht stetig nach oben (Abb. 8). Meine Bienenvölker in Ithaca im Bundesstaat New York beispielsweise füllen ihre Waben vor allem während der 60 Tage zwischen dem 15. Mai und dem 15. Juli; in dieser Zeit blühen nacheinander zahlreiche Pflanzen, die üppige Nektarmengen produzieren, darunter Robinien und Linden, Sumach sowie verschiedene krautige Pflanzen, beispielsweise Löwenzahn, Himbeeren, Seidenpflanzen und Klee. An einem solchen Tag, wenn die Luft warm ist, die Sonne kräftig scheint und Nektar in Hülle und Fülle zur Verfügung steht, nimmt das Gewicht des Bienenvolkes, das ich zu Hause auf einer Waage halte, um mehrere Kilo zu; dabei handelt es sich praktisch ausschließlich um frischen Honig. Folgen mehrere solche Tage aufeinander, sprechen Imker von einer »Tracht«.

Innerhalb der kurzen Sommersaison einen ausreichenden Brennstoffvorrat für den Winter anzulegen ist für ein Honigbienenvolk eine der schwierigsten Aufgaben. Honig ist zwar eine konzentrierte, energiereiche Nahrung, aber 20 Kilo davon füllen fast einen 16-Liter-Eimer oder mehr als 50 jener Honiggläser, die im Supermarkt neben der Erdbeermarmelade stehen. Wie viel Arbeit und Speicherplatz sind notwendig, um einen derart gewaltigen Kalorienvorrat anzulegen? Was die Arbeit angeht, so muss man bedenken, dass frisch gesammelter Nektar eine (durchschnittlich) 40-prozentige Zuckerlösung ist, während reifer Honig zu ungefähr 80 Prozent aus Zucker besteht. Eine Biene, die Nahrung sammelt, bringt im Regelfall ungefähr 40 Milligramm Nektar nach Hause. Daraus kann man berechnen, dass das Sammeln des Nektars für die Produktion von 20 Kilo Honig mehr als eine Million Sammelflüge der Arbeiterinnen aus dem Bienenvolk erfordert. Wenn man dann noch bedenkt, dass die Bienen während eines solchen Fluges viele Kilometer zurücklegen und unzählige Blüten aufsuchen, so erkennt man, welche umfangreichen Anstrengungen sie im Laufe des Sommers unternehmen, um ihr Volk durch den Winter zu bringen.

Und wie steht es mit dem Speicherplatz? Um einen Honigvorrat von einem Kilo anzulegen, sind Waben mit einer Fläche von 250 Quadratzentimetern notwendig, und da 250 Quadratzentimeter Waben in der Nesthöhle jeweils ein Volumen von 0,9 Liter einnehmen (für die Waben voller Honig und die zugehörigen Durchgangswege für die Bienen), kann man ausrechnen, dass die Speicherung von 20 Kilo Honig eine Nisthöhle mit einem Volumen von rund 18 Litern erfordert. Wenn also ein Bienenvolk sich sein zukünftiges Zuhause aussucht, muss es auf Baumstamm-Hohlräume, deren Volumen kleiner ist, verzichten. Im Idealfall findet es eine Nisthöhle, die noch etwas geräumiger ist und weitere honiggefüllte Waben sowie Kammern für die Brut der Kolonie aufnehmen kann; diese besetzt im Frühjahr unter

Umständen mehr als die Hälfte aller Zellen in einer Kolonie, weil die Mannschaft als Vorbereitung auf das Schwärmen ausgebaut wird. Imker haben übrigens einen klugen Weg gefunden, um den Drang der Bienen, ihre Nester mit Honig zu füllen, auszunutzen. Sie bringen ihre Völker in Stöcken unter, die mit rund 160 Litern weitaus mehr Platz bieten, als die Bienen in der Natur brauchen; damit veranlassen sie ihre Völker dazu, erstaunliche Honigmengen anzuhäufen – ein Volk erzeugt während eines Sommers unter Umständen mehr als 100 Kilo. Eine Kolonie hart arbeitender Bienen, die im Bienenstock eines Imkers wohnen, liefert ihrem Vermieter unter Umständen Dutzende von Waben, die prall mit Honig gefüllt sind.

Der Jahreszyklus der Honigbienen ist nicht nur im Hinblick auf die Überwinterung einzigartig. Betrachten wir nur einmal, wie die Kolonie ungefähr in der Mitte des Winters beginnt, ihre Arbeitskraft neu aufzubauen. Kurz nach der Wintersonnenwende, wenn die Tage wieder länger werden, die Landschaft aber noch von Schnee bedeckt ist, steigert ein Honigbienenvolk seine Kerntemperatur auf ungefähr 35 Grad Celsius, das Optimum für die Aufzucht neuer Bienen. Während der Kern des Haufens nun also als gemütlicher Brutkasten dient, beginnt die Königin mit der Eiablage in Zellen, aus denen der Honig während der vorangegangenen kalten Wochen entnommen wurde. Aus den Eiern schlüpfen ungefähr drei Tage nach der Ablage die Larven, die von den erwachsenen Arbeiterinnen gefüttert werden. Anfangs geben die Arbeiterinnen der Larve eine proteinhaltige Flüssigkeit zu fressen, die von Drüsen im Kopf der erwachsenen Bienen produziert wird, aber nach ungefähr drei Tagen wechseln sie zu einer Mischung aus Honig und Pollen. Ungefähr zehn Tage nachdem eine Larve aus dem Ei geschlüpft ist, hat sie bereits eine Größe erreicht, mit der sie ihre Zelle nahezu ausfüllt (siehe Bildteil, Abb. VIII). Nun spinnt sie den Kokon, in dem sie sich in eine erwachsene Biene verwandelt. Die ausgewachsenen Arbeiterinnen bauen über der Zelle eine Abdeckung aus Wachs, um die unreife Biene während des empfindlichen Puppenstadiums zu schützen. Nach ungefähr einer weiteren Woche, wenn die Metamorphose abgeschlossen ist, frisst die vollständig entwickelte Arbeiterin sich durch den Deckel auf ihrer Zelle und schließt sich der wachsenden Arbeitsmannschaft ihres Volkes an. In der Mitte des Winters, wenn eine Kolonie mit der eindrucksvollen Leistung der Brutpflege beginnt, enthalten rund 100 Zellen unausgereifte Bienen. Im Vorfrühling dagegen, wenn die ersten Blüten heranwachsen, beherbergen mehr als 1000 Zellen solche in der Entwicklung befindliche Bienen, und das Wachstum der Kolonie beschleunigt sich von Tag zu Tag. Im späten Frühjahr schließlich, wenn die meisten anderen Insekten gerade erst aktiv werden, sind die Honigbienenvölker bereits zu ihrer vollen Größe von 20000 bis 30000 Individuen herangewachsen und haben mit der Fortpflanzung begonnen.

Fortpflanzung der Kolonie

Die Fortpflanzung eines Honigbienenvolkes ist eine seltsam komplizierte Angelegenheit: Jede Kolonie ist ein Zwitter, das heißt, sie verfügt sowohl über männliche als auch über weibliche Fortpflanzungsfähigkeiten.[10] Damit ist sie deutlich anders als wir selbst und die meisten übrigen Tiere, bei denen jedes Individuum entweder ein Männchen oder ein Weibchen ist, aber sie ähnelt stark vielen Pflanzen, beispielsweise Apfelbäumen. Um die Fortpflanzung eines Honigbienenvolkes sinnvoll zu erklären, ist es in meinen Augen nützlich, einen Vergleich zwischen der sexuellen Fortpflanzung von Bienenvölkern und Apfelbäumen anzustellen. Ihre grundlegende Ähnlichkeit besteht darin, dass beide Individuen – die Kolonie und der Baum – sowohl männliche als auch weibliche Fortpflanzungselemente hervorbringen. Die männlichen Elemente sind die Drohnen beziehungsweise die Pollenkörner, die weiblichen sind die Bienenkönigin und die Eizellen. Und wie die Pollenkörner eines Apfelbaumes, die sich bei der Befruchtung mit den Eizellen eines anderen Baumes vereinigen und anschließend Embryonen in Samen entstehen lassen, die zu neuen Bäumen heranwachsen, so befruchten auch die Drohnen eines Honigbienenvolkes die Königinnen anderer Kolonien, wobei mit Samen versehene Königinnen entstehen, die neue Kolonien hervorbringen. Sowohl die Bäume als auch die Kolonien bedienen sich also der Kreuzbefruchtung, um den Problemen, die sich mit Inzucht verbinden, aus dem Weg zu gehen.

Eine andere Ähnlichkeit zwischen Bienenvölkern und Bäumen liegt in den Unterschieden zwischen männlicher und weiblicher Seite. Die männliche Seite der Fortpflanzung ist bei Bienen wie bei Bäumen recht einfach. Im späten Frühjahr und Frühsommer bringt jede Kolonie und jeder Baum eine große Zahl männlicher Fortpflanzungselemente hervor – Tausende von Drohnen je Bienenvolk und Millionen von Pollenkörnern je Baum. Diese verteilen sich über das Land und sorgen für die Befruchtung. Für jede einzelne Drohne und jedes Pollenkorn besteht nur eine geringe Chance, eine Königin oder eine Eizelle zu befruchten, aber da ein gesundes Individuum (Kolonie oder Baum) eine gewaltige Menge solcher männlichen Elemente hervorbringt, besteht eine große Wahrscheinlichkeit, dass die Fortpflanzung auf dem Weg über die kleinen, männlichen Genträger gelingt.

Auf der weiblichen Seite der Fortpflanzung finden wir sowohl im Bienenvolk als auch beim Baum einen komplizierteren Prozess vor. In beiden Fällen wird das befruchtete Fortpflanzungselement (Bienenkönigin oder Eizelle) nicht wie die männlichen Elemente »nackt« abgegeben, sondern es wird in einem großen, raffinierten Verbreitungsvehikel verpackt, das ihm Schutz bietet und ihm weiterhilft. Die Eizellen eines Apfelbaumes werden in Äpfel eingeschlossen, und jede Eizelle ist von vielen tausend schützenden Zellen umgeben, die eine widerstandsfähige Samenhülle und das restliche Fruchtfleisch bilden. Ganz ähnlich verhält es sich mit der Königin eines Bienenvolkes: Sie wird von der Ausgangskolonie mit einem ganzen Schwarm entlassen, in dem sie von einigen zehntausend Arbeiterinnen umgeben ist; diese bilden eine lebende Schutzhülle für die Königin und versorgen sie mit Nahrung. Da jeder Schwarm und jeder Apfel viele tausend Mal größer und in der Produktion aufwendiger ist als eine Drohne oder ein Pollenkorn, ist es nicht verwunderlich, dass ein Bienenvolk oder ein Baum jedes Jahr nur wenige weibliche Einheiten hervorbringt, nämlich in der Regel höchstens vier Schwärme beziehungsweise ein paar hundert Äpfel. Da aber die kostbaren weiblichen Fortpflanzungselemente so gut geschützt und mit Nährstoffen ausgestattet sind, besteht eine hohe Wahrscheinlichkeit, dass sie zu Ausgangspunkten eines neuen Volkes oder Baumes werden. Trotz ihrer geringeren Zahl reichen Schwärme und Äpfel also, was die Weitergabe ihrer elterlichen Gene betrifft, an die Effizienz der Drohnen und Pollenkörner heran.

Schwärmen

In meiner Heimat im Bundesstaat New York entlassen meine Bienenvölker ihre Drohnen Ende April, und eine oder zwei Wochen später, Anfang Mai, fliegen die Schwärme – jeder mit einer Königin in Begleitung mehrerer tausend Arbeiterinnen. Die eigentliche Fortpflanzung der Kolonie beginnt kurz nach dem Ende des Winters. In den meisten Jahren setzt die Schwärmsaison ein, nachdem wir uns einige Wochen über warme Tage und die üppigen Blüten der Ahornbäume (*Acer* spp.), der Verschiedenfarbigen Weide (*Salix discolor*) und des Stinkkohls (*Symplocarpus foetidus*) freuen konnten. Während dieser Zeit haben die Bienenvölker viel Nahrung gesammelt, die Königinnen haben eifrig Eier gelegt, und die Populationen der Arbeiterinnen wurden kräftig verstärkt. Wann ich meinen ersten Schwarm finden werde, kann ich recht zuverlässig voraussagen, wenn ich festhalte, wann mein auf einer Waage stehendes Bienenvolk seine sechsmonatige rapide Gewichtsabnahme beendet und durch frischen Nektar und Pollen wieder schwerer wird (siehe Abb. 8).

Die Schwärme sind vom Frühsommer an unterwegs, denn jede neue Kolonie muss viel leisten, wenn sie den nachfolgenden Winter überleben will. Insbesondere muss jeder Schwarm (das heißt jedes neue Bienenvolk) eine geeignete Nisthöhle finden und besetzen; dann muss sie Bienenwachswaben bauen, neue Arbeiterinnen großziehen und ausreichend Vorräte für den nachfolgenden Winter sammeln. Wenn die Kolonie früh mit der Arbeit beginnt, hat sie es sicher leichter, diese Hürden zu überwinden. Dennoch gelingt es leider vielen Bienenvölkern nicht, genügend Honig zu sammeln, und dann müssen sie im ersten Winter hungern. Mitte der 1970er Jahre verfolgte ich über drei Jahre hinweg das Schicksal einiger Dutzend verwilderter Honigbienenvölker, die rund um Ithaca in Bäumen und Häusern lebten. Wie ich dabei feststellte, waren noch nicht einmal 25 Prozent der »Gründerkolonien« (die anfangs Schwärme gewesen waren) im nachfolgenden Frühjahr noch am Leben.[11] Dagegen überlebten 80 Prozent der »etablierten« Kolonien (die bereits seit mindestens einem Jahr ihr Nest bewohnten) den Winter, was zweifellos daran lag, dass sie im vorangegangenen Sommer nicht bei null beginnen mussten. Imker beschreiben den Zeit- und Energieaufwand, den die Schwärme leisten müssten, in einem recht grausigen, dreiteiligen Reim: »A swarm of bees in May is worth a load of hay, a swarm of bees in June is worth a silver spoon, a swarm in July isn't worth a fly.« [»Ein Bienenschwarm im Mai ist eine Ladung Heu wert, ein Bienenschwarm im Juni ist einen Silberlöffel wert, ein Schwarm im Juli ist keinen Pfifferling wert.«]

Ob Mai, Juni oder Juli: Im ersten Schritt bereitet sich ein Bienenvolk auf das Schwärmen vor, indem es mindestens zehn Königinnen großzieht, die alle Töchter der Königinmutter sind. Die Aufzucht der Königinnen beginnt mit dem Bau besonderer Königinnen- oder Weiselzellen, winziger, auf dem Kopf stehender Becher aus Bienenwachs. In der Regel werden sie am unteren Rand der Waben gebaut, in denen die Kolonie ihre Brut unterbringt, und aus ihnen werden die großen, nach unten gerichteten, erdnussförmigen Zellen, in denen die Königinnen herangezogen werden (siehe Bildteil, Abb. IX). Als Nächstes legt die Königin in mindestens einem Dutzend Weiselzellen Eier ab, und Arbeiterinnen füttern die geschlüpften Larven mit dem Gelée royale, das sie zu Königinnen heranwachsen lässt. Die Frage, was die Honigbienen eigentlich veranlasst, mit der Aufzucht von Königinnen zu beginnen und damit den Ausgangspunkt für das Schwärmen zu schaffen, ist nach wie vor ein Rätsel. Imker wissen, dass bestimmte Bedingungen im Bienenstock (Anhäufung ausgewachsener Bienen, zahlreiche unausgereifte Bienen und wachsende Futtervorräte) und in der Umgebung (üppiges Nahrungsangebot und Frühjahr) mit dem Beginn der Königinnenaufzucht und dem Schwärmen im Zusammenhang stehen. Dennoch weiß bis heute niemand genau, welche Reize die Arbeiterinnen im Einzelnen spüren und zusammenführen, wenn sie die wichtige Entscheidung treffen, den Prozess des Schwärmens einzuleiten.

Die neuen Königinnen entwickeln sich bemerkenswert schnell: Nur 16 Tage dauert es von der Eiablage bis zu dem Augenblick, in dem die ausgewachsene Königin aus ihrer Zelle schlüpft. Während die Tochter-Königinnen heranwachsen, macht die Königinmutter Veränderungen durch, mit denen sie sich darauf vorbereitet, mit dem Schwarm davonzufliegen.[12] Von Tag zu Tag wird sie weniger von den Arbeiterinnen gefüttert. Die Eierproduktion kommt zum Stillstand, und ihr Hinterleib, der jetzt nicht mehr mit vollständig entwickelten Eiern gefüllt ist, schrumpft dramatisch. Außerdem zeigen die Arbeiterinnen gegenüber ihrer Mutter eine leichte Feindseligkeit: Die alte Königin wird jetzt geschüttelt, gestoßen und leicht gebissen. Jedes Mal, wenn eine Arbeiterin die Königin schütteln will, greift sie mit den Vorderbeinen nach der größeren Biene und rüttelt ihren Körper ungefähr eine Sekunde lang durch, was 10 bis 20 heftigen Hin-und-her-Bewegungen entspricht (Abb. 9).[13] Diese grobe Behandlung, die am Ende nahezu ständig stattfindet (nämlich ungefähr alle 10 Sekunden), zwingt die Königin, im Nest herumzuwandern. Die stärkere körperliche Betätigung führt in Verbindung mit der verminderten Nahrungsaufnahme dazu, dass das Körpergewicht der Königin um 25 Prozent sinkt. Auf diese Weise wird die Königinmutter, die zuvor zu groß und schwer zum Fliegen war, für die Abreise fit gemacht.

Während die jungen Königinnen heranreifen und die Königinmutter abnimmt, bereiten sich auch die Arbeiterinnen auf den bevorstehenden Abflug der alten Königin und ihres Schwarmes vor. Damit die Arbeiterinnen ausreichend mit Energie versorgt sind, wenn sie ihr altes Zuhause verlassen, tun sie genau das Gegenteil des Abnehmens: Sie stopfen sich mit Honig voll, so dass ihr Hinterleib merklich an-

Abb. 9 Eine Arbeiterin schüttelt die Königin. Der Pfeil zeigt an, wie der Körper der Biene in Richtung von Bauch und Rücken vibriert.

schwillt. In einer Studie wurden die Mägen von Arbeiterinnen aus Kolonien, die sich auf das Schwärmen vorbereiten, in mühsamer Kleinarbeit seziert und gewogen. Dabei stellte sich heraus, dass die meisten Bienen sich den Bauch mit ein bis zwei Tropfen (35 bis 55 Milligramm) Honig vollgeschlagen hatten, wodurch ihr Körpergewicht um rund 50 Prozent angestiegen war.[14] Wenn also ein Schwarm sich auf die Reise zu seiner neuen Behausung macht, besteht sein Gewicht zu ungefähr einem Drittel aus Nahrungsreserven. Dass die Arbeiterinnen dicker werden, ist nicht ihre einzige auffällige Vorbereitung auf den bevorstehenden Flug. Auch die Wachsdrüsen, die bei jeder Arbeiterbiene in den Bauchplatten von vier Hinterleibssegmenten liegen, schwellen an und bereiten sich so auf die umfangreiche Wachsproduktion vor, die an dem neuen Nistplatz zum Aufbau der Waben notwendig ist. Dreht man eine Arbeiterin, die man aus der Kolonie im Vorfeld des Schwarmfluges entnommen hat, auf den Rücken, so erkennt man weiße Bienenwachsschuppen, die unter den überlappenden Bauchplatten hervorragen (siehe Bildteil, Abb. X). Die vielleicht auffallendste Veränderung jedoch, die sich bei den Arbeiterinnen kurz vor dem Schwarmflug abspielt, ist ihre größere Trägheit. Die meisten dieser Faulpelze sitzen ruhig auf den Waben, andere ruhen sich in einem dicken Haufen vor dem Eingang zum Stock aus und liefern dem aufmerksamen Imker damit eine nützliche Vorwarnung, dass der Schwarm bald ausfliegt. Der Biologe und Comic-Zeichner Jay Hosler bezeichnete diese seltsame Phase der Inaktivität als »Ruhe vor dem Schwarm«.[15] Einige Dutzend Bienen jedoch bleiben aktiv und suchen die umgebende Landschaft im Umkreis von mindestens fünf Kilometern in alle Richtungen nach potentiellen Nistplätzen ab. Diese unternehmungslustigen Individuen sind die Nistplatz-Kundschafter und die zentralen Gestalten des vorliegenden Buches. In Kapitel 4 werden wir sie genauer kennenlernen.

Wie ich im Sommer 2007 erfuhr, spielen die Nistplatz-Kundschafterinnen eine Schlüsselrolle als Auslöser für das nächste wichtige Ereignis: den explosionsartigen Abflug des Schwarmes vom elterlichen Nest. Bei diesen Forschungsarbeiten unterstützte mich meine Doktorandin Juliana Rangel, eine gute Wissenschaftlerin, die Klugheit und Fröhlichkeit mit harter Arbeit verbindet. Wie wir feststellen, sind die Kundschafterbienen besonders gut dazu geeignet, den Massenexodus des Schwarmes auszulösen, weil sie sich aufgrund ihrer besonderen Aufgabe sowohl innerhalb als auch außerhalb des Nestes eine gewisse Zeit aufhalten: Draußen suchen sie nach potentiellen Wohnorten, drinnen nehmen sie Nahrung auf und ruhen sich aus. Nur eine Biene, die über Informationen von drinnen wie auch von draußen verfügt, kann den richtigen Zeitpunkt für den Abflug festlegen. Bei ihrem Aufenthalt im Stock erfährt die Kundschafterbiene, wann einige heranwachsende Königinnen das Puppenstadium erreicht haben und in verschlossenen Zellen liegen, und draußen kann sie feststellen, wann warmes, sonniges Wetter die notwendigen Voraussetzungen für die Reise schafft. Sind beide Bedingungen erfüllt, entfalten die Kundschafter eine hektische Aktivität. Zunächst krabbeln sie aufgeregt zwischen ihren kühlen, ruhigen Schwestern in dem Bienenhaufen vor dem Eingang zum Stock herum. Jede Kundschafterin bleibt alle paar Sekunden bei einer ruhigen Biene stehen und drückt kurz ihre Brust gegen die Artgenossin, während ihre Flugmuskulatur so aktiviert wird, dass sie ungefähr eine Sekunde lang eine Vibration von 200 bis 250 Hertz (Schläge je Sekunde) erzeugt. Dieses Signal wird auch als Arbeiterinnenpfiff bezeichnet. Es hört sich wegen der hochfrequenten Obertöne wie der Motor eines beschleunigenden Formel-1-Rennwagens an und setzt die ruhenden Bienen in Kenntnis, dass es an der Zeit ist, mit der Flugmuskulatur zu zittern und sie zur Vorbereitung des Abfluges auf die Flugbereitschaftstemperatur von 35 Grad Celsius zu bringen. Die Pfiffe der Kundschafterbienen sind anfangs nur kurz und schwach, aber im Laufe der nächs-

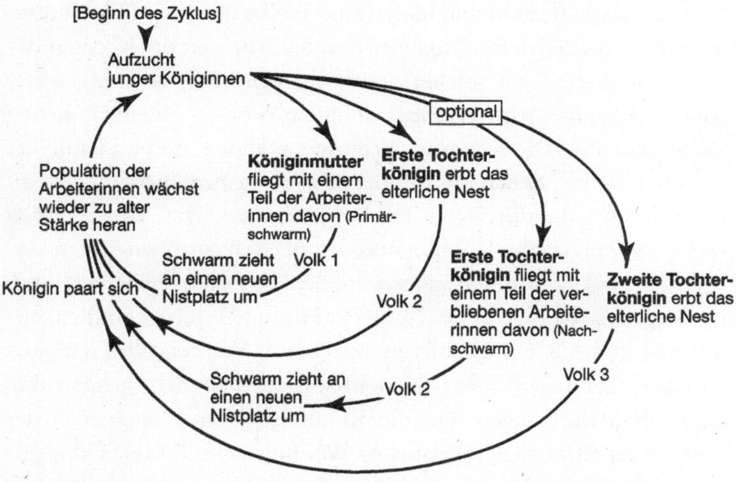

Abb. 10 Die wichtigsten Ereignisse im Lebenszyklus einer Honigbienenkolonie.

ten Stunde schwellen sie nach und nach zu einem ständigen, lauten Geräusch an; immer mehr Kundschafter verkünden die Botschaft: »Zeit zum Aufwärmen!« Am Ende bemerken die pfeifenden Kundschafterinnen – vielleicht weil sie nur noch mit ausreichend aufgewärmten Bienen in Kontakt kommen –, dass alle ihre Kollegen aus dem Stock flugbereit sind; und jetzt geben die Kundschafter ein zweites Anregungssignal ab, den »Schwirrlaut«: Höchst aufgeregt und auf einem gewundenen Weg laufen sie um das Nest herum, summen schubweise mit den Flügeln und schieben sich zwischen trägen Bienen hindurch. Dieses Mal lautet die Aufforderung: »Jetzt geht's los!«[16]

Und wie es dann losgeht! Plötzlich sind nahezu alle Arbeiterinnen ganz aufgeregt. Sie rennen durcheinander, drängen zum Ausgang, strömen hinaus und heben ab; dabei wird auch die Königinmutter nach draußen gedrängt, und es entsteht der »Vorschwarm«, wie die Imker ihn nennen (Abb. 10). Er besteht aus rund 10 000 Bienen, zwei Dritteln der Kolonie. Diese Bienen fliegen in einem hektischen Wirbel umeinander herum und bilden eine Wolke mit einem Durchmesser von 10 bis 20 Metern; irgendwo in der Mitte ist die Königin dabei. Weit kommt ein solcher Schwarm nicht. Schon wenig später lassen sich einige Arbeiterinnen auf einem Ast oder einem ähnlichen Sitzplatz nieder. Die Königin gesellt sich zu ihnen, und im Laufe der nächsten 10 bis 20 Minuten findet sich die ganze Bienenwolke zu einer dichten, bartförmigen Traube zusammen. Die Arbeiterinnen werden vom Duft der Königin und dem starken, zitronenartigen Geruch der Lockpheromone angezogen, den die ersten Siedler aus ihren Duftorganen (die sich in der Nähe der Hinterleibspitze befinden) absondern und mit Flügelschlägen verteilen.[17] Während der nächsten Stunden oder Tage bleiben die meisten Bienen des Schwarmes ruhig an dieser Stelle hängen; nur die Kundschafterinnen suchen in der Umgebung eifrig nach potentiellen Wohnorten und wählen eine geeignete Stelle aus. Nachdem die Kundschafterinnen ihre demokratische Entscheidungsfindung abgeschlossen haben, veranlassen sie den ganzen Schwarm, sich wieder in die Luft zu erheben, und führen ihn dann zu dem neuen Zuhause.

Im alten Nest bleiben einige tausend Arbeiterinnen, mindestens ein Dutzend Weiselzellen, Tausende von Zellen für die Arbeiterinnen-Brut und viel Nahrung zurück. Die zu Hause gebliebenen Arbeiterinnen haben nun keine Königin mehr, aber es vergehen nur wenige Tage, dann erscheint die erste neue Königin auf der Bildfläche. Während dieser Wartezeit schlüpfen in der alten Kolonie neue Arbeiterinnen, und die Population erholt sich. Häufig sind es so viele, dass die Kolonie zu der Zeit, wenn die erste Königin aus ihrer verschlossenen Weiselzelle herauskommt, bereits wieder die alte Stärke erreicht hat. Sobald das der Fall ist, verjagen die Arbeiterinnen die erste junge Königin von den restlichen Weiselzellen, damit sie diese nicht zerstört. Ebenso fressen die Arbeiterinnen von den verschlossenen Enden der Weiselzellen nicht das Wachs und die Fasern der Puppenkokons ab, damit die übrigen jungen Königinnen nicht herauskommen können. Stattdessen werden die Königinnen in ihrem Gefängnis gefüttert, sobald sie um Nahrung betteln; dazu schieben

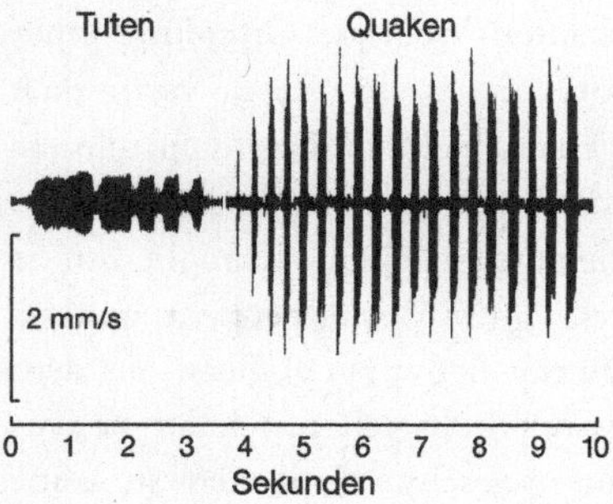

Abb. 11 Die Pfeifsignale einer Bienenkönigin, aufgenommen als Schwingungen der Wabe. Eine junge Königin, die sich über die Waben bewegt, stößt ein Tuten aus, das eine andere, noch in ihrer Zelle gefangene junge Königin zu einem Quaken als Antwort veranlasst. Die Einheiten auf der senkrechten Achse – Millimeter je Sekunde – sind ein Maß für die Schallenergie.

die Arbeiterinnen ihre Zunge durch kleine Schlitze in die Zellen. Gleichzeitig gibt die erste junge Königin ihre Gegenwart mit königlichen Pfeifsignalen, dem sogenannten Tuten, bekannt.[18] Die Königin pfeift dabei mit der gleichen Methode wie die Arbeiterinnen: Sie drückt die Brust gegen eine Unterlage und aktiviert ihre Flugmuskulatur. Eine Königin drückt sich dabei allerdings nicht gegen eine andere Biene, sondern gegen eine Wabe, vermutlich weil das Signal damit ein größeres Publikum erreicht. Außerdem sind die Pfeifsignale einer Königin länger als die einer Arbeiterin, und sie bestehen aus mehreren Pulsen (Abb. 11). Sobald die erste junge Königin pfeift, stellen die Arbeiterinnen für die Dauer des Signals alle Bewegungen ein – vielleicht um das Hintergrundgeräusch ihrer unzähligen Fußtritte zu vermindern –, und die jungen Königinnen, die noch in ihren Zellen gefangen sind, antworten ebenfalls mit einem Pfeifen; dabei bringen sie allerdings ein tieferes »Quaken« hervor, das ein wenig länger dauert als das »Tuten« der ersten jungen Königin. Das Quaken ist für die erste Königin mit ziemlicher Sicherheit ein Signal dafür, dass sie tödliche Konkurrentinnen hat.

Diese schlechte Nachricht dürfte für die erste junge Königin ein Anlass sein, mit einem zweiten Schwarm – Imker sprechen vom »Nachschwarm« – ebenfalls die Kolonie zu verlassen. Damit lässt die erste junge Königin die angenehmen Ressourcen – Waben aus Bienenwachs, Arbeiterinnenbrut und Honigvorräte – im elterlichen

Nest zurück und schlägt den riskanten Weg zur Gründung einer neuen Kolonie ein. Ein solches Vorgehen ist aber für sie vermutlich weniger gefährlich, als wenn sie zu Hause bleibt und versucht, alle anderen Konkurrentinnen, die es tödlich ernst meinen, umzubringen. Wenig später schütteln Arbeiterinnen die erste junge Königin, um sie auf den Flug vorzubereiten, und wenn gutes Wetter herrscht, wird sie nach wenigen Tagen, wenn der zweite Schwarm abfliegt, aus dem Nest gedrängt. Dieser Vorgang wiederholt sich mit jeder neugeschlüpften Königin, bis die Kolonie so geschwächt ist, dass sie keine weiteren Schwärme mehr hervorbringen kann. Wenn sich zu diesem Zeitpunkt immer noch mehrere junge Königinnen im Nest befinden, lassen die Arbeiterinnen zu, dass sie sich ungehindert befreien. Die erste Königin versucht dann in der Regel, ihre noch in den Zellen steckenden Rivalinnen umzubringen; dazu klettert sie über die Waben, sucht nach Zellen mit Königinnen, beißt seitlich kleine Löcher hinein und sticht die Bewohnerinnen. Schlüpfen jedoch zwei oder mehrere junge Königinnen mehr oder weniger gleichzeitig, bekämpfen sie sich bis zum Tode: Sie greifen einander und versuchen zu stechen. Die kämpfenden Bienenköniginnen raufen, drehen sich und versuchen, ihren Giftstachel in den Hinterleib ihrer Schwester zu drücken. Letztlich gelingt es einer Königin, und die andere bricht, tödlich getroffen, gelähmt zusammen; sie fällt von der Wabe und stirbt wenig später. Dieser gnadenlose Schwesternmord setzt sich fort, bis nur eine junge Königin lebend übrig bleibt. Einige Tage danach vollzieht die Siegerin ihre Hochzeitsflüge, und nachdem sie sich ausreichend gepaart hat, beginnt sie mit der Eiablage. Wenig später bevölkern ihre Töchter und Söhne das begehrte Ausgangsnest. Die Königinnen, die mit einem Nachschwarm abgeflogen sind, paaren sich während ihrer Hochzeitsflüge ebenfalls, nachdem sie und ihre Arbeiterinnen das neue Zuhause bezogen haben; im Nest paart sich eine Königin nie.

3. Traumwohnung für Honigbienen

Wenn ich zuversichtlich sag',
Dass noch für den nächsten Tag,
Für ein Jahr sogar, mag sein,
Ich, mein Liebling, nur bin dein,

Dann weil, sei ich auch ein Nichts,
Misst man mich am Weltenall,
Ich doch instinktiv und schlau,
hab' bewahret meinen Bau.[1]

Robert Frost
Ein Waldmurmeltier, 1936

Wie Robert Frosts Murmeltier, so ist auch ein Honigbienenvolk, was den Wohnort angeht, »instinktiv gründlich«: Nur ganz bestimmte Hohlräume in Bäumen bieten guten Schutz vor natürlichen Feinden und Zuflucht vor unwirtlichen Wetterbedingungen, insbesondere starkem Wind und eisiger Kälte. Nicht weniger als sechs verschiedene Eigenschaften einer potentiellen Wohnung – unter anderem Volumen des Hohlraumes, Höhe und Größe des Eingangs und eventuell vorhandene Waben einer früheren Kolonie – werden für die Gesamtbeurteilung der Qualität einer Stelle herangezogen. Dass Honigbienen ihre Wohnung mit solcher Sorgfalt auswählen, weiß man erst seit ungefähr 30 Jahren – eigentlich überraschend angesichts der Tatsache, dass Menschen bereits seit der Antike Bienen züchten.[2] Dass wir erst seit relativ kurzer Zeit über die wirklichen Vorlieben der Bienen hinsichtlich ihrer Wohnorte Bescheid wissen, liegt daran, dass die in der Bienenzucht verwendeten Völker in Bienenstöcken leben, die ein Imker gestaltet hat und die an den von ihm gewünschten Orten ste-

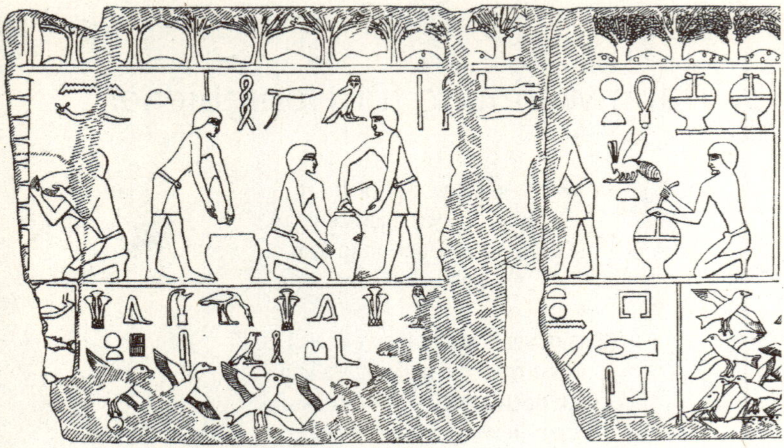

Abb. 12 Die erste bekannte Darstellung von Bienenzucht und Honigherstellung aus dem Sonnentempel von Niuserre in Abu Ghurab (Ägypten), der um 2400 v. Chr. errichtet wurde. Links wird Honig aus einem kleinen Stapel aus zylinderförmigen Bienenstöcken gewonnen, in der Mitte wird er verarbeitet und rechts abgefüllt.

hen. Die ersten stichhaltigen Belege für Bienenzucht stammen aus Ägypten und aus der Zeit um 2400 v. Chr.: Eine Reliefdarstellung zeigt einen Tempel mit Bauern, die Waben aus einem Stapel zylinderförmiger Bienenstöcke aus Ton entnehmen und den Honig in Töpfe abfüllen (Abb. 12). Demnach bemühen sich die Menschen für ihre Honigbienen schon seit rund 4400 Jahren um Wohnverhältnisse, die den Zwecken der Menschen dienen; was die Bienen selbst sich für eine Wohnung wünschen, wurde weitgehend außer Acht gelassen. So sind von Menschen gebaute Bienenstöcke in der Regel viel geräumiger als die natürlichen Nisthöhlen; deshalb sammeln Bienen in einem solchen Stock viel mehr Honig als in der Natur, und sie schwärmen seltener. Außerdem stehen die Bienenstöcke eines Imkers in der Regel auf dem Boden, was für den Menschen bequem, für die Bienen aber gefährlich ist. In der Natur werden Honigbienenvölker, die sich knapp über dem Boden angesiedelt haben, häufig von Bären und anderen Raubtieren gefunden und angegriffen.

Nester wilder Bienenvölker

Als ich 1975 im Rahmen meiner Doktorarbeit begann, die demokratische Wohnungssuche der Honigbienen genauer zu erforschen, hielt ich es für eine logische Vorgehensweise, im ersten Schritt herauszufinden, was eigentlich für ein Honigbienenvolk die Traumwohnung ausmacht. Damit würde ich erfahren, welche Kriterien ein Schwarm anlegt, wenn er mehrere potentielle Wohnorte ausfindig macht und dann den besten aussucht. Den idealen Wohnort für ein Honigbienenvolk zu erkennen würde sich nach meiner Vermutung als schwierige Aufgabe erweisen: Ich ging davon aus, dass die Bienen an jeder potentiellen Stelle mehrere Eigenschaften bewerteten und diese im Rahmen der Gesamtbeurteilung unterschiedlich gewichteten. Andererseits war mir eines klar: Wenn ich herausfinden konnte, welche Eigenschaften für die Bienen wichtig sind und wie stark ihre Vorliebe für diese einzelnen Eigenschaften ist, würde ich meinem Ziel bereits sehr nahe kommen.

Außerdem stellte ich eine weitere Überlegung an: Wenn ich in Erfahrung bringen wollte, was für Behausungen die Bienen bevorzugen, sollte ich zunächst Bäume finden, in denen wilde Honigbienenvölker lebten. Diese sollte ich fällen und den Abschnitt des Baumes aufschneiden, der das Bienennest enthielt; auf diese Weise konnte ich die natürlichen Lebensverhältnisse der Bienen genau untersuchen (siehe Bildteil, Abb. XI). Jede wild lebende Kolonie besiedelt eine Stelle, die von den Kundschafterinnen ausgewählt wurde; deshalb, so eine vernünftige Erwartung, sollten übereinstimmende Eigenschaften der Nistplätze auch Anhaltspunkte über die Vorlieben der wilden Bienenvölker liefern. Und es konnte kaum ein Zweifel darüber bestehen, dass diese Vorlieben das Kernstück der gesamten Wohnungswahl von Bienen waren, denn sie sind für einen Schwarm der Anlass, sich in geeigneten Nisthöhlen niederzulassen.

Lindauer hatte schon 1955 über Experimente berichtet, die er in der offenen Landschaft östlich von München durchgeführt hatte: Er hatte jeweils einem Schwarm zwei verschiedene Nistkästen angeboten, die sich in irgendeiner Eigenschaft unterschieden, und dann beobachtet, welche der beiden Kisten bei den Kundschafterinnen des Schwarmes das größte Interesse fand.[3] Die Versuche lieferten allerdings nur vorläufige Befunde, denn Lindauer konnte jede einzelne Eigenschaft der Nistplätze nur wenige Male überprüfen. Dennoch veranlassten ihn seine Beobachtungen zu der Vermutung, dass die Bienen ihre Nistkästen aufgrund des unterschiedlichen Windschutzes, der Größe des Hohlraumes, der Gegenwart von Ameisen und des verfügbaren Sonnenlichts auswählten. Lindauer war beeindruckt davon, dass die Bienen offenbar bei der Einschätzung der Brauchbarkeit möglicher Nistplätze mehrere Eigenschaften berücksichtigten; er fragte sich, wie die ideale Bienenwohnung aussehen könnte, und äußerte die Vermutung, man solle zur Lösung des Rätsels »am besten die Bienen selbst befragen«[4]. Das wollte ich nun tun und ihre Nester untersuchen.

Die Aussicht, eingehend die Nester wilder Honigbienenvölker zu beschreiben, die im Wald zu Hause waren, erschien mir nicht nur aus rationalen, sondern auch aus emotionalen Gründen reizvoll. Ich stand zwar noch vor dem Examen, hatte aber Chemie im Hauptfach studiert und mehrere kleine Forschungsprojekte in organischer Chemie, Biochemie und Biophysik abgeschlossen. Alle diese Untersuchungen hatten natürlich in sauberen, hellbeleuchteten, nahezu leblosen Laboratorien stattgefunden. Jetzt jedoch, wo ich meine Doktorarbeit in Biologie in Angriff nahm und in der Tierverhaltensforschung ein Neuling war, wollte ich unbedingt im Freiland arbeiten und das Verhalten der Tiere mit dem von Frisch-Lindauer-Verfahren, wie es genannt wurde, erforschen. Bert Hölldobler und Edward O. Wilson erläutern in ihrem autobiographischen Werk *Ameisen*, worin von Frischs und Lindauers Forschungsphilosophie bestand:

»Diese basierte auf einem tiefgehenden und liebevollen Interesse und Gespür für den ganzen Organismus und war besonders an seinen Anpassungen an die natürliche Umwelt interessiert. Nach diesem ganzheitlichen Ansatz sollten Sie das Tier Ihrer Wahl auf jede Ihnen mögliche Art und Weise kennenlernen. Versuchen Sie zu verstehen oder sich zumindest vorzustellen, wie sein Verhalten und seine Physiologie an die natürliche Umwelt angepasst sind. Suchen Sie sich dann eine Verhaltensweise heraus, die man für sich allein analysieren kann, als ob sie ein anatomisches Präparat sei. Wenn Sie einem bisher unbekannten Phänomen auf der Spur sind, dann lenken Sie Ihre Untersuchungen in die Richtung, die am vielversprechendsten erscheint.«[5]

Bert Hölldobler, mein Doktorvater, hatte uns diesen Ansatz der Verhaltensforschung in einer Vorlesung an der Harvard University nahegebracht, und was noch wichtiger war, er hatte die Leistungsfähigkeit der Methode mit seinen eigenen, spektakulär schönen Studien zum Sozialverhalten der Ameisen unter Beweis gestellt. Am Ende meines ersten Doktorandenjahres konnte ich es kaum noch erwarten, endlich anzufangen. Ich wollte ein Gespür für die in freier Wildbahn lebenden Honigbienen entwickeln, die Verhaltensaspekte, die mit der Wohnungssuche zu tun hatten, genauer analysieren und herausfinden, ob ich die Forschung von dem Ausgangspunkt aus, den Martin Lindauer vor 20 Jahren geschaffen hatte, weiter vorantreiben konnte.

Ich wusste, dass ich Harvard unmittelbar nach dem Abschlussexamen des Frühlingssemesters verlassen würde, und hatte mich darauf eingestellt, an das Dyce Laboratory for Honeybee Studies der Cornell University zurückzukehren. Dort hatte ich vor dem Examen, in den vorangegangenen vier Jahren, jeden Sommer gearbeitet. Professor Roger A. Morse, der Leiter des Instituts, war ein wahrhaft großzügiger Mann. Er nahm mich mit offenen Armen auf, wies mir einen Schreibtisch zu und stellte mir mehrere unentbehrliche Hilfsmittel für das Projekt zur Verfügung: eine leistungsfähige Kettensäge, Stahlkeile, einen Spalthammer und einen der institutseigenen grünen Kleinlastwagen. Und was am wichtigsten war: »Doc« Morse sorgte dafür, dass ich mich mit Herb Nelson zusammentun konnte, einem technischen Mitarbeiter der Abteilung für Insektenforschung, der in seinen jungen Jahren als Holzfäller in den Wäldern von Maine gearbeitet hatte und mir beibringen konnte, wie man große Bäume fällt, ohne dabei ums Leben zu kommen.

Herb und ich nahmen uns für den Anfang einen der Bäume vor, die ich schon in meiner Highschoolzeit entdeckt hatte, als ich die Wälder rund um mein Elternhaus erkundete. Hinzu kamen einige weitere, die ich mit einer Anzeige in der Lokalzeitung, dem *Ithaca Journal*, ausfindig gemacht hatte. Das Inserat lautete: »Suche BIENENBÄUME. Zahle 15 Dollar oder 15 Pfund Honig für einen Baum, in dem eine lebende Honigbienenkolonie nistet. 607–254–5443.« Ich fürchtete, es würde sich niemand melden, aber schon nach einer Woche hatte ich mir in den Wäldern rund um Ithaca das Recht auf 18 zugängliche Bienenbäume gesichert. Zwei Eigentümer entschieden sich für die Barzahlung, alle anderen wollten den Honig.

Die Vorgehensweise beim Einsammeln der Nester war einfach, aber auch ein wenig gefährlich. Kurz vor Sonnenaufgang, wenn noch alle Bienen zu Hause waren, wanderte ich mit einer Dose Calciumcyanidpulver (Cyanogas), einem alten Löffel und ein paar Lappen zu einem Bienenbaum. Wenn der Eingang des Nestes so hoch im Baum lag, dass ich nicht hinaufklettern konnte, brachte ich auch eine ausziehbare Aluminiumleiter mit. Ich wollte das Cyanidpulver mit dem Löffel im Eingang verteilen und die Öffnung dann schnell mit den Lappen verschließen. Durch die Reaktion des Pulvers mit der Luftfeuchtigkeit entstand Blausäuregas, das die Bienen schnell abtötete, mich aber, wenn alles nach Plan ging, am Leben ließ. (Einmal ließ ich die Cyanogas-Dose von der Leiter fallen, wobei ein großer Teil des Inhalts verschüttet wurde, aber ich konnte die Luft so lange anhalten, bis ich hinuntergeklettert war, den Deckel wieder auf die Dose gesteckt hatte und aus der sich ausdehnenden Wolke des tödlichen Gases geflüchtet war.) Wenn ich zuerst die Bienen abtötete, konnten wir später den Baum fällen und das Nest herausholen, ohne wilden Angriffen ausgesetzt zu sein. Gleichzeitig versetzte mich das Verfahren in die Lage, beim Sezieren des Nestes die Bevölkerungszahl der einzelnen wilden Kolonien zu ermitteln.

Nachdem ich die Bienen getötet hatte, kehrte ich ins Dyce Laboratory zurück, holte Herb ab und belud den Kleinlaster mit den Werkzeugen, die wir für den Tag brauchen würden: Kettensäge, Keile und Spaltaxt, Seil, Bretter, Maßband, Magnetkompass, 35-Millimeter-Kamera und Notizbuch. Wir hatten vor, den von mir am Morgen besuchten Baum zu fällen, den Stammabschnitt mit dem Nest herauszuschneiden und auf den Lastwagen zu laden, um ihn dann ins Labor zu bringen. Ich kann mich noch gut erinnern, mit welchem eindrucksvollen Selbstvertrauen Herb den Lastwagen tief in den Wald lenkte, um möglichst nahe an den Bienenbaum heranzukommen (»Wenn wir den dicken Baumstamm aufgeladen haben, haben wir genug Traktion, um rückwärts wieder herauszukommen.«) Sorgfältig inspizierte er Stamm und Krone jeden Baumes, bevor er zu sägen begann (»Du musst wissen, in welche Richtung der Baum fallen will«). Herbs Fähigkeiten als Holzfäller waren überhaupt nicht eingerostet, und jeder Baum stürzte fein säuberlich in die offene Stelle im Gehölz, die er ausgesucht hatte. Wenn der Baum dann am Boden lag, schnitten wir den Abschnitt mit dem Nest heraus. Zu diesem Zweck setzten wir eine Reihe von Querschnitten, wobei wir weit oberhalb und weit unterhalb des Nesteinganges begannen, und dann arbeiteten wir uns immer näher an den Eingang heran, bis die Kettensäge dunkelbraunes, verrottetes Holz oder gelblich braunes Bienenwachs ausspuckte – woran wir erkannten, dass wir die Nisthöhle erreicht hatten. Dann luden wir den Baumstamm mit dem Nest – manchmal ein massives, zwei Meter langes und einen Meter dickes Stück des Baumes – auf den Lastwagen, brachten ihn zurück ins Labor und spalteten ihn (siehe Bildteil, Abb. XII). Am Ende schleppten wir das geöffnete Nest ins Haus, wo ich es unter gutem Licht sorgfältig sezieren konnte; dabei hielt ich wichtige Merkmale der Nisthöhle und ihres Inhalts in meinen Protokollen fest. Um das Volumen der Nisthöhle zu messen, füllte ich sie, nachdem ich die Waben entfernt hatte, Liter um Liter mit feinem Sand. Wenn ich mich durch die zerbrochenen Waben und die toten Bienen kämpfte, stieß ich früher oder später auch auf die leblose Königin; dann erfüllte es mich mit Trauer, dass ich eine ganze Kolonie getötet hatte, aber gleichzeitig war ich auch aufgeregt, wusste ich doch, dass ich als Erster das natürliche Zuhause der Honigbienen in allen Einzelheiten beschreiben würde.

Im Sommer 1975 sammelten wir 21 Nester aus Bienenbäumen, die ich dann sezierte – genug, um uns ein grobes Bild von den Nestern wilder Bienenvölker im Wald zu machen.[6] Darüber hinaus lokalisierte ich 18 weitere Nester in Bäumen, die noch standen und deshalb nur Erkenntnisse über ihre Eingangsöffnungen lieferten. Der Nesteingang ist die »Haustür« einer Kolonie und deshalb für die Bienen vermutlich von besonderer Bedeutung; also schenkte ich ihr besondere Aufmerksamkeit. Wie wir feststellten, besiedelten die Bienen viele Baumarten, darunter Eichen (*Quercus* spp.), Walnussbäume (*Juglans* spp.), Ulmen (*Ulmus* spp.), Kiefern (*Pinus* spp.), Hickorybäume (*Carya* spp.), Eschen (*Fraxinus* spp.) und Ahorn (*Acer* spp.). Dies ließ darauf schließen, dass die Bienen keine besondere Vorliebe für bestimmte Baumarten haben.

Erwartungsgemäß waren die Hohlräume in den Bäumen, in denen die Bienen wohnten, in der Regel hoch und zylinderförmig, was zur Form der Baumstämme passt. Überraschend war aber die Entdeckung, dass die meisten von wilden Bienenvölkern bewohnten Hohlräume viel kleiner waren als die von Imkern zur Verfügung gestellten Bienenstöcke. Im Durchschnitt hatten die Nisthöhlen nur einen Durchmesser von 20 und eine Höhe von 150 Zentimetern; ihr Volumen betrug also nur etwa 45 Liter (Abb. 13). Ein Hohlraum dieser Ausmaße bietet nur zwischen einem Viertel und der Hälfte des Raumes, der im Stock eines Imkers zur Verfügung steht. Wollten die Bienen mir damit sagen, dass sie relativ kleine, gemütliche Nisthöhlen bevorzugen, in denen sie sich im Winter leichter warm halten können? Manche Völker besetzten sogar Hohlräume von nur 20 bis 30 Litern, allerdings fand ich keinen, der kleiner als zwölf Liter gewesen wäre. War die Untergrenze von ungefähr zwölf Litern ein Zeichen, dass die Bienen sehr sorgfältig übermäßig enge Wohnungen meiden, in denen der gelagerte Honig nicht für einen ganzen Winter reichen würde? Die Bienen in diesen Baum-Hohlräumen nutzten den zur Verfügung stehenden Raum sicher sehr gut aus: Alle Völker hatten ihre Nisthöhlen nahezu vollständig mit mehreren Waben ausgefüllt. Da jede Wabe sich wie ein Vorhang von Wand zu Wand durch

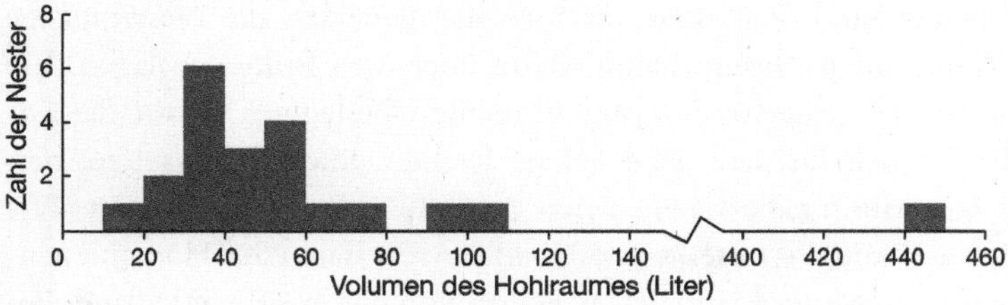

Abb. 13 Volumenverteilung der Nisthöhlen von 21 Bienennestern in hohlen Bäumen.

die (in der Regel) enge Nisthöhle zieht, war ich beeindruckt davon, wie die Bienen an den Stellen, an denen die Waben an die Wand stießen, kleine Durchgänge eingebaut hatten; auf diese Weise konnten sie leicht von einer Wabe zur nächsten krabbeln. Klar war auch, dass die Bienen die Nutzung ihrer Waben so organisiert hatten, wie es jeder Imker kennt: Im oberen Abschnitt des Nestes lagerten sie den Honig, darunter zogen sie die Brut groß. An den im August eingesammelten Nestern war übrigens zu erkennen, dass die meisten Kolonien mit der Einlagerung ihres Heiz-Brennstoffs für den Winter gut vorangekommen waren. Die von mir auseinandergenommenen Nester enthielten im Durchschnitt 14 Kilo goldenen Honig. Bedauerlicherweise war er aber vollständig mit Cyanid vergiftet.

Auch an den Eingangsöffnungen der Bienennester zeigten sich Übereinstimmungen, die auf mögliche Vorlieben der Bienen schließen ließen. Die meisten Nesteingänge bestanden aus einem einzigen Astloch oder einem Riss mit einer Gesamtfläche von nur 10 bis 30 Quadratzentimetern (siehe Bildteil, Abb. XIII). Außerdem lagen sie im typischen Fall fast am unteren Ende der hohen Nisthöhle, auf der Südseite des Baumes und in der Nähe des Erdbodens. Die Vorlieben für geringe Größe, Lage des Eingangs am unteren Ende und Orientierung nach Süden erschienen mir durchaus sinnvoll: Auf diese Weise wurde die Nisthöhle für die meisten natürlichen Feinde unzugänglich, sie war vor Wind geschützt und wurde vielleicht von der Sonne erwärmt – alles Eigenschaften, die für ein Bienenvolk nützlich sind. Rätselhaft erschien dagegen, dass die Nesteingänge häufig nur höchstens einen Meter über dem Erdboden lagen. Ein derart tief gelegener Eingang, so meine Überlegung, musste die Kolonie doch für natürliche Feinde leichter erkennbar machen, beispielsweise für die Bären, deren Angriffe tödlich sein können. Wie ich außerdem wusste, waren Überfälle von Bären auf Honigbienennester im Mittelalter in den Wäldern Nordeuropas (Deutschland, Polen und Russland), einem Heimatgebiet der nach Nordamerika importierten Honigbienen, für die Imker in den Wäldern ein derart großes Problem, dass sie sich entsetzliche Gerätschaften ausdachten, um die Bären zu töten.[7] Eine solche Vorrichtung war eine mit Scharnieren versehene Plattform, die vor einem Bienennest angebracht wurde. Wenn ein Bär darauf kletterte und die Bienen angreifen wollte, klappte sie nach unten, und der Räuber fiel auf ein Gitter aus tödlichen, spitzen Stangen.

Deshalb war ich anfangs verblüfft, dass sich nur so wenige Nester hoch oben in den Bäumen befanden. Wie ich aber in Kürze noch genauer erklären werde, wissen wir heute, dass Bienen in Wirklichkeit eine starke Vorliebe für Nisthöhlen mit Eingängen hoch über dem Erdboden haben. Außerdem ist mir mittlerweile klar, dass mein erster Bericht, wonach die meisten Nester sich fast auf Bodenhöhe befinden, einen Fehler enthielt: Die Ursache war eine unabsichtliche Voreingenommenheit, mit der ich meine Stichprobe der natürlichen Nester ausgewählt hatte. Die von mir untersuchten Nester waren von Menschen, die an den Bienenbäumen vorübergingen, zufällig bemerkt worden, und da Menschen den Flugverkehr an einem Nesteingang auf Bodenhöhe eher bemerken als an einem Eingang hoch oben in einem Baum, untersuchte ich unwissentlich Nester, deren Eingang untypisch tief lag. Heute bin ich mir in diesem Punkt sicher, denn als ich einige Jahre später zum Bienenjäger wurde und die alte Kunst beherrschte, zur Lokalisierung der Bienenbäume die Kundschafterinnen von Blüten wegzulocken und ihren Rückflug zum Nest zu beobachten, musste ich mich am Ende jeder Jagd anstrengen, um die Bienen an ihrem Nesteingang hoch oben in einem Baum nicht aus den Augen zu verlieren. Ein Beispiel zeigt Abbildung XI (im Bildteil). Heute habe ich mit diesem Verfahren 27 Bienenbäume lokalisiert, und ich kann berichten, dass ihre Nesteingänge durchschnittlich in einer Höhe von 6,50 Metern liegen.[8] Wie wohl nicht besonders betont zu werden braucht, achte ich heute immer ganz besonders auf die versteckte Gefahr, unabsichtlich einen Fehler bei der Stichprobenentnahme zu begehen.

Lage, Lage, Lage

Obwohl ich mit meiner beschreibenden Untersuchung der natürlichen Wohnungen von Honigbienen große Zerstörungen anrichtete, ist sie bis heute eine meiner Lieblingsstudien, denn durch sie kam ich mit den in freier Wildbahn lebenden Honigbienen in Kontakt, und sie half mir, als Wissenschaftler ein gewisses Selbstvertrauen zu gewinnen. Außerdem diente sie mir als Leitfaden für den nächsten Schritt zur Beantwortung der Frage, wie Honigbienenschwärme ihre Wohnung auswählen: Ich konnte untersuchen, ob die von uns gefundenen Gesetzmäßigkeiten – Volumen des Hohlraumes, Lage und Höhe des Einganges und so weiter – auf die Vorliebe der Kundschafterinnen zurückzuführen waren oder sich einfach daraus ergaben, was für Hohlräume gerade zur Verfügung standen. Die Idee für die Anlage der Studie bezog ich aus dem, was ich über die Bienenhaltung in Ost- und Südafrika gelesen hatte. In diesen Regionen beschaffen die Imker sich Bienen, indem sie Bienenstöcke (meist ausgehöhlte Baumstämme, deren Enden mit Ausnahme eines Eingangsloches zugestopft sind) in Bäume hängen und darauf warten, dass Schwärme sie besiedeln.[9] Dass jemand in Nordamerika Schwärme mit solchen »Köder-Bienenstöcken« einfängt, hatte ich nirgendwo gehört oder gelesen, aber wenn es möglich war, so meine Überlegung, konnte ich die Bienen nach ihren Nistplatz-Vorlieben befragen, indem ich Gruppen von zwei oder drei Nistkästen aufstellte, die jeweils fast genau gleich waren und sich nur in einer Eigenschaft unterschieden, beispielsweise im Volumen des Hohlraumes oder in der Höhe des Einganges über dem Erdboden. Ich hoffte, dass die Kundschafterinnen wilder Schwärme die Gruppen von Nistkästen entdecken und ihre Vorlieben kundtun würden, indem sie unter den Kisten einer Gruppe ihre Wahl trafen und sich immer wieder für solche mit ganz bestimmten Eigenschaften entschieden.

Am Anfang einer solchen experimentellen Untersuchung steht fast immer eine kleine, kostengünstige Pilotstudie. Mit ihr will man herausfinden, welche Methoden sich für den jeweiligen Zweck eignen, und erst dann beginnt die kostspielige, großangelegte Forschung. Im Sommer 1975 wollte ich mit einer Pilotstudie herausfinden, ob wilde Schwärme so häufig Köder-Bienenstöcke aufsuchen, dass für mein geplantes Experiment eine hinreichende Erfolgsaussicht bestand. Aus ein paar Sperrholzresten, die ich im Dyce Laboratory zusammengesucht hatte, baute ich sechs Nistkästen; jeder davon war eine einfache, würfelförmige Kiste mit einer Kantenlänge von 35 Zentimetern, die auf der Vorderseite ein Eingangsloch mit einem Durchmesser von 4,5 Zentimetern hatte. Die Kästen hatte ich so gestaltet, dass sie an die Nisthöhlen erinnerten, die ich in den Bienenbäumen gefunden hatte. Meine Bienenhäuser sahen aus wie aufgeblasene Vogelhäuser, nur hatte ich vor den Eingang jeweils ein Stück Maschendraht genagelt, damit die Bienen hineinkonnten, die Vögel aber draußen blieben. Die Nistkästen trug ich an Stellen, die ich in meinem »Heimatrevier« Ellis Hollow gern aufsuchte, und dort nagelte ich sie jeweils etwa fünf Meter über dem Boden an einen großen Baum. Ich kann mich noch gut erinnern, wie aufgeregt ich war, als ich einige Wochen später, Ende Juni, den Nistkasten überprüfte, den ich am Cascadilla Creek an einer abgestorbenen Ulme angebracht hatte: Ich konnte zusehen, wie Dutzende von lederfarbenen Honigbienen eifrig durch den Eingang hinein- und herauskrabbelten. Hier war ein Schwarm eingezogen! Jippi! Noch aufgeregter wurde ich, als Schwärme im Laufe der nachfolgenden Wochen zwei weitere Nistkästen besetzten. Es war eine einfache Pilotstudie gewesen, aber sie hatte zum Triumph geführt: Ich wusste jetzt, dass mein geplantes Experiment wahrscheinlich klappen würde. Damit war klar, was ich im nächsten Sommer zu tun hatte: Ich musste Dutzende und Aberdutzende von unterschiedlich gestalteten Nistkästen aufstellen und »die Bienen befragen«. Wie sah ihr idealer Wohnort aus?

Die Umsetzung des Planes klappte gut. In den Jahren 1976 und 1977 baute ich jeweils im Sommer im gesamten Kreis Tompkins mehr als 200 grüne Nistkästen in Zweier- oder Dreiergruppen auf, und jeden Sommer lockte mehr als die Hälfte meiner Nistplatz-Gruppen mindestens einen wilden Bienenschwarm an.[10] Die Kisten jeder Gruppe hatte ich in Abständen von etwa zehn Metern an Bäumen von ähnlicher Größe angebracht oder aber – noch besser – an Strommasten, an denen ich sie im Hinblick auf Sichtbarkeit, Wind und Ähnliches genau ausrichten konnte (siehe Bildteil, Abb. XIV). Mit jeder Gruppe sollte die Vorliebe für eine bestimmte Eigenschaft des Nistplatzes überprüft werden; zu diesem Zweck ließ ich den Schwärmen die Wahl zwischen einer Kiste, die in allen Eigenschaften (durchschnittliche Fläche der Eingangsöffnung, durchschnittliches Volumen usw.) einer *typischen* Nisthöhle in der Natur entsprach, und zwei oder drei anderen, die der ersten mit Ausnahme einer einzigen Eigenschaft, die in diesem Fall *atypisch* war, glichen. Auf diese Weise wurde die Vorliebe der wilden Schwärme im Hinblick auf die eine Variable getestet, die bei den Kisten unterschiedlich war. Um beispielsweise die Lieblings-Eingangsgröße zu ermitteln, baute ich jeweils zwei gleichartige würfelförmige Nistkästen auf, von denen aber einer den typischen Eingang mit einer Fläche von 12,5 Quadratzentimetern hatte, der andere dagegen einen ungewöhnlich großen Eingang von 75 Quadratzentimetern. Ähnlich verfuhr ich, um die Lieblingsgröße des Hohlraumes festzustellen: Hier baute ich jeweils drei würfelförmige Nistkästen auf, die ebenfalls gleich aussahen, nur hatte der eine das typische Volumen von 40 Litern, während das Volumen der beiden anderen mit 10 und 100 Litern an den beiden Enden des Spektrums für Nisthöhlen lagen.

Um die vielen Nistkästen zu bauen, die ich für diese Studie brauchte, verbrachte ich 1975 fast die ganzen Weihnachtsferien damit, im Dyce Laboratory zu hämmern, zu sägen und zu streichen. Insgesamt konstruierte ich 252 Nistkästen, und dafür verbrauchte ich mehr als 70 Sperrholzplatten – genug für den Bau eines kleinen Hauses. Mit diesen mehr als 250 Nistkästen fing ich 1976 und 1977 insgesamt 124 Schwärme.

Wie man in Tabelle 1 erkennt, ließen die Schwärme besondere Vorlieben im Hinblick auf folgende Variablen erkennen: Größe des

Eigenschaft	*Vorliebe*	*Funktion*
Größe des Eingangs	12,5 cm^2 > 75 cm^2	Verteidigung der Kolonie und Wärmeregulation
Orientierung des Eingangs	Nach Süden > nach Norden	Wärmeregulation
Höhe des Eingangs über dem Erdboden	5 m > 1 m	Verteidigung der Kolonie
Lage des Eingangs	Unteres Ende des Hohlraums > oberes Ende	Wärmeregulation
Form des Eingangs	Kreis = senkrechter Schlitz	Keine
Volumen des Hohlraums	10 l < 40 l > 100 l	Speicherplatz für Honig und Wärmeregulation
Waben im Hohlraum	Mit > ohne	Sparsamkeit beim Nestbau
Form des Hohlraums	Würfelförmig = hoch	Keine
Feuchtigkeit im Hohlraum	Feucht = trocken	Bienen können einen undichten Hohlraum abdichten
Durchzug im Hohlraum	Zugig = dicht	Bienen können Risse und Löcher verstopfen

Tabelle 1 Nistplatzeigenschaften und die Vorlieben der Honigbienen, ermittelt anhand der Besetzung durch Schwärme.

Einganges, Richtung des Einganges, Höhe des Einganges über der Erde, Höhe des Einganges über dem Boden des Hohlraumes, Volumen des Hohlraumes und bereits vorhandene Waben im Hohlraum. Die Bienen hatten mir gezeigt, dass sie einen relativ kleinen Nesteingang bevorzugen, der nach Süden ausgerichtet ist, hoch über dem Erdboden liegt und sich zum Boden der Nisthöhle öffnet. Diese vier Vorlieben im Zusammenhang mit der Eingangsöffnung helfen zweifellos dem Honigbienenvolk, Gefahren wie einen kalten Winter und hungrige Raubtiere zu überleben. Ein kleiner Eingang lässt sich leicht verteidigen und trägt dazu bei, das Nest von der Umgebung abzuschirmen. Wenn er sich hoch oben an einem Baum befindet, wird er von natürlichen Feinden nicht so leicht gefunden wie dicht über dem Erdboden, und mit Sicherheit ist er für Raubtiere, die nicht fliegen oder auf Bäume klettern können, unzugänglich. Ein Eingang am Boden der Nisthöhle trägt dazu bei, den Wärmeverlust der Kolonie durch Konvektionsströmungen zu verringern. Und wenn der Eingang nach Süden weist, bietet er eine warme, von der Sonne aufgeheizte Terrasse, auf der die Nahrungssammlerinnen abheben und landen können.[11] Nebenbei bemerkt: Auch Imker richten ihre Bienenstöcke nach Süden aus, damit die Bienen bei kühlem Wetter leichter abfliegen können. Besonders wichtig ist eine solche Orientierung in den Wintermonaten, wenn die Bienen an sonnigen Tagen ins Freie kommen und ihre lebenswichtigen »Reinigungsflüge« absolvieren, auf denen sie ihre Exkremente ausscheiden. Der Bienenforscher Tibor Szabo aus der kanadischen Provinz Alberta verglich Kolonien, die in nach Süden und nach Norden gerichteten Stöcken leben. Nach seinen Feststellungen haben die Bewohner der nach Süden gerichteten Stöcke seltener damit zu kämpfen, dass der Eingang durch Eis verstopft wird, und im Frühjahr ist ihre Individuenzahl größer.

Die Verteilung der von den Schwärmen besetzten Nistkästen zeigte auch ganz eindeutig, dass die Bienen Hohlräume von weniger als 10 oder mehr als 100 Litern meiden; am liebsten ist ihnen ein Volumen von 40 Litern (ungefähr die Größe eines Papierkorbs), insbesondere wenn der Hohlraum bereits mit Waben ausgestattet ist. Im Zusammenhang mit der Größe des Hohlraumes dürfte es für die Bienen am wichtigsten sein, dass zu kleine Höhlen gemieden werden: Die meisten Hohlräume in Bäumen sind mit weniger als rund 15 Litern so klein, dass sie den Honigvorrat, den eine Kolonie über den Winter braucht, nicht aufnehmen können. Ein Beleg für diese Behauptung ergab sich aus einer kleinen Studie, die ich mit Daniel H. Seeley durchführte, einem meiner Brüder.[12] Er besitzt in Vermont einen ganzen Hügel, der im 19. Jahrhundert abgeholzt wurde, heute aber mit stattlichen Zuckerahornbäumen (*Acer saccharum*) und Amerikanischen Buchen (*Fagus grandifolia*) bewachsen ist. Im Oktober 1976 packten Dan und ich unsere Holzfällerwerkzeuge ein und fuhren von Cambridge in Massachusetts in nördlicher Richtung nach Roxbury in Vermont. Dort wollten wir für ein paar Tage den Indian Summer genießen und herausfinden, auf was für Hohlräume die Spurbienen am häufigsten treffen, wenn sie nach Wohnungen suchen. Auf einer Fläche von 0,32 Hektar fällten wir alle Bäume mit einem Durchmesser von mehr als 30 Zentimetern, und die Stämme zersägten wir in Stücke von 120 Zentimetern Länge, um alle möglicherweise darin enthaltenen Hohlräume zu öffnen. Auf diese Weise zerschnitten wir 39 Bäume, und dabei fanden wir 14 Hohlräume mit einer Öffnung nach außen, die einer Biene den Zugang ermöglicht hätte. Von diesen 14 Hohlräumen waren nur zwei (14 Prozent) größer als 15 Liter: Ihr Volumen betrug 32 beziehungsweise 39 Liter.

In der Bevorzugung von Stellen, an denen es bereits Waben gibt – gebaut von einer früheren Kolonie, die den Winter nicht überlebt hat –, spiegelt sich zweifellos die ungeheure Energieersparnis wider, deren eine Kolonie sich erfreut, wenn sie eine bereits vollständig mit Waben möblierte Wohnung bezieht.[13] Die so ersparte Energie macht einen großen Anteil des Honigvorrats aus, den ein junges Bienenvolk braucht, um den ersten Winter zu überleben. Dies zeigt sich an folgender Berechnung: Ein typisches Nest in einem Bienenbaum enthält rund 100 000 Zellen, die in ungefähr acht Waben mit einer Gesamtoberfläche von zweieinhalb Quadratmetern angeordnet sind.

Die Errichtung dieses eindrucksvollen Bauwerks erfordert ungefähr 1200 Gramm Bienenwachs. Die Effizienz der Synthese von Bienenwachs aus Zucker, in Gewicht zu Gewicht gemessen, beträgt ungefähr 0,20; demnach kann man abschätzen, dass der Bau der Waben in einem typischen Nest rund 6 Kilo Zucker erfordert, das entspricht 7,5 Kilo Honig. Dies ist ungefähr ein Drittel der Masse, die eine Kolonie im Laufe des Winters verbraucht. Können die 7,5 Kilo als Nahrungsvorrat gespeichert werden, weil die Kolonie sie nicht zum Bau der Waben braucht, steigen die Überlebenschancen des Volkes im ersten Winter stark an. Wie bereits erwähnt, sterben nach meinen Befunden 76 Prozent der Bienenvölker, die sich in hohlen Bäumen rund um Ithaca ansiedeln, während des ersten Winters ab, und in nahezu allen Fällen ist Hunger die Ursache.

Für manche Eigenschaften der Nistplätze konnte ich keine Vorlieben entdecken, so für die Form des Eingangs, die Form des Hohlraums, den Durchzug im Hohlraum und seine Trockenheit. Vermutlich bevorzugen die Honigbienen winddichte, trockene Nisthöhlen, aber da eine Kolonie alle Risse und Spalten, die Wind und Wasser hereinlassen, mit Baumharz abdichten kann, schenken die Kundschafterinnen diesen Eigenschaften offenbar keine große Beachtung. Das Volumen einer Nisthöhle, die Höhe ihres Einganges oder ihre Orientierung kann die Kolonie dagegen nicht beeinflussen; solchen Eigenschaften müssen die Kundschafterinnen deshalb bei der Beurteilung potentieller Nistplätze besondere Aufmerksamkeit schenken. Dass ein Honigbienenvolk eine zugige oder feuchte Stelle verbessern kann, zeigte sich sehr deutlich an den Bienenschwärmen, die in meinem Experiment die Nistkästen besetzten. Einige Kästen hatte ich zugig gemacht, indem ich in Vorder- und Seitenwände in Abständen von 7,5 Zentimetern kleine Löcher mit einem Durchmesser von sechs Millimetern gebohrt hatte (siehe Bildteil, Abb. XV). Andere Kisten hatte ich feucht gemacht, indem ich zwei Liter nasse Sägespäne auf ihren Boden gelegt hatte. Alle Schwärme, die einen der zugigen Kästen bezogen hatten, hatten wenig später sämtliche Löcher mit Baumharz verstopft.[14] Und die feuchten Kisten hatten die Bienen sehr schnell trockengelegt, indem sie die gesamten feuchten Sägespäne nach draußen transportierten. Ich war von der Ordnungsliebe der Bienen zutiefst beeindruckt.

Was es gratis gibt

Dass die Bienenforschung so erfreulich ist, liegt unter anderem daran, dass vieles, was man aufgrund der Neugier und der von ihr motivierten Forschung in Erfahrung bringt, später einen überraschenden praktischen Nutzen nach sich zieht. Für dieses Phänomen führe ich gern mein Lieblingsbeispiel an: Kenntnisse darüber, wie asiatische Honigbienen ihre Exkremente loswerden, trugen in den 1980er Jahren zum Abbau von Spannungen zwischen den Vereinigten Staaten und der Sowjetunion bei. Die Geschichte beginnt Ende der 1970er Jahre, als ich gerade meine Promotion abgeschlossen hatte und erpicht darauf war, nach Übersee zu reisen und die großartigen Honigbienenarten des tropischen Asien kennenzulernen: die Östliche Honigbiene (*Apis cerana*), die Zwerghonigbiene (*Apis florea*) und die Riesenhonigbiene (*Apis dorsata*). Mit finanzieller Unterstützung der National Geographic Society machten meine Frau Robin und ich uns an eine zehnmonatige Untersuchung der Strategien, mit denen die drei in Thailand heimischen asiatischen Honigbienenarten ihre Kolonien verteidigen.[15] Wir schlugen unser Lager in den urtümlichen Bergwäldern des riesigen Khao-Yai-Nationalparks im Nordosten Thailands auf. Hier kann man sich noch über den Anblick von Nashornvögeln freuen, die zwischen turmhohen Zweiflügelfruchtbäumen herumflattern, aber auch über den gespenstischen Geruch des Urins asiatischer Tiger an einem Pfad, das Geschrei der Weißwangengibbons kurz nach Sonnenaufgang und die rätselhaften biologischen Eigenschaften der asiatischen Honigbienen. Nach und nach zeichneten wir ein Bild der faszinierend komplizierten Strategien, mit denen die einzelnen Honigbienenarten ihre Kolonien gegen Feinde wie Riesenhornissen, Weberameisen, Wespenbussarde, Spitzhörnchen, Rhesusaffen und Honigbären verteidigen. Es war Freilandforschung um der Biologie willen, aber für ein frisch verheiratetes Paar war es auch ein großartiges Abenteuer. Manchmal frage ich mich allerdings, ob auch nur ein halbes Dutzend Biologen auf der ganzen Welt den wunderbar detaillierten, 21-seitigen Bericht über die asiatischen Honigbienen gelesen haben, den wir in der Fachzeitschrift *Ecological Monographs* veröffentlichten …

Ein paar Jahre später jedoch wurden die von uns gesammelten Kenntnisse über die asiatischen Honigbienen zu meiner Verblüffung für ein großes internationales Publikum wichtig. Im Jahr 1981 behauptete Alexander M. Haig, der Außenminister der Reagan-Regierung, die Sowjetunion betreibe oder unterstütze die chemische Kriegsführung gegen Opponenten der kommunistischen Regierungen in zwei Staaten, die an Thailand angrenzten, nämlich in Laos und Kambodscha. Wenn der Vorwurf zutraf, handelte es sich um eine Verletzung zweier internationaler Abrüstungsverträge, nämlich des Genfer Protokolls von 1925 und der Konvention über biologische Waffen aus dem Jahr 1972. Als wichtigsten Beweis nannte Haig den »gelben Regen«, gelbe Flecken von weniger als 6 Millimetern Durchmesser, die man auf den Pflanzen an den angeblichen Angriffsstellen gefunden hatte und die angeblich Pilzgifte enthielten.[16] Wie mir jedoch sofort klar wurde, unterschieden sich die gelben Flecken, die US-Beamte als gelben Regen bezeichneten, in nichts von den gelben Flecken, in denen ich die Exkremente von Honigbienen erkannt hatte. Größe, Form und Farbe stimmten überein. Bei weiteren Untersuchungen stellte sich heraus, dass die Flecken Bienenhaare enthielten und voller Pollenkörner mit verdauten Proteinen waren. Am Ende konnte Matthew Meselson, ein Professor für Molekulargenetik an der Harvard University und Fachmann für chemische und biologische Waffen, mit meiner Hilfe schlüssig nachweisen, dass es sich bei dem gelben Regen tatsächlich nicht um eine Chemiewaffe, sondern um die Exkremente von Honigbienen handelte. Ein Witzbold sagte, wir hätten die Arbeit mehrerer »KGBs« enthüllt.[17] Kurz nachdem sich herausgestellt hatte, dass der gelbe Regen im wahrsten

Sinne des Wortes Scheiße war, ließen die Beamten des US-Außenministeriums 1984 in aller Stille ihre Anschuldigungen, die Sowjets hätten die beiden Abrüstungsabkommen über chemische und biologische Waffen verletzt, fallen.

Die Geschichte über den gelben Regen ist ein verblüffendes Beispiel dafür, wie Forschung, die aus schierer Neugier betrieben wurde, unerwartet zu nützlichen Kenntnissen führen kann; sonderlich ungewöhnlich ist so etwas allerdings nicht: Aus der Grundlagenforschung ergeben sich häufig Nutzeffekte für die Praxis. Ich selbst fand erstmals Geschmack daran, meiner persönlichen Neugier nachzugehen und in den unerwarteten Genuss praktischer Ergebnisse zu kommen, als ich zusammen mit Doc Morse die Nistplatzvorlieben von Bienenschwärmen untersuchte. Im Sommer 1976 hatten wir an mehr als 100 Stellen im Kreis Tompkins gruppenweise unsere Nistkästen aufgestellt und mehr als 60 Schwärme eingefangen. Angesichts unserer hohen Erfolgsquote meinte Doc, wir sollten unsere Befunde in Empfehlungen für Imker ummünzen und ihnen erklären, wie sie ihre Stöcke am besten konstruierten und aufbauten, um wilde Honigbienenschwärme einzufangen. Wir entwickelten eine einfache Konstruktion (Abb. 14) und eine Reihe von Richtlinien zur Aufstellung von Köderstöcken – ein guter Ort befindet sich gut sichtbar ungefähr fünf Meter über dem Erdboden, liegt vollständig im Schatten und ist nach Süden ausgerichtet. Unsere Empfehlungen veröffentlichten wir in der Imker-Fachzeitschrift *Gleanings in Bee Culture* sowie als Cornell Cooperative Extension Bulletin. Die Imker waren begeistert. Wenn sie früher wilde Schwärme einfangen wollten, waren sie darauf angewiesen, dass sie informiert wurden, wenn ein Schwarm sich irgendwo niedergelassen hatte, und dann mussten sie ihn in aller Eile in einem Stock unterbringen, bevor die Bienen ihre Wohnungswahl getroffen und in Richtung ihres neuen Zuhauses abgeflogen waren. Mit den Lockstöcken konnte man die Schwärme automatisch einfangen.

In den letzten Jahren haben andere Bienenforscher billigere, leichtere und widerstandsfähigere Lockstöcke aus verstärktem Zellstoff konstruiert und Duftfallen entwickelt, die aus einem kleinen Poly-

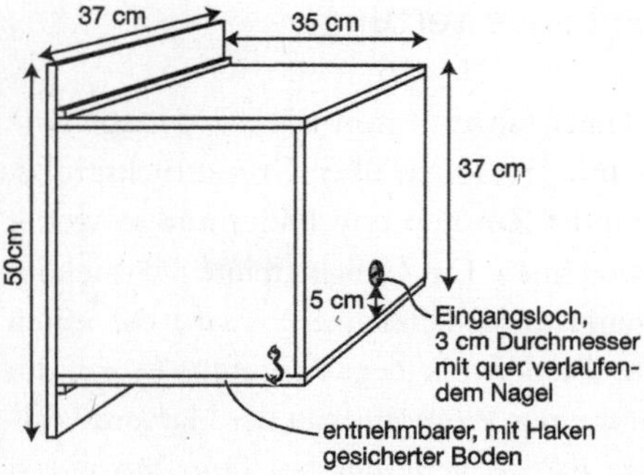

Abb. 14 Ein Köderstock, konstruiert entsprechend den Nistplatz-Vorlieben von Honigbienen.

ethylengefäß ganz langsam eine Chemikalienmischung (Citral:Geraniol:Nerol+Geraniumsäure im Verhältnis 1:1:1) abgeben. Der Duft ahmt die Lockpheromone nach, die die Kundschafterinnen aus ihren Duftorganen ausscheiden, um einen begehrenswerten Nistplatz zu markieren (Näheres dazu in Kapitel 8).[18] Wie Justin Smith vom Bienenforschungszentrum des US-Landwirtschaftsministeriums in Tucson in Arizona mit seinen Experimenten nachweisen konnte, zieht ein Köderstock mit einer solchen Duftmarkierung fünfmal häufiger einen Schwarm an als ohne den Köder; das liegt vermutlich daran, dass der Stock mit den künstlichen Wirkstoffen von den Kundschafterinnen leichter gefunden wird, vielleicht macht der Duft ihn aber auch attraktiver. Köderstöcke aus Zellstoff (manchmal auch »Schwarmfallen« genannt) und Duft-Lockstoffe werden heute kommerziell hergestellt und von Unternehmen, die Imkerbedarf vertreiben, verkauft. Jeden Sommer stelle ich ein halbes Dutzend solcher Köderstöcke auf, einerseits weil ich immer ein paar zusätzliche Bienenvölker gebrauchen kann, vor allem aber auch weil ich gern Bienen umsonst bekomme.

Immobilienbewertung

Vermutlich hat sich jeder Hausbesitzer schon einmal gefragt, wie die örtlichen Behörden aus Informationen über Grundstücksgröße, Wohnfläche des Hauses, Zahl der Zimmer und Bäder und so weiter den Wert einer Immobilie berechnen. Das Gleiche fragte ich mich im August 1974, als ich einigen Kundschafterinnen zusah, die einen potentiellen Nistplatz für ihr Bienenvolk begutachteten. Es war im Sommer, kurz bevor ich mit meiner Promotion an der Harvard University begann. Ich arbeitete damals vergnügt bei Doc Morse am Dyce Laboratory der Cornell University, war aber wegen des Themas meiner Doktorarbeit ein wenig beunruhigt: Ich wollte Martin Lindauers Arbeiten über die Wohnungssuche von Bienenschwärmen fortsetzen. Den vielen Fragen, die Lindauers Studie aufgeworfen hatte, war in den 20 Jahren zuvor niemand nachgegangen, und erst recht hatte sie niemand beantwortet. Für mich bot sich damit also eine erstklassige Gelegenheit, aber würde es mir gelingen, sie zu nutzen? Um mir eine Vorstellung davon zu verschaffen, was auf mich zukam, wollte ich ganz einfach aufmerksam beobachten, wie der demokratische Entscheidungsprozess in einem Schwarm abläuft. Bei Doc hatte ich gelernt, wie man künstlich einen Schwarm erzeugt: Man schüttet ein Bienenvolk (Königin und Arbeiterinnen) in einen Käfig, so dass sie heimatlos sind, und füttert sie dann mit reichlich Zuckersirup, damit sie wie die Bienen in einem natürlichen Schwarm mit Nahrung vollgestopft sind. Auf diese Weise stellte ich einen Schwarm her und baute ihn hinter meinem Elternhaus in Ellis Hollow auf (siehe Bildteil Abb. III). Einen Nistkasten, den ich aus Sperrholzresten gebaut hatte, nagelte ich an eine rund 150 Meter entfernte Weymouthkiefer. Ich hoffte, dass die Kundschafterinnen des Schwarmes ihn finden und als neues Zuhause auswählen würden. Die Kiste befestigte ich auf Augenhöhe, so dass ich leicht beobachten konnte, ob sie von Kundschafterinnen aufgesucht wurde.

Das Wochenende, an dem ich diesen Schwarm beobachtete, sollte zu einem Meilenstein in meinem Leben werden. Die Kundschafterinnen des Schwarmes machten mit ihren Tänzen sehr schnell mehrere potentielle Nistplätze bekannt, und es dauerte nicht lange, da tanzte eine Biene voll faszinierender Begeisterung zugunsten einer Stelle, die ganz in der Nähe und in nördlicher Richtung lag: Mein Nistkasten! Der lebhafte Tanz dieser Biene führte schon bald eine kleine Masse von Bienen zu der Kiste. Beim Schwarm verzierte ich einige der Bienen, die für meine Kiste tanzten, mit Farbtupfern auf Brust und Hinterleib, wobei ich unterschiedliche Farbkombinationen verwendete. Mit diesem einfachen Trick verwandelte ich die Bienen von einfachen Mitgliedern der Spezies *Apis mellifera* in persönliche Bekannte, deren Angelegenheiten für mich nun von größtem Interesse waren. Beim Schwarm sah ich, wie eine Kundschafterin eine hektische Tanzvorführung absolvierte, bei einer anderen Biene mit lebhaften Antennenbewegungen um einen Tropfen Honig bettelte, vielleicht auch einen lästigen Farbfleck abkratzte und dann für 20 bis 30 Minuten davonflog. Wenn sie zurückkam, tanzte sie unter Umständen noch einmal, oder aber sie setzte sich ruhig inmitten des Schwarmes nieder. Bei dem Nistkasten sah ich, wie meine markierten Bienen landeten, aufgeregt in der Eingangsöffnung verschwanden und ungefähr eine Minute später wieder zum Vorschein kamen; nun krabbelten sie entweder rund um den Eingang, oder sie liefen erneut nach innen, oder sie flogen langsam und zögernd rund um die Kiste, wobei sie ihr in der Regel das Gesicht zuwandten und nur wenige Zentimeter von ihr entfernt waren – offensichtlich unterzogen sie die Konstruktion des Nestes einer eingehenden visuellen Inspektion (siehe Bildteil, Abb. XVI). Noch nie zuvor hatte ich eine Honigbiene gesehen, die so hartnäckig und zielstrebig Informationen sammelte. Ich war zutiefst fasziniert. Meine Sorgen um die Wahl meines Dissertationsthemas waren im Großen und Ganzen verflogen; ich war zuversichtlich, dass ich herausfinden konnte, wie eine Bienenkundschafterin einen Nistplatz untersucht.

Im folgenden Sommer, im Juni 1975, beschäftigte ich mich erstmals näher mit dem Inspektionsverhalten der Nistplatzkundschafterinnen. Zu diesem Zweck musste ich die bewaldete Landschaft rund um Ithaca verlassen, in der ich seit Anfang Mai eifrig nach Bienenbäumen gesucht und natürliche Bienennester beschrieben hatte. Appledore Island, das neue Forschungsgebiet, war arm an natürlichen Nistplätzen für Honigbienen (siehe Bildteil, Abb. XVII). Die windige Felseninsel ist knapp 900 Meter lang und liegt im Atlantik zehn Kilometer vor der Küste des südlichen Maine. Sie ist der Sitz des Shoals Marine Laboratory der Cornell University und der University of New Hampshire.[19] Für mich war sie attraktiv, weil sie nicht von einheimischen Honigbienen besiedelt ist und keine großen Bäume trägt. Stattdessen leben dort ungefähr 1000 Brutpaare von Silbermöwen (*Larus argentatus*) und Mantelmöwen (*Larus marinus*), und sie ist von einem Dickicht aus Giftefeu bewachsen, dessen Pflanzen bis zu drei Meter hoch werden und ein Gewirr mit Brombeerhecken und windzerzausten niedrigen Kirschbäumen bilden, die alle von den Möwen üppig gedüngt werden. Wenn ich einen Honigbienenschwarm auf diese mit Buschwerk bewachsene Insel brachte, so meine Überlegung, müssten die Bienen sich mit ihrer Wohnungssuche auf die künstlichen Nistplätze konzentrieren, die ich dort aufbauen wollte. Dann konnte ich ihr Verhalten unter kontrollierten Bedingungen beobachten und mehr darüber in Erfahrung bringen, wie sie potentielle Wohnorte beurteilen.

Auf Appledore Island bestand mein erstes Ziel darin, das Verhalten der Kundschafterinnen während der Inspektion von Nistplätzen genau zu beschreiben. Diese Beobachtungen, so meine Hoffnung, sollten Hinweise darauf liefern, wie die Kundschafterinnen die entscheidenden Eigenschaften eines potentiellen Wohnortes beurteilen. Besonders wichtig war es, dass ich die Bienen im Inneren eines potentiellen Nistplatzes beobachten konnte, um so zu verstehen, wie sie beispielsweise das Volumen eines Hohlraumes und die Höhe des Einganges über dem Boden des Wohnraumes feststellen. Zu diesem Zweck baute ich eine lichtdichte Hütte, an deren einer Wand ein würfelförmiger Nistkasten befestigt war (siehe Bildteil, Abb. XVIII). Die Kiste war vor einem Fenster angebracht, das ich mit einem Rotfilter abgedeckt hatte (Bienen können rotes Licht nicht sehen), so dass ich in die Kiste blicken konnte, ohne die Kundschafterinnen zu stören. Die Innenflächen der Kiste trugen ein Koordinatensystem, mit dessen Hilfe ich aufzeichnen konnte, wohin eine Kundschafterin sich in dem Hohlraum bewegte. Nachdem ich die Hütte auf einer Seite der Insel in einem Tal aufgestellt hatte, setzte ich einen kleinen Schwarm von rund 2000 Bienen in der Mitte der Insel ab. Die Bienen hatte ich mit Farbflecken markiert und dazu einen Farbcode verwendet, mit dessen Hilfe ich sie einzeln identifizieren konnte. Dann zog ich mich in die Hütte zurück und wartete auf die Kundschafterinnen.

Bei meinem ersten Versuch wartete ich den ganzen Vormittag in der Hütte, aber keine einzige Kundschafterin kam zu Besuch. Ich war überrascht und enttäuscht. Als ich gegen Mittag wieder zu dem Schwarm kam, sank mein Mut noch weiter: Ich sah, wie mehrere Kundschafterinnen lange Tänze aufführten und damit einen Ort signalisierten, der genau in der entgegengesetzten Richtung von meiner Hütte lag. So ein Mist! Was hatten die Bienen denn da gefunden? Sorgfältig maß ich Richtung und Entfernung des Ortes, den die Bienen mit ihren Tanz angaben, und dann trug ich die Stelle auf meiner topographischen Landkarte ein. Jetzt wurde ich noch mutloser: Der Tanz der Bienen deutete unverkennbar auf eine der beiden Hummerfischerhütten an der Südküste der Insel hin, genauer gesagt auf das Haus von Rodney Sullivan (Abb. 15). Als ich ein paar Tage zuvor auf die Insel gekommen war und mich in meiner neuen Umgebung orientiert hatte, war mir gesagt worden, ich solle mich von den Privatgrundstücken der Fischer fernhalten, insbesondere von Rodneys Haus – er lege großen Wert auf seine Privatsphäre und habe hinter der Eingangstür eine geladene Flinte stehen. Was sollte ich tun? Ich fragte den Laborleiter, Professor John M. Kingsbury, um Rat, und freundlicherweise ging er mit mir hinüber zu Rodneys Haus, um den Studenten Seeley mit dem Fischer Sullivan bekannt zu machen. Wir fuhren mit dem Boot, so dass Rodney uns kommen sah, und näherten uns von vorn (das heißt von der Wasserseite), obwohl meine Bienen von hinten (von der Landseite) »angriffen«. Er hörte unser Boot kommen, trat auf seine Terrasse und sagte uns, wir sollten an Land

Abb. 15 Die Hütte des Hummerfischers Rodney Sullivan auf der Insel. Die gegen das Dach gelehnte Leiter zeigt, wo der Autor zum Schornstein kletterte, um die Bienen mit einem Fliegengitter fernzuhalten.

kommen. Nachdem wir über die Felsen zu seinem Haus hinaufgeklettert waren, erklärte er, ein Notfall sei eingetreten: Hunderte von Bienen summten in dem Ofenrohr seines Holzofens! »So was habe ich noch nie gesehen! Ist vielleicht eine Biene kürzlich durch den Sturm hierhergeweht worden?« Ich beantwortete seine Frage nicht, bot ihm aber meine Hilfe an. Während Rodney in dem Ofen ein Feuer machte, um die Bienen auszuräuchern, kletterte ich auf sein steiles Dach (das voller Spritzer von frischen Möwenexkrementen und entsprechend glitschig war) und klebte ein Fliegengitter über seinen Schornstein, damit die Bienen in Zukunft draußen blieben. Rodney war entzückt – und ich war erleichtert.

Nachdem die Kundschafterinnen meines Schwarmes nun nicht mehr durch Rodneys Haus abgelenkt wurden, tauchten sie allmählich auch bei meinem Beobachtungs-Nistkasten auf und zeigten ihr erstaunliches Besichtigungsverhalten. Wie ich nun feststellen konnte, brauchte eine Kundschafterin zwischen 13 und 56 Minuten (Durchschnittswert 37 Minuten), um einen potentiellen Nistplatz zu besichtigen. Die vollständige Inspektion umfasst 10 bis 30 Ausflüge ins Innere des Wohnraumes, von denen jeder in der Regel weniger als eine Minute dauert; dazwischen verbringt sie ebenso kurze Phasen außerhalb und überprüft die Außenseite des Nistplatzes. Diese erste Besichtigung, bei der die Kundschafterin den Hohlraum mehrmals betritt und wieder verlässt, bezeichne ich als Erkundungsinspektion. Danach kehrt die Kundschafterin zum Schwarm zurück, und wenn die Stelle begehrenswert ist, gibt sie dies mit einem Schwänzeltanz bekannt; danach sucht sie die Stelle meist in Abständen von ungefähr einer halben Stunde noch mehrmals auf, diese späteren Besuche dauern aber in der Regel nur 10 bis 20 Minuten (Durchschnitt 13 Minuten) und bestehen aus weniger Hinein und Hinaus.

Wenn eine Kundschafterin sich im Rahmen der Erkundungsinspektion in der Höhle befindet, läuft sie die meiste Zeit (ungefähr 75 Prozent) auf den Innenflächen hin und her.[20] Dieser schnelle Rundgang wird von Pausen unterbrochen, in denen sie sich ausruht, sich putzt, Lockpheromone aus ihrem Duftorgan freisetzt und gelegentlich einen kurzen, hüpfenden Flug unternimmt. Das Innere eines dunklen Hohlraumes erscheint nicht gerade als der richtige Ort für Flugversuche, aber diese kleinen Flüge der Bienen dauern weniger als eine Sekunde, und die Biene bewegt sich dabei an den Wänden, dem Boden oder der Decke des Wohnraumes von einer Stelle zur anderen. In den Bewegungen der Kundschafterin ist eindeutig ein geometrisches Muster zu erkennen: Zu Beginn der Erkundungsinspektion wandert sie vorwiegend in der Nähe des Einganges hin und her, später dringt sie bis in die hintersten Winkel des Hohlraumes vor (Abb. 16). Wie man an der dreidimensionalen Rekonstruktion der Wege einzelner Kundschafterinnen erkennt, hat die Biene gegen Ende ihrer Besichtigung 60 Meter oder mehr auf der Innenseite des Hohlraumes zurückgelegt und dabei alle inneren Oberflächen begangen.

Insgesamt verbrachte ich 1975 vier Wochen auf Appledore Island. Als ich abreiste, hatte ich die Frage, wie die Kundschafterinnen potentielle Nistplätze beurteilen, noch nicht beantwortet. Dennoch

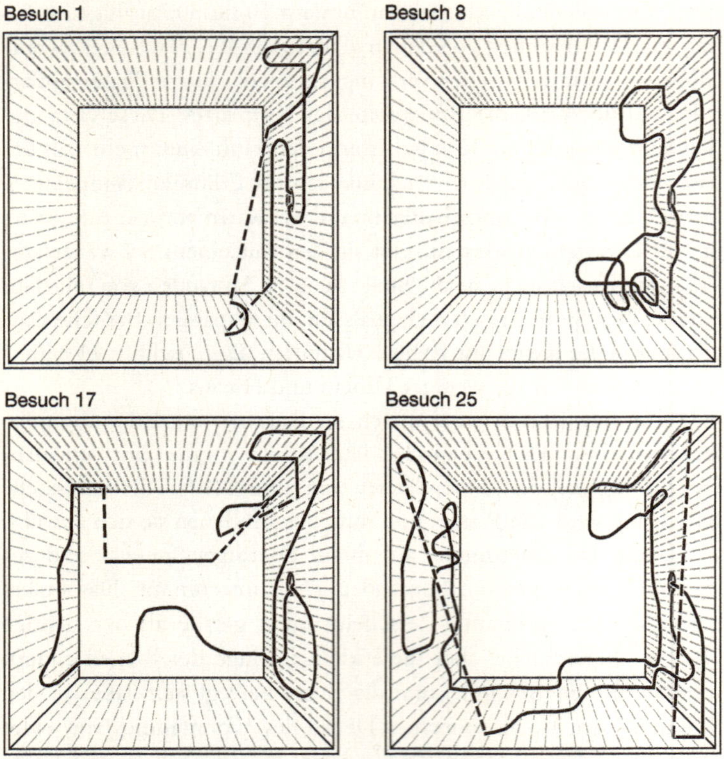

Abb. 16 Die Methode einer Kundschafterin zur Besichtigung einer potentiellen Nisthöhle. Die Linien zeigen die Wege einer einzelnen Kundschafterin bei vier der 25 Ausflüge ins Innere, die sie während der Erkundungsinspektion des Beobachtungs-Nistkastens unternahm. Durchgezogene Linien kennzeichnen Laufwege; gestrichelte Linien zeigen Flugbahnen.

hatte ich nach meinem eigenen Urteil zufriedenstellende Fortschritte erzielt. Ich wusste jetzt, wie man auf dieser vor der Küste gelegenen Insel mit Schwärmen arbeitet: Hier wurde meine Arbeit mit den Bienen zwar manchmal durch kräftigen Wind und ständigen Nebel behindert, andererseits wirkten die Salzluft, die Brandung an der Felsküste und die Schreie der Möwen stets belebend. Außerdem hatte ich herausgefunden, wie eine Kundschafterin sich verhält, wenn sie eine potentielle Nisthöhle besichtigt. Mir war klar, dass diese Kenntnisse sich für die Planung der zukünftigen experimentellen Arbeit auf Appledore Island als unschätzbar wertvoll erweisen würden. Als ich im Juli 1976 wieder auf die Insel kam, konzentrierte ich mich auf die Frage, wie die Kundschafterinnen die Größe potentieller Nisthöhlen ermitteln können, obwohl diese im Vergleich zu einer Biene ungeheuer groß sind. Unter allen Eigenschaften einer Nisthöhle ist das Volumen wahrscheinlich diejenige, die für das langfristige Überleben der Kolonie die größte Bedeutung hat – ein Bienenvolk, das einen Hohlraum von zehn Litern oder noch weniger bewohnt, kann nicht ausreichend Honig einlagern, um damit durch den Winter zu kommen; deshalb hatte ich den Verdacht, dass sich in der Evolution der Bienen eine Methode entwickelt hat, mit der sie das Volumen eines Hohlraumes exakt messen können.

Wie ermitteln die Kundschafterinnen das Volumen eines Hohlraumes? Ihre umfangreichen Spaziergänge während der ersten Besichtigung könnten zwar die Grundlage für eine Abschätzung bilden, nach einer anderen Hypothese gehen sie aber auch einfach hinein und sehen sich um. Anfangs experimentierte ich mit Nistkästen, in denen ich die Helligkeit (das heißt die Lichtmenge, die durch das Eingangsloch fiel) und die Größe der begehbaren Flächen verändern konnte (dazu beschichtete ich die Innenflächen mit Fluon, einem teflonähnlichen Material, das eine wachsartige, für Bienen nicht begehbare Oberfläche erzeugt; Abb. 17). Wie ich dabei feststellte, brauchen die Kundschafterinnen zur Messung des Volumens entweder eine Innenbeleuchtung von mehr als 0,5 Lux (ungefähr die Lichtstärke des Vollmondes) oder Innenflächen, die sie beliebig begehen können. Welche Bedingungen herrschen im Inneren eines normalen hohlen Baumes? Über das Holz, das die Wände des Wohnraumes bildet, kann eine Kundschafterin sicher leicht gehen. Um die Lichtstärke in den von Kundschafterinnen besichtigten Hohlräumen zu messen, baute ich aufgrund der Messungen, die ich an natürlichen Nestern

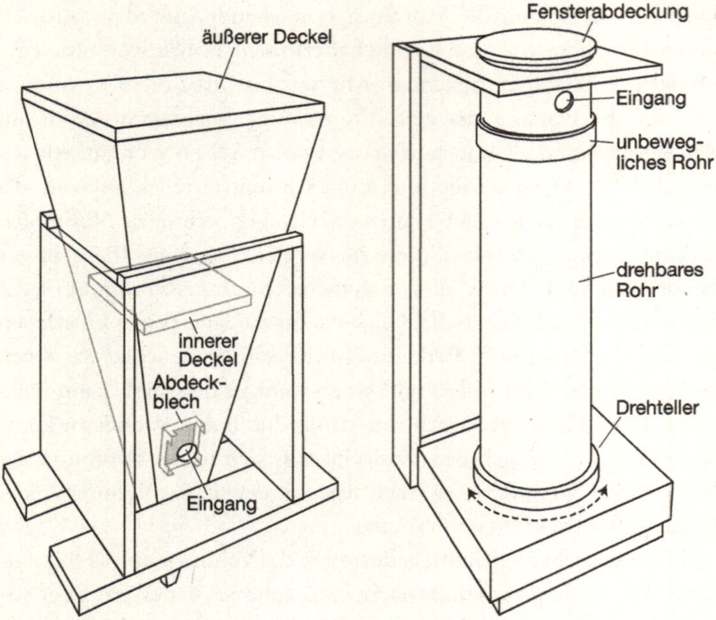

Abb. 17 Versuchsapparatur zur Untersuchung der Frage, wie eine Kundschafterin das Volumen eines Hohlraumes ermittelt. Links: Mit diesem Apparat konnte ich das Volumen zwischen 5 Litern (innerer Deckel geschlossen) und 25 Litern (innerer Deckel offen) variieren. Mit dem Abdeckblech konnte ich unterschiedlich viel Licht durch das Eingangsloch fallen lassen und so feststellen, ob die Bienen die Größe des Hohlraumes messen konnten, ohne auf visuelle Eindrücke zurückzugreifen. Eine Beschichtung der Innenflächen ermöglichte es, in dem Kasten unterschiedlich große begehbare Oberflächen zu schaffen und so zu klären, welche Bedeutung die Spaziergänge hatten. Rechts: Mit dieser Apparatur konnte ich die Wand des zylinderförmigen Hohlraumes drehen und so die Laufstrecke, die eine Kundschafterin rund um den Hohlraum zurücklegen musste, verändern.

angestellt hatte, ein Modell. Dieses trug mehrere Öffnungen, in die ich ein Lichtmessgerät steckte. Wie ich dabei herausfand, lag die Lichtstärke bei weniger als 0,5 Lux; eine Ausnahme war nur der Bereich in der Nähe des Einganges, wo das Sonnenlicht hereinfiel. In der Natur vermessen die Kundschafterinnen eine potentielle Nisthöhle offensichtlich vorwiegend dadurch, dass sie in ihr herumlaufen.

Um diese Hypothese unmittelbarer zu überprüfen, wollte ich die Wahrnehmung der Kundschafterinnen im Hinblick auf das Volumen des Hohlraumes beeinflussen. Zu diesem Zwecke manipulierte ich die Laufstrecken, die zwischen verschiedenen Punkten im Inneren zurückgelegt werden mussten. Ich erfand eine Tretmühle – einen zylinderförmigen Nistkasten, der senkrecht auf einem Drehtisch befestigt war, so dass ich den Kasten sanft drehen konnte, während sich die Kundschafterin in seinem Inneren befand (Abb. 17). Durch ein oben angebrachtes Fenster konnte ich hineinblicken und sehen, welchen Weg die Biene nahm; anschließend drehte ich die Wände so, dass die Laufstrecke für einen vollständigen waagerechten Umlauf länger oder kürzer wurde. Wenn die Biene also durch das Eingangsloch kam und ich die Wände in ihrer Laufrichtung drehte, wurde sie mitgenommen und befand sich sehr schnell wieder am Eingang. Drehte ich die Wände aber in Gegenrichtung, war sie erst nach einer viel längeren Strecke wieder bei der Öffnung angekommen. Die ganze Vorrichtung hatte ich in meiner lichtdichten Hütte aufgestellt, und der Eingang des Nistkastens war über einen kurzen Tunnel mit einer Öffnung in der Wand der Hütte verbunden. Licht fiel ausschließlich durch den Eingang in den Nistkasten, und wahrscheinlich verschaffte diese helle Stelle den einzelnen Kundschafterinnen innerhalb der Kiste einen visuellen Bezugspunkt, mit dessen Hilfe sie sowohl den Weg hinaus fanden als auch ihren Rundweg abschätzen konnten.

Die Versuchskiste hatte ein Volumen von 14 Litern und lag damit an der Grenze zwischen einem unannehmbar kleinen und einem ausreichend großen Hohlraum. Wenn das Wandern der Bienen zur Wahrnehmung des Volumens beiträgt, sollte die erste Kundschafterin, die den Hohlraum entdeckt, ihn entweder mehr oder weniger attraktiv finden, je nachdem, ob sie mehr oder weniger wandern musste als in einem normalen 14-Liter-Hohlraum. Wie sie die Kiste beurteilte, war an der Zahl anderer Kundschafterinnen zu erkennen, die sie zu einem Besuch veranlasste; wenn die Kiste nach ihrer Einschätzung einen ausreichend großen Rauminhalt hatte, sollte sie mehr Kolleginnen hinzuziehen, als wenn sie die Kiste für zu klein hielt. Genau das beobachtete ich in vier Versuchsdurchgängen: sieben bis neun neu hinzugezogene Kundschafterinnen, wenn sie viel gehen musste, aber gar keine oder nur eine, wenn sie einen kurzen Weg zurückgelegt hatte. Offensichtlich beurteilten nur Bienen, die eine »lange Wanderung« hinter sich hatten, die Kiste als so geräumig, dass sie gegenüber ihren Artgenossinnen eine begeisterte Empfehlung aussprechen konnte. Demnach scheint klar, dass die Volumenschätzung einer Kundschafterin proportional zu der Wegstrecke ist, die sie auf ihrem Rundweg durch den Hohlraum zurücklegen muss. Jeder Schritt ist eine Messung.

Der Biologe Nigel R. Franks von der Universität Bristol in Großbritannien und die Biologin Anna Dornhaus von der University of Arizona in den Vereinigten Staaten schlugen vor kurzem eine einfache Methode vor, mit der eine Kundschafterin den Rauminhalt eines Hohlraumes aufgrund der Geh- und Flugbewegungen, die sie in dem Hohlraum vollzogen hat, beurteilen kann.[21] Sie weisen auf etwas hin, was Physiker schon seit langem wissen: In jedem offenen Raum ist die mittlere freie Weglänge (MFWL) von Linien, die in alle Richtungen von Wand zu Wand gezogen werden, viermal so groß wie das Volumen (V), dividiert durch die innere Oberfläche (F): MFWL = 4V/F. Das Volumen ist also proportional zur mittleren freien Weglänge, multipliziert mit der inneren Oberfläche: V = (MFWL × F) / 4. Möglicherweise sind also die umfangreichen Wanderungen der Kundschafterinnen ein Mittel zur Abschätzung der inneren Oberfläche des Hohlraumes. Ebenso wäre es denkbar, dass die Biene mit den kurzen Flügen – über die ich berichtet hatte, ohne sie mit der Volumenschätzung in Verbindung zu bringen – feststellt, wie lange sie fliegen kann, bevor sie an eine Wand stößt, und dass sie demnach ein Mittel zur Abschätzung der mittleren freien Weglänge sind. Wenn sich beide Gedanken als richtig erweisen, kann eine Kundschafterin auf ganz einfache Weise gewährleisten, dass ein Hohlraum ein ausreichendes Volumen hat: Sie muss sich vergewissern, dass der Hohlraum eine geeignete Kombination von innerer Oberfläche und mittlerer freier Weglänge aufweist. Die Ergebnisse meiner Experimente mit dem drehbaren Nistkasten stehen mit dieser Hypothese sicher im Einklang; zwingt man eine Biene, einen längeren Rückweg zum Eingang zurückzulegen (wodurch sie möglicherweise die innere Oberfläche überschätzt), beurteilt sie auch das Volumen der Kiste als größer. Franks und Dornhaus schlugen eine phantasievolle experimentelle Überprüfung ihrer Gedanken vor: Dazu wird das Innere eines Nistkastens zu einem großen Teil mit einem starren, mit Fluon beschichteten Vorhang abgetrennt, so dass die Biene darauf nicht laufen kann. Der Vorhang verkürzt die mittlere freie Weglänge der Flüge in dem Hohlraum, ohne dass sich aber sein Volumen oder die begehbare Innenfläche verändert. Dann kann man feststellen, ob die Bienen sich so verhalten, als sei die Kiste kleiner geworden. Ich hoffe, dass man dieses Experiment bald durchführen wird und dass es für die vorgeschlagene Faustregel spricht; in meinen Augen würde es eine elegante Antwort auf eine schwierige Frage geben.

4. Die Diskussion der Kundschafterinnen

Das Erlebnis der Demokratie ist wie das Erlebnis des Lebens selbst – im ständigen Wandel begriffen, unendlich in seiner Vielfalt, manchmal turbulent und umso wertvoller, weil es durch Ungemach auf den Prüfstand gestellt wurde.[1]

Jimmy Carter,
Rede vor dem indischen Parlament, 1978

Wenn ein Honigbienenschwarm über seine zukünftige Wohnung entscheidet, praktiziert er direkte Demokratie: Die Individuen aus einer Gemeinschaft, die an der Entscheidung mitwirken wollen, tun es nicht über Vertreter, sondern persönlich. Die kollektive Entscheidungsfindung in einem Honigbienenschwarm ähnelt also der Bürgerversammlung in einer kleinen Stadt in Neuengland: Registrierte Wähler, die sich für kommunale Angelegenheiten interessieren, versammeln sich – meist einmal im Jahr –, erörtern Fragen, die von der Selbstverwaltung entschieden werden können, und stimmen darüber ab. Das Ergebnis ist dann für die Gemeinde bindend.[2] Natürlich gibt es in der Funktionsweise der direkten Demokratie Unterschiede zwischen Bienenschwärmen und Bürgerversammlungen. Die Kundschafterinnen in einem Bienenscharm haben beispielsweise gemeinsame Interessen (alle wollen den bestmöglichen Wohnort auswählen), und Entscheidungen fallen im Konsens. Dagegen haben die Menschen auf einer Bürgerversammlung häufig entgegengesetzte Interessen (manche wollen vielleicht, dass die Gemeindebibliothek finanziell unterstützt wird, andere wollen es nicht), und Entscheidungen werden nach dem Mehrheitsprinzip gefällt: Jeder Anwesende hat eine

Stimme, jede Stimme hat das gleiche Gewicht, und die Alternative, die die Mehrheit auf sich vereinigt, hat gewonnen. Ein anderer grundlegender Unterschied zwischen Schwarm und Bürgerversammlung besteht darin, dass eine Kundschafterin im Schwarm, anders als ein Bürger auf der Versammlung, nicht jeden Meinungsaustausch in der Gruppe verfolgen kann und damit auch keinen Gesamtüberblick über die Diskussion hat. Eine Biene kann nur die Handlungen ihrer unmittelbaren Nachbarn in der Schwarmtraube beobachten und darauf reagieren; sie agiert also ohne umfassendes Wissen über die Informationen, die unter den anderen Bienen des Schwarmes kursieren.

Solche Unterschiede zwischen Schwarm und Bürgerversammlung – gemeinsame oder widersprüchliche Interessen, lokale und umfassende Kenntnisse – sind zwar tatsächlich vorhanden, sie wiegen aber nicht so schwer wie mehrere äußerst wichtige Ähnlichkeiten in der direkten Demokratie der Honigbienen und der Menschen. Erstens spiegeln sich sowohl bei Insekten als auch bei Menschen in jeder Entscheidung über zukünftige Handlungsweisen die freiwillig beigesteuerten und gleichgewichteten Beiträge mehrerer hundert Individuen wider. Mit anderen Worten: Die Lenkung der Gruppe und ihrer Handlungsweise verteilt sich auf viele Mitglieder und liegt nicht konzentriert bei wenigen Führungsgestalten. Und da Hunderte von Individuen gleichberechtigt mitwirken, kann die Gruppe Informationen aus mehreren Quellen gleichzeitig aufnehmen und verarbeiten, selbst wenn diese Quellen weit verstreut sind. Ein Beispiel ist das erste Stadium jedes Entscheidungsprozesses, in dem die entscheidende Aufgabe darin besteht, die vorhandenen Alternativen zu erkennen. Da zahlreiche Individuen das Problem untersuchen und mögliche Lösungen präsentieren, sind sowohl der Schwarm als auch die Bürgerversammlung viel besser als eine einzelne Biene oder eine Einzelperson in der Lage, ein breites Spektrum von Lösungsalternativen vorzulegen. Und je breiter dieses Spektrum ist, desto wahrscheinlicher ist die beste Alternative darunter. Drittens – und das ist am faszinierendsten – wird die zukünftige Handlungsweise sowohl im

Bienenschwarm als auch auf der Bürgerversammlung durch offenen Wettbewerb zwischen den vorgeschlagenen Alternativen festgelegt. Ein Individuum schlägt eine Vorgehensweise vor, jeder Zuhörer fällt ein unabhängiges Urteil über den Vorschlag und entscheidet, ob er ihn ablehnen oder annehmen will, und diejenigen, die ihn annehmen, tun ihre Unterstützung für den Vorschlag kund. Eine solche Verstärkung führt häufig dazu, dass die Alternative noch mehr Befürworter findet. Je besser der Vorschlag ist, desto mehr Befürworter sprechen sich für ihn aus und desto größer ist die Wahrscheinlichkeit, dass die Unterstützung ausreicht, damit sich die ganze Gemeinschaft dafür entscheidet.

Unter den wohnungssuchenden Bienen herrscht häufig ein heftiger Wettbewerb zwischen den Anhängern verschiedener Vorschläge: Manche Kundschafterinnen setzen sich energisch für eine gemütliche Höhle in einem Baum ein, während andere nur wenige Bienen entfernt auf der Oberfläche der Schwarmtraube begeistert Werbung für einen zweiten, dritten oder sogar vierten erstrebenswerten Wohnort machen. (Im weiteren Verlauf des Kapitels werden wir noch erfahren, welche Bienen den »Beruf« der Nistplatz-Kundschafterinnen ergreifen und was diese Bienen dazu veranlasst, die gefährliche Tätigkeit zu übernehmen. Kurz gesagt, handelt es sich bei den Nistplatz-Kundschafterinnen um ältere Bienen, die zuvor als normale Nahrungssammlerinnen gearbeitet haben und diese Tätigkeit dann aufgeben, wenn sie spüren, dass ihre Kolonie im Vorfeld der Schwarmbildung keine weitere Nahrung mehr braucht.) Es handelt sich aber stets um einen »freundlichen« Wettbewerb: Die Kundschafterinnen sind sich darüber einig, was ein ideales Zuhause ausmacht, sie haben das gemeinsame Ziel, die beste verfügbare Stelle auszuwählen, sie geben ihre Information vollkommen ehrlich weiter, und am Ende sind sie sich über den neuen Wohnort einig. Von den Bienen können wir etwas Wertvolles lernen: Ein offener, fairer Wettbewerb der Ideen ist eine kluge Lösung der Aufgabe, eine Entscheidung auf Grundlage zahlreicher Informationen, die sich über eine Gruppe von Individuen verteilen, zu fällen.

Lindauers Schwärme

Dass Bienen im Schwarm durch eine Diskussion dezentrale Informationen zusammentragen, entdeckte Martin Lindauer in den Jahren 1951 und 1952. Damals erhielt er von Karl von Frisch die Erlaubnis zur Nutzung aller Schwärme, die aus den Bienenstöcken im Garten hinter dem Zoologischen Institut der Universität München stammten. Nun konnte Lindauer endlich genauer der Frage nachgehen, die seine Neugier schon im Frühjahr 1949 geweckt hatte: Warum tanzen die Bienen auf der Oberfläche eines Schwarmes (siehe Bildteil, Abb. XIX)?[3] Die Bienenvölker des Instituts trugen ihren Teil bei und lieferten Lindauer im Lauf der Monate Mai, Juni und Juli insgesamt 17 Schwärme. Viele davon flogen quer über die Straße in den Botanischen Garten, wo sie sich auf verschiedenen Objekten niederließen; Lindauer war so liebenswürdig, jeden Schwarm nach seinem vorübergehenden Quartier zu benennen: den Lindenschwarm am 18. Mai 1951, den Weißdornschwarm am 9. Juli 1951, den Balkonschwarm am 22. Juni 1952 und so weiter. Als Erstes wollte er feststellen, ob es sich bei den Bienen, die auf einem Schwarm tanzten, um die Nistplatz-Kundschafterinnen handelte, letztlich war sein Ziel aber die Klärung der Frage, wie ein Schwarm sein neues Zuhause findet. Er wusste, wie wichtig es ist, in der Erforschung des Tierverhaltens mit einer Phase des »Beobachtens und Fragens« zu beginnen,[4] in der man umfassende Beobachtungen anstellt, die zu unerwarteten Entdeckungen führen können. Vom Morgengrauen bis zur Abenddämmerung sah Lindauer zu, wie die Bienen auf der Oberfläche der einzelnen Schwarmtrauben ihren Schwänzeltanz aufführten. Da er außerdem die Möglichkeit schaffen wollte, seine tanzenden Bienen einzeln zu identifizieren und damit in das Umfeld einer Schwarmbiene einzutauchen, brachte er auf dem Rücken jeder tanzenden Biene farbige Punkte an. Schon in den Jahren nach 1910 hatte Karl von Frisch ein Markierungssystem entwickelt, mit dem man Bienen mit nur fünf Farbpunkten von 1 bis 599 nummerieren kann. Dieses System benutzte auch Lindauer: Mit einem winzigen Pinsel brachte er auf dem Brustteil jeder tanzenden Biene bis zu vier winzige Punkte aus Schellackfarbe an.

Lindauers Absicht, die Tänze auf einem Schwarm festzuhalten, war anfangs einfach umzusetzen: Nur wenige Bienen tanzten, und ihre Vorführungen dauerten nur begrenzte Zeit. Zunächst konnte Lindauer also in seinem Notizbuch die Zeit der einzelnen Tanzdarbietungen, die Identität der Tänzerin und den Ort, für den sie mit ihrem Tanz Werbung machte, aufzeichnen. Nach einiger Zeit jedoch wurde es immer schwieriger und fast unmöglich, die Tanztätigkeit der Schwarmbienen zu verfolgen; früher oder später hatte er es mit mindestens einem Dutzend Bienen zu tun, die gleichzeitig auf dem Schwarm tanzten. Um mit dieser überwältigenden Zurschaustellung tanzender Bienen zurechtzukommen, wählte er in seinen Aufzeichnungen stärker aus: Er notierte nur, zu welchem Zeitpunkt er die einzelnen neuen (noch nicht markierten) Bienen tanzen sah und welche Orte durch neue Bienentänze bekanntgemacht wurden. Ganz allein über viele Stunden hinweg und manchmal mehrere Tage nacheinander zu beobachten, zu markieren und aufzuzeichnen war anstrengend.[5] Es war aber auch ungeheuer aufschlussreich. In Kapitel 1 haben wir erfahren, wie Lindauer seine Vermutung überprüfte, dass es sich bei den auf Schwärmen tanzenden Bienen um Nistplatz-Kundschafterinnen handelt, die Werbung für potentielle Nisthöhlen machen. Wie er feststellte, passte die Stelle, die von den tanzenden Bienen kurz vor dem Abflug des Schwarmes einvernehmlich angezeigt wurde, zur Adresse des neuen Wohnortes. Noch erstaunlicher war Lindauers Entdeckung, dass die Kundschafterinnen des Schwarmes eine hitzige Diskussion führen, bevor sie das neue Zuhause auswählen.

Abb. 18 zeigt ein Beispiel für eine solche Debatte. Sie fand auf dem Eck-Schwarm statt, der seinen Ausgangsstock am 26. Juni 1951 um 13.35 Uhr verlassen hatte. Er ließ sich wenig später auf einem Ligusterbusch nieder und blieb dort fast vier Tage hängen, während seine Kundschafterinnen sich auf die Suche nach einem neuen Wohnort machten. Am ersten Tag beobachtete und markierte Lindauer zwi-

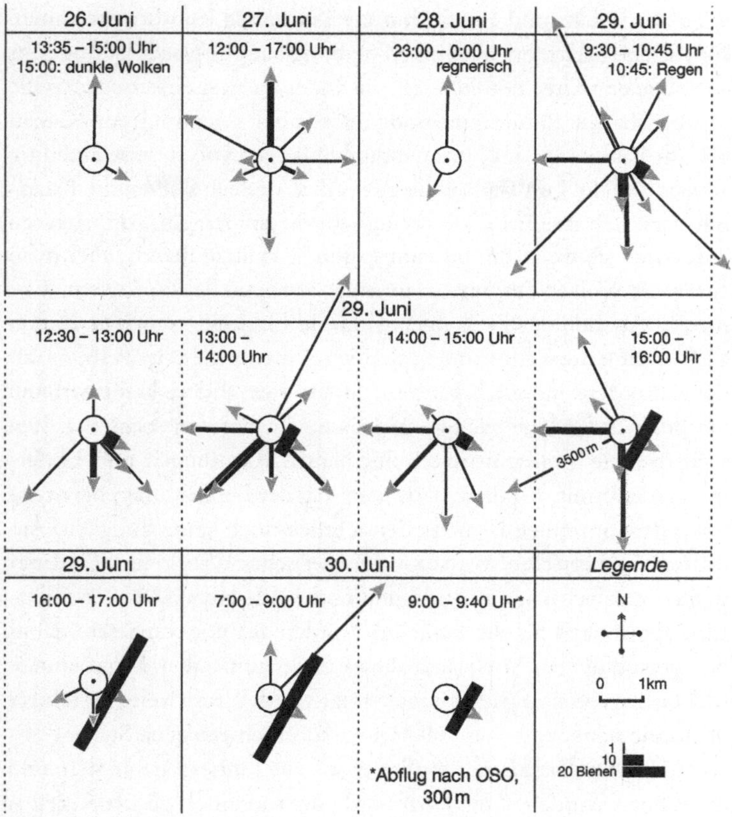

Abb. 18 Die Verteilung der Tänze der Kundschafterinnen im Eck-Schwarm, beobachtet 1951 von Lindauer. Die Pfeile zeigen maßstabsgetreu Richtung und Entfernung einer Stelle, die von einer tanzenden Biene bekanntgemacht wird. Die Dicke der einzelnen Pfeile entspricht der Zahl neuer Tänzerinnen, die sich in dem angegebenen Zeitraum für die Stelle aussprachen.

schen 13.35 Uhr und 15 Uhr nur zwei tanzende Kundschafterinnen. Eine Biene berichtete über einen potentiellen Nistplatz, der ungefähr 1500 Meter weiter nördlich lag, die andere schlug eine zweite Stelle in 300 Metern Entfernung und südöstlicher Richtung vor. Gegen 15 Uhr hatten sich am Himmel dunkle Regenwolken zusammengezogen, und die Luft war kühler geworden; deshalb stellten die Kundschafterinnen ihre Erkundungsflüge für diesen Tag ein. Am nächsten Tag waren sie weiterhin bis zum späten Vormittag inaktiv, aber dann rissen die Wolken auf, und strahlender Sonnenschein setzte ein. Wie man in Abbildung 18 erkennt, markierte Lindauer zwischen 12 und 17 Uhr elf neue Tänzerinnen; drei von ihnen machten Werbung für die 1500 Meter nördlich gelegene Stelle, zwei andere befürworteten die Stelle 300 Meter weiter südöstlich, die übrigen sechs machten sechs weitere Stellen in unterschiedlichen Richtungen und Entfernungen bekannt. An diesem zweiten Tag der Diskussionen herrschte unter den tanzenden Bienen offensichtlich noch keine Einigkeit. Am dritten Tag herrschte vorwiegend regnerisches Wetter, und Lindauer stellte nur zwei neue Tänzerinnen fest, beide am späten Vormittag. Eine sprach sich für die Stelle im Norden aus und verstärkte damit den geringfügigen Vorsprung dieses Ortes unter den Tänzerinnen, (der bisher von fünf Bienen unterstützt wurde); die zweite berichtete über eine neue, ungefähr 400 Meter südöstlich gelegene Stelle.

Am vierten Tag klarte das Wetter auf, die Luft erwärmte sich, und die Bienen wurden aktiv. Jetzt wurde über mehr als 20 neue Stellen berichtet, aber erstaunlicherweise lockte die Stelle 1500 Meter weit nördlich keine weiteren Tänzerinnen an. Lindauer äußerte die Vermutung, es könne sich um einen Hohlraum mit undichtem Dach gehandelt haben, in dem am Tag zuvor das Regenwasser eingedrungen war, so dass er als Nistplatz unattraktiv wurde. Die meisten der 20 neuen Möglichkeiten wurden nur jeweils von einer Tänzerin angekündigt und spielten in der Diskussion der Bienen keine ernsthafte Rolle; einige erregten jedoch die Aufmerksamkeit mehrerer Bienen und wurden so zu wichtigen Alternativen. Zwischen 9.30 Uhr und 16 Uhr beispielsweise machten die Bienen eine Stelle bekannt, die

1500 Meter weit westlich lag. Auch hier ließ aber das Interesse der Bienen am Ende wieder nach; von 16 bis 17 Uhr registrierte Lindauer keine neuen Tänzerinnen mehr für die Stelle im Westen. Nur eine – die Stelle 300 Meter weit südwestlich – fesselte den ganzen Tag über das Interesse der Bienen: In jeder Stunde wurden neue Fürsprecherinnen dieser Stelle markiert. Wie man in Abbildung 18 erkennt, markierte Lindauer im Laufe des Tages nach und nach immer mehr neue Tänzerinnen für die Stelle im Südosten, und gegen 16 Uhr hatte sie eindeutig die Führung übernommen. Erst in der letzten Stunde der Tänze jedoch, nämlich zwischen 16 und 17 Uhr, wurde eine überwältigende Mehrheit von Kundschafterinnen zugunsten der Stelle im Südosten aktiv: Insgesamt 61 neu hinzugekommene Tänzerinnen machten nun Werbung dafür, und nur zwei sprachen sich noch für andere Stellen aus. Die Situation änderte sich auch am nächsten Morgen nicht: 83 von 85 neuen Tänzerinnen befürworteten die Stelle im Südosten. Am Morgen des 30. Juni um 9.40 Uhr schließlich erhob sich der ganze Schwarm in die Luft und flog 300 Meter nach Südosten, um sich in der Mauer eines ausgebombten Gebäudes niederzulassen.

Der Ablauf, über den Lindauer beim Eck-Schwarm berichtete – anfangs tauchen auf dem Schwarm neue Tänzerinnen auf, die auf verschiedene mögliche Nistplätze hinweisen, dann konzentrieren sich immer mehr Tänzerinnen auf eine dieser Stellen, und schließlich fliegt der Schwarm in Richtung der bevorzugten Stelle davon –, erwies sich für alle 17 Schwärme, die er beobachtete, als typisch. Gelegentlich traf Lindauer aber auch auf einen Schwarm, in dem die Diskussion nicht so reibungslos ablief. Manchmal fanden die Kundschafterinnen zwei Stellen, die ungefähr zur gleichen Zeit eine starke Tanzaktivität auslösten. In dieser Situation wurden für beide Stellen viele neue Befürworterinnen hinzugezogen, so dass die Tänze zugunsten beider Orte sich über viele Stunden fortsetzten. Dies machte es für die tanzenden Bienen natürlich äußerst schwierig, zu einer Übereinkunft zu gelangen.

Abb. 19 zeigt ein Beispiel dafür, wie eine Diskussion sich hinzieht,

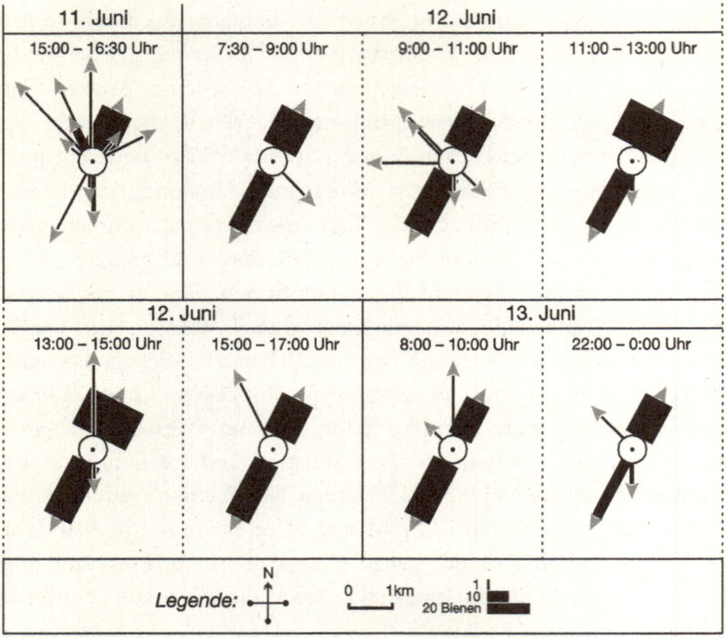

Abb. 19 Verteilung der Tänze von Kundschafterinnen auf dem Propyläen-Schwarm, den Lindauer im Juni 1952 beobachtete. Da die Kundschafterinnen dieses Schwarmes zwei nahezu gleich starke Gruppen von Tänzerinnen bildeten, kam es erst sehr spät zu einer Einigung.

wenn die Kundschafterinnen eines Schwarmes zwei gleich starke Gruppen von Tänzerinnen bilden. Die Geschichte des Propyläen-Schwarmes begann am 11. Juni 1952, als er um 14.14 Uhr seinen Ausgangsstock verließ. Während des restlichen Nachmittags entdeckten die Kundschafterinnen elf Stellen und berichteten darüber; eine davon zog die größte Zahl von Tänzerinnen an. Wie man in der Abbildung erkennt, markierte Lindauer 15 Bienen, die zugunsten einer 900 Meter nordöstlich gelegenen Stelle tanzten, während es für alle übrigen zehn Stellen insgesamt nur 14 waren. Zunächst sah es also so

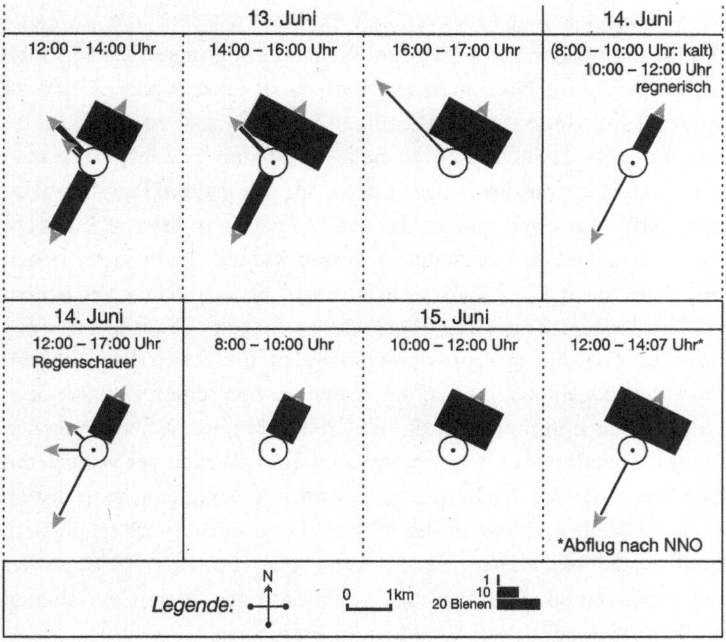

aus, als wären die Kundschafterinnen dieses Schwarmes bereits in den ersten drei Stunden ihrer Diskussion einer Einigung sehr nahe gekommen. Am Morgen des zweiten Tages jedoch tauchte eine weitere starke Tänzerinnengruppe auf, deren Mitglieder sich alle für eine 1400 Meter entfernte Stelle im Südwesten aussprachen. Ihre Tänze waren nach Lindauers Bericht nicht weniger lebhaft und ununterbrochen; für den Beobachter war es demnach nervenaufreibend, das »Tauziehen« zwischen den beiden Gruppen zu beobachten, dass sich über zwei Tage mit wechselnden Siegesaussichten fortsetzte.[6] Während des ganzen zweiten Tages kamen neue Tänzerinnen für die Stellen im Nordosten und Südwesten in nahezu gleicher Zahl hinzu, und erst am späten Vormittag des dritten Tages, am 13. Juni, ging die Ausgewogenheit allmählich verloren. Aus irgendeinem Grund wurden die Tänze zugunsten der Stelle im Südwesten geringfügig schwächer, so dass weniger neue Tänzerinnen markiert wurden, und im Laufe des Nachmittags ergab sich in der Rekrutierung neuer Tänzerinnen für die Stelle im Nordosten ein Vorsprung: Zuerst waren es 25 zu 9 neue Tänzerinnen (zwölf Uhr bis 14 Uhr), dann 41 zu 7 (14 Uhr bis 16 Uhr) und schließlich 34 zu null (16 Uhr bis 17 Uhr). Wie man daran erkennt, war die Einigung am Ende des dritten Tages erreicht, aber leider war es zu spät, so dass der Schwarm an diesem Tag nicht mehr an seinen neuen Nistplatz fliegen konnte. (Schwärme heben nur selten nach 17 Uhr ab, vielleicht weil sie die Gefahr vermeiden wollen, längere Zeit ohne Tageslicht zu fliegen. Unter Umständen muss die Königin zum Ausruhen notlanden, und wenn das geschieht, muss der fliegende Schwarm der Arbeiterinnen seinen Flug für über eine Stunde unterbrechen, die fehlende Königin ausfindig machen und sich wieder um sie herum versammeln.[7]) Wegen der verspäteten Entscheidung war der Propyläen-Schwarm gezwungen, zunächst an Ort und Stelle zu bleiben; der nächste Tag war kühl und regnerisch, und erst am Nachmittag des 15. Juni, volle vier Tage nachdem der Schwarm seinen Ausgangsstock verlassen hatte, flogen die Bienen endlich zu ihrem neuen Wohnort im Nordosten.

Lindauer beobachtete sogar einen Schwarm, der überhaupt nicht zu einer Übereinkunft gelangte: Dort wurden die Entscheidungsprozesse nie so durch eine Gruppe von Tänzerinnen beherrscht, dass Lindauer nur Befürworterinnen einer Stelle markiert hätte. Es war der Balkon-Schwarm vom 22. Juni 1952 (Abb. 20). Wie beim Propyläen-Schwarm fochten auch hier die Kundschafterinnen einen ausgeglichenen Wettkampf aus – eine Gruppe befürwortete eine Stelle 600 Meter im Nordwesten, die zweite einen Ort 800 Meter weit im Südwesten. In vier Stunden (von 12 Uhr bis 16 Uhr) gelang es keiner Gruppe, ein nennenswertes Übergewicht zu erlangen. Dennoch hob der Schwarm um 16.10 Uhr ab, und dann geschah etwas, was Lindauer kaum glauben konnte, obwohl er es mit eigenen Augen sah: Der Schwarm versuchte, sich aufzuteilen. Die eine Hälfte wollte nach Nordwesten fliegen die andere nach Südwesten. Offensichtlich war jede Gruppe der Kundschafterinnen bemüht, den Schwarm zu dem

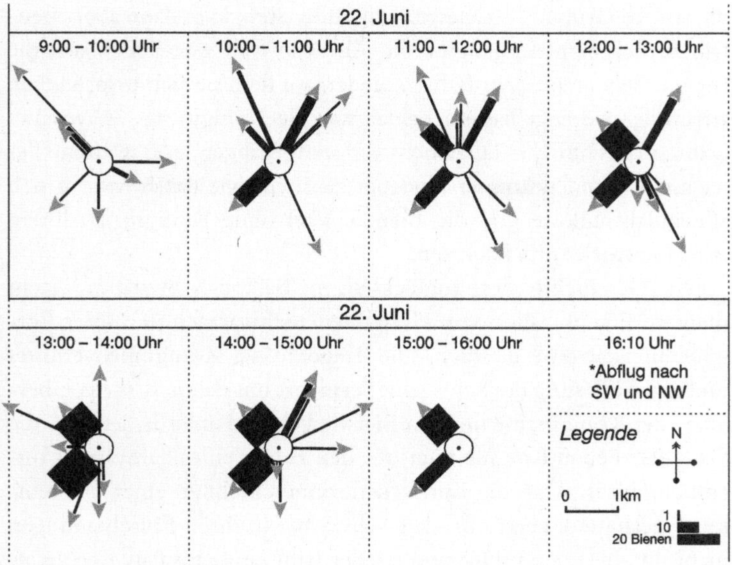

Abb. 20 Tanzmuster der Kundschafterinnen im Balkon-Schwarm, beobachtet von Lindauer im Juni 1952. Die Kundschafterinnen dieses Schwarmes gelangten nie zu einer Übereinkunft.

von ihr gewählten Nistplatz zu entführen.[8] Dabei hatten beide Gruppen teilweise Erfolg: Als die Bienen in der Luft waren, setzte sich die eine Hälfte nach Südwesten in Richtung des Hauptbahnhofs in Bewegung, die andere machte sich nach Nordwesten zur Karlstraße auf (siehe Abb. 4). Beiden Gruppen gelang es aber nicht, die gewünschte Richtung wirklich einzuschlagen – vielleicht lag es daran, dass beiden die Königin fehlte. Am Ende vereinigten sich die beiden wirbelnden Bienenwolken wieder in der Luft an ihrem Ausgangspunkt. Anschließend begann ein bemerkenswertes Tauziehen zwischen den beiden Gruppen. In der nächsten halben Stunde versuchte wiederum eine Gruppe, nach Nordwesten voranzukommen – sie flog 100 Meter und kam dann zurück. Anschließend bewegte sich die andere Gruppe 150 Meter nach Südwesten, kam dann aber ebenfalls zurück zum Ausgangspunkt. Als es so weit war, ließen sich die Bienen wieder auf dem Balkon nieder, auf dem sie sich ursprünglich zusammengedrängt hatten. Leider war die Königin des Schwarmes während des luftigen Tauziehens verlorengegangen, und während der nächsten Stunden konnte Lindauer zusehen, wie der Schwarm sich allmählich auflöste und die Bienen, jetzt ohne Königin, zu ihrem Ausgangsstock zurückkehrten.

Die Geschichte des unglückseligen Balkon-Schwarmes macht mehrere Eigenschaften von Honigbienenschwärmen und ihrer Entscheidungsprozesse deutlich. Die Tragödie des Königinnenverlustes und der Auflösung des Schwarmes erinnert uns daran, dass das Überleben der Königin, die in ihren Eierstöcken und ihrer Samenblase die Gene der neuen Kolonie trägt, für den Erfolg eines Schwarmes unentbehrlich ist. Dass die Kundschafterinnen nicht zu einer Übereinkunft gelangten, zeigt uns, dass Schwärme in ihren Entscheidungen nicht unfehlbar sind. Hin und wieder trifft ein Schwarm eine zwiespältige Entscheidung, in der Regel handelt es sich dabei aber um eine vorübergehende Situation, und es gelingt den Bienen, das Problem zu lösen. Was in einem solchen Fall geschieht, werden wir in Kapitel 7 genauer erfahren: Der Schwarm hebt ab, fliegt aber zu keiner der beiden Stellen, lässt sich wieder nieder und führt die Diskussion weiter, bis eine Übereinkunft erzielt wird. Lindauer beobachtete 17 Schwärme, und nur zwei davon (der Balkon- und der Moosacher-Schwarm) waren in ihren Entscheidungen zwiespältig. Nur der Balkon-Schwarm gelangte überhaupt nicht zu einer Übereinkunft, und das lag daran, dass er seine Königin verloren hatte. Offensichtlich ist also das völlige Versagen des Entscheidungsprozesses ein seltenes Ereignis. Und die Tatsache, dass der Balkon-Schwarm sich in die Luft erhob, ohne dass zuvor Einigkeit unter den Tänzerinnen herrschte, deutet stark darauf hin, dass der Konsens der Tänzerinnen zwar dem menschlichen Beobachter ins Auge sticht, für die Bienen aber nicht das Ereignis ist, dass sie zur Kenntnis nehmen müssen, wenn sie vom Entscheidungsprozess zur Umsetzung einer Entscheidung übergehen. Wie die Bienen diesen Übergang in Wirklichkeit vollziehen, wird in Kapitel 7 genauer beschrieben.

Meine Schwärme

Jede große wissenschaftliche Entdeckung liefert Einblicke, die Licht auf bisherige Rätsel werfen, neue Wege eröffnen und unbekannte Horizonte sichtbar machen. Eine solche Entdeckung machte Martin Lindauer, als er herausfand, dass ein Honigbienenschwarm durch eine Diskussion, in deren Verlauf die Nistplatz-Kundschafterinnen ihre Argumente mittels des Schwänzeltanzes kundtun, über seine Zukunft entscheidet. Er klärte die Funktion der Tänze auf Schwärmen auf, wies den Weg zur Erforschung der Entscheidungsprozesse in Bienenschwärmen und erschloss uns vor allem ein ganz neues Forschungsgebiet: die Untersuchung hochentwickelter Entscheidungsprozesse bei Tieren.

Lindauer war ein Pionier der Verhaltensforschung, und wie alle Pioniere verfügte er bei weitem nicht über genügend Zeit und Hilfsmittel, um das von ihm entdeckte neue Terrain vollständig zu erkunden. Deshalb ist es nicht verwunderlich, dass seine Untersuchungen der Honigbienendemokratie in vielerlei Hinsicht unvollständig blieben. Am deutlichsten erkennt man dies vielleicht an seiner begrenzten Ausrüstung (Notizbuch, Armbanduhr und Farbkasten), mit der er nur das Auftauchen neuer Tänzerinnen auf seinen Schwärmen festhalten konnte. Im Idealfall hätte er alle Tänzerinnen (neue und alte) erfassen müssen, die in den einzelnen Stadien des Entscheidungsprozesses auf seinen Schwärmen auftauchten, denn dann hätte er ein vollständiges Bild der Dynamik in den Tänzen zugunsten verschiedener Stellen zeichnen können. Dann wäre zu erkennen gewesen, wie die Gesamtzahl der Fürsprecherinnen einzelner Stellen – und nicht nur das Auftauchen neuer Befürworterinnen – sich im Laufe der Zeit veränderte und wie die tanzenden Bienen am Ende vermutlich nur noch Werbung für eine einzige Stelle machten. Die Aufzeichnungen in Abbildung 18 und 19 deuten darauf hin, dass der Ort, für den die Entscheidung gefallen ist, kurz vor dem Abflug des Schwarmes von allen neuen Tänzerinnen beworben wird, aber aus den Aufzeichnungen ist nicht zu entnehmen, ob *alle Tänzerinnen*, neue wie alte, sich für die siegreiche Stelle aussprachen. Findet der Entscheidungsprozess tatsächlich ein sauberes Ende, weil praktisch alle Tänzerinnen nur noch eine einzige Stelle befürworten? Lindauer vermutete das;. die Befürworterinnen der unterlegenen Stellen, so schrieb er, geben die Rekrutierung auf; vermutlich hören sie auf zu tanzen, aber dass es tatsächlich so ist, wies er nicht nach.[9] Ebenso fand er nicht heraus, wann und wie die Befürworterinnen der unterlegenen Stellen den Tanz einstellen. Deshalb wäre es höchst aufschlussreich, wenn man sich von den Tänzen auf dem Schwarm ein vollständiges Bild machen könnte. Ebenso wäre es äußerst wünschenswert, das Verhalten jeder einzelnen Tänzerin vollständig zu erfassen und ihre Aktionen nach der ersten Tanzvorführung nachzuvollziehen. Führt sie mehrmals Tänze auf? Besteht ein Zusammenhang zwischen der Gesamtdauer ihrer Tänze und der Qualität der Stelle, für die sie Werbung macht? Und wie entscheidet sie sich, das Tanzen einzustellen? Hört sie von selbst auf, ganz gleich, was um sie herum vorgeht, oder tut sie es erst, wenn eine andere Biene einen energischeren Tanz aufführt? Lindauers Studie liefert einen faszinierenden ersten Einblick in die Entscheidungsprozesse der wohnungssuchenden Honigbienen, aber sie hinterließ auch unzählige unbeantwortete Fragen nach den Regeln des Verfahrens, mit dem die Nistplatz-Kundschafterinnen ihre Ansichten kundtun.

Im Jahr 1996 entschloss ich mich, diesen Fragen nachzugehen. Seit meinen ersten Forschungsarbeiten, mit denen ich im Rahmen meiner Doktorarbeit die Nistplatzvorlieben von Honigbienen und ihre Methode zur Abschätzung des Volumens potentieller Nisthöhlen untersucht hatte, waren fast 20 Jahre vergangen. Warum hatte ich nicht schon Mitte der 1970er Jahre versucht, die Lücken in Lindauers Arbeiten zu schließen? Es lag daran, dass ich zu jener Zeit nicht wusste, woher ich die Ausrüstung für Videoaufzeichnungen nehmen sollte, die ich gebraucht hätte, um Lindauers Analysen der Entscheidungsprozesse in Schwärmen weiter voranzutreiben. Eine Farb-Videokamera mit Aufzeichnungsgerät und Monitor (alles getrennte Geräte) kosteten damals viele tausend Dollar, ein Preis, der weit über die kleinen Forschungsstipendien eines wissenschaftlichen Anfängers hinausging. Also verlagerte ich den Mittelpunkt meiner Arbeiten, ohne aber das Thema der kollektiven Entscheidungsfindung bei sozialen Tieren völlig aus dem Blick zu verlieren. Vielmehr studierte ich an Bienen eine andere Form kollektiver Entscheidungen: Wie verteilt ein Honigbienenvolk seine Nahrungssammlerinnen klug auf das kaleidoskopartige Mosaik der blühenden Flächen in der umgebenden Landschaft? Dies ist eine andere Form der kollektiven Entscheidung: Während ein heimatloser Schwarm einen »einvernehmlichen Entschluss« zugunsten einer einzigen Alternative (eines potentiellen Nistplatzes) fasst, muss die Kolonie bei der Nahrungssuche eine »kombinierte Entscheidung« darüber treffen, wie es seine Nahrungssammlerinnen auf *zahlreiche Möglichkeiten* (potentielle Nahrungsquellen) verteilt.[10] Die Frage, wie eine Kolonie über die Verteilung ihrer Nahrungssammlerinnen entscheidet, faszinierte mich unter anderem deshalb, weil der Vorgang grundsätzlich der Auswahl des Nistplatzes ähnelt – Grundlage ist in beiden Fällen der Wettbewerb zwischen Gruppen tanzender Bienen, die Werbung für verschiedene Alternativen (Nahrungsquellen beziehungsweise Nistplätze) machen; sie interessierte mich aber auch, weil es aussah, als könne man hier eher zu Antworten gelangen als bei der Wahl des Nistplatzes. Die Schwarmbildung ist ein vorübergehendes Phänomen – sie dauert höchstens ein paar Tage, die Nahrungssuche dagegen setzt sich über den ganzen Sommer fort. Deshalb ging ich 15 Jahre lang mit Vergnügen der Frage nach, wie die Bienen in einem Stock beim Sammeln der Nahrung als einheitliches Ganzes funktionieren und wie sie sich insbesondere klug auf verschiedene Stellen mit Blütenpflanzen verteilen. Im Jahr 1995 fasste ich die Ergebnisse meiner Forschung in dem Buch *The Wisdom of the Hive* (dt. *Honigbienen: Im Mikrokosmos des Bienenstocks*) zusammen.[11] Nachdem diese Forschungsarbeiten hinter mir lagen, freute ich mich darauf, meine Analysen der kollektiven Entscheidungsfindung in Honigbienenschwärmen wiederaufzunehmen.

Der Ausgangspunkt war klar. Ich wollte die Tänze der Kundschafterinnen während der Entscheidung des Schwarmes über seinen neuen Nistplatz vollständig aufzeichnen und mir so ein umfassendes Bild davon machen, wie die Debatte zwischen den Kundschafterinnen abläuft. Diese Beschreibung des Verhaltens der Kundschafterinnen auf dem Schwarm würde die Lücken in Lindauers Befunden schließen. Außerdem rechnete ich mit weiteren wichtigen Entdeckungen, die sich auch tatsächlich einstellten. Im Gegensatz zu Lindauer vor 40 und zu mir selbst vor 20 Jahren verfügte ich jetzt über moderne Gerätschaften zur Videoaufzeichnung und Zeitlupenwiedergabe, mit denen ich die Tanzaktivität der Kundschafterinnen in allen Einzelheiten erfassen konnte. Außerdem wusste ich jetzt, wie man Tausende von Bienen markieren und einzeln wiedererkennen kann: Dazu dienen farbige Nummernschilder aus Kunststoff, die auf den Brustteil geklebt werden, und Farbflecken auf dem Hinterleib (siehe Bildteil, Abb. XX) – das Verfahren hatte ich während meiner Untersuchung der Nahrungssammlerinnen verfeinert. Meine Überlegung: Wenn ich alle Bienen im Schwarm auf diese Weise markierte, konnte ich das Tanzverhalten jedes Individuums während des gesamten Entscheidungsprozesses verfolgen. Damit das Projekt gelang, bedurfte es aber einer Menge mühsamer Kleinarbeit. In jedem Schwarm mussten Tausende von Bienen einzeln markiert werden, Schwarm und Ausrüstung mussten jeweils während der Wohnungssuche betreut werden, und die Informationen über die einzelnen Tänze (Identifizierungsnummer der Tänzerin, beworbene Stelle und Dauer des Tanzes) mussten manuell aus den Videoaufzeichnungen entnommen werden. Ich hatte das ungeheure Glück, dass Susannah Buhrman mich bei diesem Vorhaben unterstützte, eine äußerst kluge, unermüdliche Studienanfängerin von der Cornell University. Sie erwies sich in dem Projekt als unverzichtbare Partnerin. Den ganzen Sommer 1997 arbeiteten wir zusammen, und wir hatten Erfolg.[12]

Susannah und ich beobachteten die Willensbildung bei den Kund-

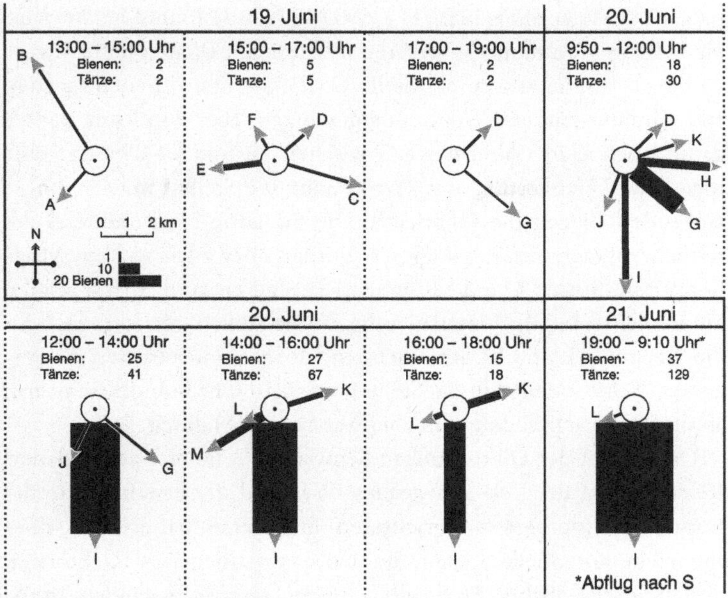

Abb. 21 Tänze der Kundschafterinnen aus dem Schwarm 1, beobachtet von Seeley und Buhrman im Juni 1997. Die Breite der einzelnen Pfeile gibt an, wie viele Bienen insgesamt während des angegebenen Zeitraumes für die jeweilige Stelle Werbung machten. In diesem Schwarm gelangten die Kundschafterinnen sehr schnell zu einer Einigung.

schafterinnen aus drei Schwärmen und zeichneten die Tänze, die jeweils im Rahmen der Entscheidungsfindung aufgeführt wurden, vollständig auf. Abbildung 21 zeigt die Diskussion im Schwarm 1, der sich am 19. Juni um zehn Uhr niedergelassen hatte. Wie man an der Aufzeichnung erkennt, berichteten die Kundschafterinnen zwischen 13 und 15 Uhr erstmals über ihre Entdeckungen, und gegen Abend waren sieben potentielle Nistplätze (A-G) in der Diskussion, von denen aber noch keiner begeistert unterstützt wurde. Am nächsten Tag waren die Kundschafterinnen lebhafter. Bis 12 Uhr waren vier weitere Stellen (H-K) in die Diskussion eingeflossen, und drei Stellen

– G (2200 Meter südöstlich), H (2600 Meter östlich) und I (4200 Meter südlich) – wurden von mehreren tanzenden Bienen befürwortet. Es sah so aus, als würde die Stelle G, für die neun Bienen tanzten, einen immer stärkeren Vorsprung gewinnen, aber dominant war bis dahin noch keine Alternative. Zwischen 12 und 14 Uhr trat eine merkliche Veränderung ein: Jetzt gewann die Stelle I mit 23 von 25 tanzenden Bienen die Oberhand. Die Situation blieb während des restlichen Nachmittags gleich, es wurden aber zwei weitere Möglichkeiten (Stellen L und M) präsentiert, und bis zum Abend zeigten die Bienen nicht nur Unterstützung für die Stelle I, sondern auch für die Stellen K, L und M. Am nächsten Morgen unterstützten die tanzenden Bienen einhellig die Stelle I; um 9.10 Uhr hob der Schwarm ab und flog nach Süden; sein Ziel war zweifellos die Stelle I.

Der Ablauf der Diskussion im Schwarm 1 erinnerte an Lindauers Beschreibung des Eck-Schwarmes. Während der ersten Hälfte des Entscheidungsprozesses berichteten die Kundschafterinnen über zahlreiche potentielle Stellen, die sich in verschiedenen Richtungen und unterschiedlichen Entfernungen vom Schwarm befanden. In der zweiten Hälfte der Debatte konzentrierten sich die Tänze der Kundschafterinnen dann sehr schnell und reibungslos auf nur eine einzige Stelle. Am Ende bestand zwischen den tanzenden Bienen praktisch Einigkeit, und der Schwarm machte sich in Richtung der entsprechenden Stelle auf den Weg. Man sollte darauf hinweisen, dass Abbildung 21 für die einzelnen Zeiträume jeweils die *Gesamtzahl* der Tänzerinnen angibt und nicht nur die Zahl derer, die als Tänzerinnen neu hinzukamen. Wir können deshalb sicher sein, dass der abschließenden Entscheidung dieses Schwarmes ein echter Konsens unter den tanzenden Bienen vorausgegangen war.

Die interessanteste Diskussion unter den Kundschafterinnen beobachteten Susannah und ich im Schwarm 3; hier kam es zu einer heftigen Konkurrenz zwischen zwei Gruppen tanzender Bienen, und über viele Stunden hinweg war nicht klar, welche Fraktion die Oberhand behalten würde (Abb. 22). Dieser Schwarm ließ sich am 19. Juli um 14.30 Uhr nieder, aber erst gegen Mittag des nächsten Tages

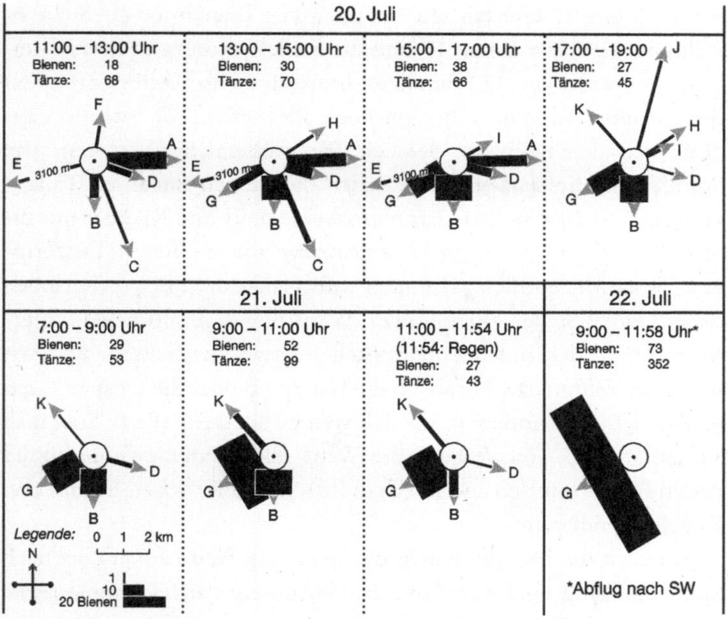

Abb. 22 Tänze der Kundschafterinnen aus dem Schwarm 3, beobachtet von Seeley und Buhrman im Juni 1997. Die Kundschafterinnen in diesem Schwarm gelangten zu einem Konsens, allerdings erst nach längerer Konkurrenz zwischen den Stellen B und G.

machten die Kundschafterinnen erstmals mit ihren Tänzen potentielle Nistplätze bekannt. Zwischen 11 Uhr und 13 Uhr wurde Werbung für sechs Stellen (A-F) gemacht, von denen eine (die 2200 Meter weiter östlich gelegene Stelle A) mit sechs tanzenden Bienen sehr schnell eine führende Stellung erlangte. In den nächsten vier Stunden flossen drei weitere Stellen (G, H, I) in die Diskussion ein, und vier Stellen (A, B, D, G), für die sich jeweils mehrere Bienen aussprachen, kamen in die engere Wahl. Dabei verlor die Stelle A jedoch ihre anfängliche Führungsrolle, während die Stellen B (900 Meter südlich) und G (1400 Meter südwestlich) an Unterstützung gewannen. Zwischen 15 und 17 Uhr tanzten nur noch vier Bienen für die Stelle A, während die Stelle B von 17 und die Stelle G von zehn Bienen unterstützt wurde. Um 17 Uhr sah es so aus, als sei im Wettbewerb unter den Gruppen tanzender Bienen noch alles offen. Die Situation änderte sich aber noch am gleichen Tag während der nächsten zwei Stunden: In dieser Zeit unterstützten die Bienen mit ihren Tänzen zwar noch sieben Stellen, darunter zwei neue (J und K), aber nur die Stellen B und G bekamen Unterstützung von mehreren Tänzerinnen. Susannah und ich erkannten sofort, dass die Fürsprecherinnen dieser beiden Stellen einen großen Vorsprung gegenüber den Unterstützerinnen der anderen neun Stellen gewonnen hatten, und wir schlossen Wetten darüber ab, ob die Gruppe B oder die Gruppe G am nächsten Tag gewinnen würde. Ich wettete auf die Stelle B, Susannah auf die Stelle G. Der Verlierer der Wette sollte dem Gewinner in der neuen Filiale von Ben and Jerry's in Ithaca ein Hörnchen Eis mit drei Kugeln spendieren.

Am nächsten Morgen wuchs die Spannung. Wir kamen kurz nach Sonnenaufgang ins Institut und bauten unsere Aufzeichnungsgeräte auf, bevor die Kundschafterinnen ihre Diskussion wiederaufnehmen konnten. Dann warteten wir gespannt, wer unsere kleine Wette gewinnen würde. In den beiden ersten Stunden, zwischen 7 und 9 Uhr, hatten wir beide noch Hoffnung, denn beide Stellen wurden ungefähr von einem Dutzend tanzender Bienen unterstützt. Ab 9 Uhr jedoch ließ mein Optimismus nach: Die Tänzerinnen, die Susannahs Stelle G befürworteten, verschafften sich einen immer größeren Vorsprung gegenüber den Anhängerinnen meiner Stelle B; zwischen 9 und 11 Uhr betrug das Zahlenverhältnis 32 zu 17, zwischen 11 Uhr und 11 Uhr 54 (als es zu regnen begann) lag es schon bei 20 zu 4. Irgendwie hatten es die Anhängerinnen der Stelle G geschafft, die der Stelle B zu übertrumpfen. Es regnete den ganzen Nachmittag, die ganze Nacht und ungefähr bis 8 Uhr am nächsten Morgen. Kurz nach 9 Uhr nahmen die Kundschafterinnen ihre Tänze wieder auf, und jetzt waren sie sich in ihrer Unterstützung einig: 73 von 73 Bienen sprachen sich für die Stelle G im Südwesten aus. Kurz vor 12 Uhr flog der Schwarm nach Südwesten, und kurz nach zwölf fuhren Susannah und ich zu Ben and Jerry's.

Den Kundschafterinnen bei ihrem Tanzwettbewerb zuzusehen machte viel Spaß, aber noch größer war die Befriedigung bei der Analyse der Diagramme, wie in Abbildung 21 und 22 zu sehen. Wir zeichneten sie viele Wochen später, nachdem wir aus unseren Videoaufzeichnungen – insgesamt 48 Stunden – die notwendigen Informationen zusammengetragen hatten. Die Diagramme vermittelten uns ein kristallklares Bild von den wichtigsten Aspekten des Entscheidungsprozesses. Erstens zeigten sie, dass die Diskussion unter den Bienen in der Regel langsam beginnt; in der ersten Phase werden Informationen zusammengetragen, und die Kundschafterinnen legen eine beträchtliche Zahl breitgestreuter Alternativen »auf den Tisch«. In den drei Schwärmen, die Susannah und ich beobachteten, wurden 13, 5 und 11 Stellen in Erwägung gezogen, die in verschiedenen Himmelsrichtungen und unterschiedlichen Entfernungen (200 bis 4800 Meter) lagen. Die unermüdlichen Kundschafterinnen dieser Schwärme hatten also ein Gebiet von rund 70 Quadratkilometern auf mögliche Wohnorte abgesucht. Die meisten potentiellen Nistplätze wurden während der ersten Hälfte des Entscheidungsprozesses zur Diskussion gestellt, aber wie man an den Stellen L und M im Schwarm 1 (Abbildung 21) erkennt, kommen einige manchmal auch noch später hinzu. Ein Schwarm schafft es sicher nicht, alle Alternativen gleichzeitig zu erkennen, aber wie wir in Kapitel 5 noch genauer erfahren werden, führt diese zeitliche Verschiebung in der Regel nicht dazu, dass Schwärme schlechte Entscheidungen treffen.

Zweitens kann man den Aufzeichnungen der Tänze entnehmen, dass die Diskussion der Kundschafterinnen mit einer Einigung endet: Alle oder nahezu alle tanzenden Bienen befürworten irgendwann nur noch eine einzige Stelle. Deshalb lautet die drängende Frage: Wie verwandelt sich die heftige Konkurrenz zwischen Bienengruppen, die unterschiedliche Alternativen bevorzugen, in eine harmonische Übereinkunft? Oder genauer gefragt: Wie kommt es, dass die Zahl der Tänzerinnen zugunsten einer Stelle (bei der es sich, wie wir in

Kapitel 5 genauer erfahren werden, in der Regel um die beste handelt) zunimmt, während sie für alle anderen Stellen bis auf 0 zurückgeht? Wie die Bienen das mit einigen eleganten Tricks bewerkstelligen, wird in Kapitel 6 genauer beschrieben.

Drittens zeigte unsere Analyse, dass der Entscheidungsprozess bei den Bienen stark dezentral und damit demokratisch abläuft: An ihm sind Dutzende oder Hunderte von Individuen beteiligt. In den drei untersuchten Schwärmen beobachteten Susannah und ich 73, 47 und 149 Bienen, die Tänze aufführten. Mit dieser Zählung schätzt man die typische Zahl tanzender Bienen in einem Schwarm vermutlich noch zu niedrig. Das liegt daran, dass wir ungewöhnlich kleine Schwärme mit nur 3252, 2357 und 3649 Bienen beobachteten, um mit der Aufgabe, alle Bienen einzeln zu markieren, im Rahmen unserer Möglichkeiten zu bleiben. In der Natur bestehen Schwärme meist aus 6000 bis 14 000 Bienen. Der Anteil tanzender Bienen in unseren markierten Schwärmen lag im Durchschnitt bei 2,8 Prozent und ähnelte damit der Angabe von 5,4 Prozent, über die David Gilley bei natürlichen Schwärmen berichtet hatte. Gilley war ein weiterer engagierter Studienanfänger der Cornell University und befasste sich mit der rätselhaften Identität der Kundschafterinnen (mehr darüber im nächsten Abschnitt). Wenn man davon ausgeht, dass sich 3 bis 5 Prozent der Bienen in einem Schwarm an der Tanz-Diskussion beteiligen, können wir schätzen, dass in einem typischen Schwarm von rund 10 000 Bienen etwa 300 bis 500 Individuen am Entscheidungsprozess mitwirken.

Unermüdliche Entdecker

Die Nistplatz-Kundschafterinnen gehen ihrer Tätigkeit jedes Jahr nur an wenigen Tagen nach, in der Regel im späten Frühjahr oder Frühsommer. Deshalb können wir angesichts der kurzen Lebensdauer der Arbeiterinnen – sie liegt in den warmen Monaten des Jahres nur bei 3 bis 5 Wochen – den Schluss ziehen, dass viele Bienengenerationen vorübergehen, ohne dass die Notwendigkeit zur Erkundung neuer Unterbringungsmöglichkeiten besteht. Aber wenn eine Kolonie sich auf den Abflug eines Schwarmes vorbereitet, wird ein kleiner Bruchteil der Arbeiterinnen dennoch als Nistplatz-Kundschafterinnen aktiv. Diese unermüdlichen Entdecker sind die Haupttriebkraft des ganzen Schwarmprozesses. Sie bestimmen darüber, wann der Schwarm seinen Mutterstock verlässt (siehe Kapitel 2), treffen für den Schwarm die lebensentscheidende Wahl der richtigen Nisthöhle, lösen den Abflug des Schwarmes in Richtung des neuen Zuhauses aus (siehe Kapitel 7) und lenken den Schwarm während des Fluges (siehe Kapitel 8). Wer sind diese so ungeheuer wichtigen Bienen? Und was regt sie dazu an, aktiv zu werden?

Bei den Kundschafterinnen handelt es sich offensichtlich um Nahrungssammlerinnen, die ihr Verhalten radikal umgestellt haben und nun nicht mehr nach leuchtend bunten Blüten, sondern nach dunklen Schlupfwinkeln suchen. Der erste Beleg, dass es sich bei den Nistplatz-Kundschafterinnen um umgeschulte Nahrungssammlerinnen handelt, stammte aus einem Experiment von Martin Lindauer.[13] Er siedelte am 11. Mai 1954 ein Bienenvolk an einer Stelle östlich von München an, an der sich flache Felder bis zum Horizont erstreckten und nur wenige Bäume und Häuser potentielle Nistplätze boten. Es gab aber für die Bienen viel Nahrung, und schon nach einer Woche füllten sie die Waben in ihrem Stock mit Brut, Pollen und Honig. Lindauer rechnete damit, dass sie in Kürze schwärmen würden, und tatsächlich löste sich am 27. Mai ein Schwarm von dem Stock. Zehn Tage zuvor, am 17. Mai, hatte Lindauer 250 Meter vom Stock entfernt einen Tisch aufgebaut und darauf eine Fütterungsapparatur mit konzentriertem Zuckersirup (in Honig aufgelöstem Rübenzucker) gestellt. Nach wenigen Tagen sammelten mehr als 100 Bienen aus seinem Stock eifrig Nahrung an der Fütterungsapparatur; diese Individuen markierte er mit Farbflecken, so dass er sie einzeln wiedererkennen konnte. Am 22. Mai stellte er zwei künstliche Nisthöhlen neben den Fütterungstisch: einen traditionellen Bienenkorb aus Stroh und einen hölzernen Bienenstock (Abb. 23). Im Laufe der folgenden Tage

Abb. 23 Lindauers Versuchsaufbau mit zwei künstlichen Nistplätzen und einem kleinen Tisch, auf dem ein mit konzentriertem Zuckersirup gefüllter Fütterungsnapf stand.

beobachtete Lindauer im Verhalten der Bienen, die seine Fütterungsapparatur besuchten, seltsame Veränderungen. Zunächst ließ ihr Eifer beim Nahrungssammeln nach. Eine immer geringere Zahl seiner markierten Bienen unternahm den Ausflug zu der Fütterungsapparatur, und die Besuche derjenigen, die noch kamen, wurden immer seltener. Manchmal saugten sie nur zögernd an dem konzentrierten Zuckersirup. Am Morgen des 25. Mai schließlich stellte Lindauer fest, dass seine Nahrungssammlerinnen nur so taten, als kämen sie zu der Fütterungsschüssel. Sie nippten kurz daran, flogen wieder ab und summten einige Zeit in der Nähe herum. Ein Astloch in einer benachbarten Eiche erregte ihre Aufmerksamkeit, und die gleiche Wirkung hatten auch die beiden von Lindauer eingerichteten künstlichen Nistplätze. Im Laufe des Nachmittags inspizierten sechs seiner markierten Nahrungssammlerinnen (die Bienen Nummer 73, 100, 106, 113, 119 und 156) insgesamt 15-mal den Bienenkorb und achtmal den hölzernen Bienenstock. Es konnte keinen Zweifel geben: Einige Nahrungssammlerinnen waren zu Nistplatz-Kundschafterinnen geworden.[14]

Der zweite Anhaltspunkt, dass es sich bei den Nistplatz-Kundschafterinnen um ehemalige Nahrungssammlerinnen handelt, stammt aus einer Studie von Dave Gilley, jenem begabten Studienanfänger, der als Mitarbeiter in mein Labor kam und sich sehr schnell in die Bienen verliebte.[15] Um an der Cornell University ein Prädikatsexamen zu machen, muss ein Student im Hauptfach Biologie eine Facharbeit auf der Grundlage eigener Forschungsarbeiten schreiben. Dave wandte sich in seinem letzten Studienjahr an mich und fragte, ob er mit einem Bienenprojekt versuchen könne, ein Prädikatsexamen zu bekommen. Er könne, so mein Vorschlag, weiter der rätselhaften Frage nachgehen, welche Bienen zu Nistplatz-Kundschafterinnen werden. Begeistert sagte er zu. Lindauer hatte gezeigt, dass *einige* Kundschafterinnen zuvor Nahrungssammlerinnen gewesen waren. Dave wollte nun wissen, ob *alle* oder *die meisten* Kundschafterinnen einen solchen Werdegang hinter sich haben. Wenn es so war, sollten die Kundschafterinnen zu den ältesten Bienen eines Schwarmes gehören, denn wie man sehr gut weiß, sind Nahrungssammlerinnen auch die ältesten Bienen eines Volkes. Um diese Voraussage zu überprüfen, richtete Dave Anfang Mai 1996 fünf kleine Bienenvölker ein, und vom 5. Mai bis zum 22. Juli fügte er jedem davon alle drei Tage eine Gruppe von 100 Bienen hinzu, die kurz zuvor aus Brutwaben in einem Brutschrank geschlüpft waren (Bienen im Alter von 0 Tagen). Die Bienen dieser Altersgruppen wurden jeweils mit einem Farbtupfer markiert, der angab, zu welcher Gruppe sie gehörten. Während Dave die Kolonien im Laufe der nächsten Wochen mit bunten Bienen füllte, füllten die Bienen ihrerseits ihre Waben mit

Brut, Pollen und Honig. Im Juni und Juli schließlich entließ ein Volk nach dem anderen einen Schwarm. Wenn dieser sich außerhalb des Institutsgebäudes an einer Stelle niedergelassen hatte, suchte Dave geduldig nach farbig markierten Bienen, die Tänze aufführten; jedes Mal, wenn er eine solche Biene beobachtete, notierte er ihr Alter und versah sie mit einer weiteren Farbmarkierung (damit er diese Bienen nicht noch einmal zählte). Wenn er auf diese Weise ungefähr 50 Nistplatz-Kundschafterinnen mit bekanntem Alter gesichtet hatte, sammelte er den ganzen Schwarm ein, betäubte die Bienen mit Kohlendioxid, legte sie in eine Tiefkühltruhe und zählte schließlich unter den toten Bienen die Mitglieder der einzelnen Altersgruppen. Damit konnte er berechnen, welche Altersverteilung er bei den Nistplatz-Kundschafterinnen erwarten würde, wenn sie nach dem Zufallsprinzip zu allen Gruppen bekannten Alters im Schwarm gehörten. Ein typisches Ergebnis aus einem Schwarm zeigt Abbildung 24. Wie man daran erkennt, waren unter den Nistplatz-Kundschafterinnen tatsächlich viel mehr ältere Bienen – das heißt solche im Alter von Nahrungssammlerinnen –, als man erwarten würde, wenn die Kundschafterinnen zufällig aus allen Gruppen mit bekanntem Alter im Schwarm stammen würden. Dieser Befund spricht dafür, dass die Kundschafterinnen zum größten Teil oder sogar ausschließlich aus den Reihen der Nahrungssammlerinnen hervorgehen. Kundschafterinnen wie auch Nahrungssammlerinnen unternehmen von einer zentralen Stelle aus (dem Schwarm oder dem Bienenstock) lange Ausflüge und müssen dann wieder nach Hause finden; man kann sich also leicht vorstellen, dass Bienen, die Erfahrung mit dem Sammeln von Nahrung haben, auch die besten Kundschafterinnen abgeben.

Die Erfahrungen beim Sammeln der Nahrung bereiten eine Biene offenbar gut auf die Sonderaufgabe der Wohnungssuche vor. Das kann aber nicht alles sein, denn viele Nahrungssammlerinnen gehen nie auf die Suche nach Nistplätzen. Heute wissen wir, dass auch bestimmte Gene eine Biene für die Aufgabe der Nistplatzsuche disponieren. Wie Biologen immer wieder bei vielen verschiedenen Tierarten nachweisen konnten, erwachsen Verhaltensunterschiede

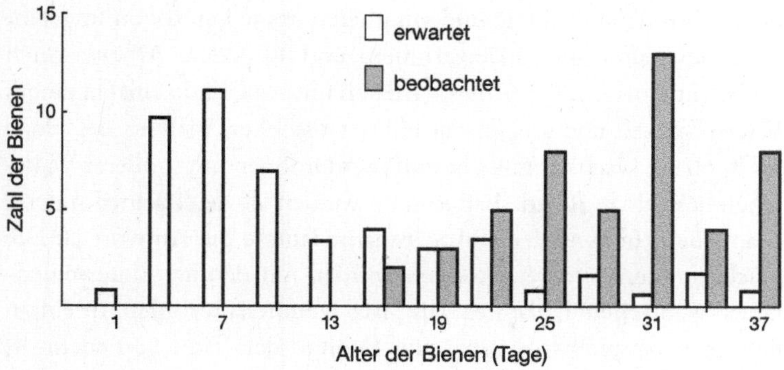

Abb. 24 Altersverteilung von Kundschafterinnen im Vergleich zur Altersverteilung aller Bienen im Schwarm. Die grauen Balken geben die Zahl der Kundschafterinnen in den einzelnen Altersgruppen an. Weiße Balken zeigen, wie viele Kundschafterinnen man erwarten würde, wenn sie nach dem Zufallsprinzip aus dem Gesamtschwarm hervorgehen würden.

zwischen Individuen aus Unterschieden in den Genen wie auch aus der Erfahrung; deshalb ist es nicht verwunderlich, dass sich die Kundschafterinnen in einem Honigbienenschwarm von anderen Bienen nicht nur in ihrer Erfahrung, sondern auch in ihren Genen unterscheiden.[16] Dass eine Biene nur dann zur Kundschafterin werden kann, wenn sie die richtige genetische Ausstattung besitzt, zeigten die beiden Verhaltensgenetiker Gene E. Robinson und Robert E. Page jr., die heute als Professoren an der University of Illinois (Urbana-Champaign) und an der Arizona State University tätig sind.[17] Sie richteten drei Kolonien ein, jede davon unter Führung einer Königin, die man künstlich mit den Samenzellen dreier nicht miteinander verwandter Drohnen (A, B und C) ausgestattet hatte. Die drei Samenspender trugen unterschiedliche genetische Markierungen, so dass die Wissenschaftler bei jeder einzelnen Arbeiterin in der Kolonie feststellen konnten, welche Drohne ihr Vater war. Dann stellten Robinson und Page aus ihren Bienenvölkern künstliche Schwärme her (die Methode wird im Folgenden noch genauer erläutert), stellten diese Schwärme ins Freie und sammelten aus jedem davon ungefähr 40 Kundschafterinnen (Tänzerinnen) und 40 andere Arbeiterinnen (die nicht tanzten).[18] Jede dieser Bienen unterzogen sie einzeln einem Vaterschaftstest und gingen mit Hilfe statistischer Analysen der Frage nach, ob die Nachkommen bestimmter Drohnen mit größerer Wahrscheinlichkeit zu Kundschafterinnen werden als die Töchter anderer Männchen. In zwei der drei Schwärme lautete die Antwort ja: Die Nachkommen der drei Drohnen wurden mit deutlich unterschiedlicher Wahrscheinlichkeit zu Nistplatz-Kundschafterinnen. In einem Schwarm beispielsweise war eine Drohne der Vater von mehr als 60 Prozent der Kundschafterinnen, obwohl er insgesamt nur die Vaterschaft von 20 Prozent aller Arbeiterinnen für sich beanspruchen konnte. Nun stellt sich die Frage, welche Eigenschaften in den Genen dieser Drohne für die Neigung der Töchter sorgten, sich als unternehmungslustige Wohnungssucherinnen zu betätigen und kühn an Orte vorzustoßen, an denen noch keine Biene gewesen war.

Aber auch Nahrungssammlerinnen, deren Gene das Erkundungsverhalten begünstigen, übernehmen die Sonderrolle der Wohnungssuche natürlich nur dann, wenn die Kolonie einen Schwarm bildet. Woher wissen diese Bienen, wann der Zeitpunkt gekommen ist, um von der Tätigkeit als Nahrungssammlerinnen zu der als Kundschafterinnen zu wechseln? Ein Hinweis zur Beantwortung dieser Frage ergibt sich aus den Voraussetzungen, die wir Menschen erfüllen müssen, wenn wir wie Gene Robinson und Rob Page im Rahmen einer experimentellen Studie einen künstlichen Schwarm aufbauen wollen. Grundsätzlich geht es darum, dass man eine Königin und ein Gefolge aus Arbeiterinnen heimatlos, aber nicht hungrig macht. Zu diesem Zweck sucht man zunächst in einem Bienenstock, bis man die Königin gefunden hat; dann setzt man sie unbeschadet in einen »Königinnenkäfig« von der Größe einer Streichholzschachtel. Als Nächstes schüttelt man einige tausend Arbeiterinnen von den Waben des Stockes durch einen großen Trichter in einen »Schwarmkäfig«, der so groß ist wie ein Schuhkarton; Boden, Oberseite sowie Vorder- und Rückwand dieses Käfigs bestehen aus Holz, die Seitenwände dagegen sind mit Fliegengitter versehen und ermöglichen den Luftaustausch. Nun setzt man den Königinnenkäfig in den Schwarmkäfig, so dass die Arbeiterinnen ihre Königin wiederhaben, und schließt den Deckel des Schwarmkäfigs – die Bienen sind also gefangen. Die Bienen in dem Käfig füttert man reichlich, indem man mit einem Pinsel Zuckersirup auf das Fliegengitter an den Seiten streicht. Man muss die Bienen unbedingt so lange füttern, bis sie gesättigt sind, und dann muss man sie mehrere Tage in diesem Zustand halten. Wenn man das nicht tut und die Arbeiterinnen aus dem Käfig schüttelt, so erkennt man, dass die Arbeiterinnen sich aus Bequemlichkeit da sammeln, wo man die Königin (die immer noch im Königinnenkäfig gefangen ist) abgesetzt hat, aber es ist nicht zu beobachten, dass Kundschafterinnen aktiv werden. Solche Fehlschläge habe ich aus erster Hand miterlebt. Als ich zum ersten Mal künstliche Schwärme herstellen wollte, beging ich manchmal den Fehler, den Schwarm zu Anfang nicht ausreichend zu füttern. Dann saß ich tagelang daneben, wartete, dass die Kundschafterinnen mit ihren Tänzen begannen, und wunderte mich, dass nichts geschah. Eine Nahrungssammlerin verwandelt sich offenbar nur dann in eine Nistplatz-Kundschafterin, wenn ihr Magen über mehrere Tage hinweg mit Nahrung gefüllt war.

Die Verwandlung von der hungrigen Nahrungssammlerin zur satten Kundschafterin beobachtete Lindauer bereits in der zuvor beschriebenen Studie im Mai 1954.[19] Seine Kolonie befand sich damals in einem Beobachtungs-Bienenstock mit gläsernen Wänden, so dass Lindauer das Verhalten der Nahrungssammlerinnen sowohl innerhalb als auch außerhalb des Stockes beobachten konnte. Als er am 17. Mai 250 Meter vom Stock entfernt seine Zuckerwasser-Fütterungsapparatur aufbaute, stand in der Natur wenig Nahrung zur Verfügung, und die Bienen, die seine Fütterungsapparatur gefunden hatten, tanzten sehr lebhaft, nachdem sie mit Zuckersirup beladen nach Hause gekommen waren. Während der nächsten Tage markierte er an der Fütterungsapparatur mehr als 100 Nahrungssammlerinnen. Vom 22. Mai an jedoch lieferten die Blüten der Rosskastanien (*Aesculus hippocastanum*) reichlich Nektar, und wenn Lindauers Nahrungssammlerinnen nun nach Hause kamen, fanden sie im Stock kaum noch Bienen, die ihnen ihre Zuckersirupladung abnahmen. Heute ist das Prinzip gut bekannt: Wenn Nahrungssammlerinnen bei ihrer Rückkehr Schwierigkeiten haben, ihren Nektar abzuladen, verlieren sie die Lust am Tanzen und Sammeln.[20] Unter den extremen Bedingungen einer großen Kolonie, deren Waben mit Brut und Nahrung gefüllt sind (so dass die Schwarmbildung bevorsteht), haben die Sammlerinnen höchstwahrscheinlich keine Möglichkeit mehr, ihren Nektar abzugeben, und deshalb bleiben sie mit prallgefülltem Magen zu Hause. Diese erzwungene Inaktivität regt vielleicht manche Sammlerinnen, die von ihrer Veranlagung her unternehmungslustig sind, zur Verwandlung in Nistplatz-Kundschafterinnen an. Lindauers nächste Beobachtung halte ich für äußerst aufschlussreich: Ein paar Tage nachdem er erstmals festgestellt hatte, dass seine zuvor so aktiven Sammlerinnen entweder im Bienenstock oder in dem »Bart« aus Bienen vor dem Eingang untätig herumsaßen, konnte er sehen, wie einige seiner markierten Sammlerinnen nicht mehr die Fütterungsapparatur frequentierten, sondern neue Nistplätze erkundeten. Solche Einzelfallberichte waren ein hervorragender Ausgangspunkt für eine experimentelle Untersuchung, mit der wir eindeutig klären wollten, ob der ständig gefüllte Magen als solcher die Sammlerinnen dazu veranlasst, Kundschafterinnen zu werden, oder ob irgendein anderer Faktor in Verbindung mit der erzwungenen Untätigkeit die Ursache ist. Studenten, aufgepasst!

5. Einigung auf die beste Stelle

Liebeshändel enden oft
Mit angenehmer Einigkeit.[1]

John Milton,
Samson Agonistes, 1671

Im vorangegangenen Kapitel haben wir erfahren, wie die Streitigkeiten zwischen den Bienenkundschafterinnen ähnlich wie Konflikte zwischen verliebten Menschen oftmals »mit … Einigkeit« enden. Jetzt werden wir sehen, wie »angenehm« die Übereinkünfte sind, zu denen die Bienen gelangen. Die Frage lautet: Haben sich die Bienen, die zu einer Einigung über ihr neues Zuhause gelangen, mit großer Wahrscheinlichkeit für die beste Stelle entschieden? Die Antwort lautet: ja! Bevor wir uns aber ansehen, welche Belege dafür sprechen, dass ein Schwarm in der Regel den besten der vielen von den Kundschafterinnen entdeckten potentiellen Nistplätze auswählt, wollen wir uns mit der Struktur der Fragestellung befassen, vor der die wohnungssuchenden Bienen stehen. Anschließend können wir besser einschätzen, warum ein Honigbienenschwarm ein demokratisches Entscheidungsgremium ist.

Ein Bienenschwarm, der eine Nisthöhle auswählen muss, steht vor einer ähnlichen Entscheidung wie ein Mensch, der sich seinen Wohnort aussucht. Es ist eine komplizierte Entscheidung: Zur Wahl stehen zahlreiche Alternativen (zum Beispiel Häuser oder Wohnungen), von denen jede zahlreiche Eigenschaften hat (zum Beispiel Umgebung, Zahl der Zimmer und so weiter). Und wie bei allen Entscheidungsprozessen, so ist auch hier die Suche nach einer Lösung ein zweistufiger Prozess: Zuerst muss man die möglichen Alternativen erkennen und dann zwischen ihnen wählen. Im Idealfall kennt der Entscheider alle Alternativen mit sämtlichen Eigenschaften, berechnet im Licht dieser Eigenschaften den Wert jeder Alternative und wählt dann rational diejenige mit dem höchsten Wert aus. Das alles würde zu einer optimalen Entscheidung führen. In der Praxis kommt es jedoch kaum zu einem solchen optimalen Entscheidungsprozess: Entscheider müssen Aufwand in Form von Zeit, Energie und anderen Ressourcen betreiben, um sich Informationen zu beschaffen und sie zu verarbeiten, und dieser Aufwand verhindert meist, dass alle relevanten Informationen in die Entscheidung einfließen. Wer beispielsweise in einer Großstadt nach einer Wohnung sucht, müsste übermäßig viel Zeit, Geld und geistige Anstrengung aufwenden, um sich einen Überblick über den gesamten Markt der verfügbaren Mietimmobilien zu verschaffen, sie alle zu bewerten und dann die optimale Wahl zu treffen.

Entscheidungsträger verfügen aber weder über unendlich viel Zeit noch über unbegrenzte Ressourcen und Verstandeskräfte. Deshalb haben Psychologen und Wirtschaftswissenschaftler erkannt, dass Entscheidungen in der Realität mittels vereinfachter Auswahlmechanismen getroffen werden, das heißt durch eine *Heuristik* – häufig spricht man von begrenzter Rationalität.[2] In der Regel gehört dazu eine Verringerung der Breite und/oder Tiefe der Überlegungen, die ein Entscheidungsträger im Hinblick auf die Alternativen anstellt. Ein Beispiel ist die Entscheidungsheuristik des *Satisficing*: Man vermindert die Bandbreite der Suche nach Alternativen.[3] Um das Verfahren abzukürzen, legt man eine Schwelle für die Hinnehmbarkeit fest und beendet die Suche nach Alternativen, sobald man eine gefunden hat, die über dieser Schwelle liegt. Stellen wir uns beispielsweise vor, jemand ist gerade in eine weitentfernte Stadt gezogen, sucht nach einer Wohnung und kann den Mietmarkt nicht umfassend absuchen, weil er sofort in der neuen Firma mit der Arbeit beginnen muss. Wenn jemand in einer solchen Situation die erste annehmbare Wohnung mietet, obwohl sie mit ziemlicher Sicherheit nicht die bestmögliche ist, hat er sich der Satisficing-Heuristik bedient. Bei einer anderen Entscheidungsheuristik, die als *elimination by aspects* oder kurz EBA bezeichnet wird, verringert man die Tiefe der Entscheidungsfindung. Wer mit dieser Heuristik eine Wohnung finden will, entscheidet zuerst, welche Eigenschaft am wichtigsten ist (beispielsweise die Entfernung zum Arbeitsplatz), setzt sich dann eine Grenze (beispielsweise eine Fahrzeit von nicht mehr als 20 Minuten) und schließt dann alle Wohnungen aus, die außerhalb dieser Grenze liegen. Den Prozess wiederholt man mit einer Eigenschaft nach der andern (nicht mehr als 1000 Euro pro Monat; ein Park zum Joggen in einer Entfernung von höchstens fünf Querstraßen), bis man entweder eine Wahl getroffen hat oder bis das Spektrum der Möglichkeiten so weit eingeengt ist, dass man die verbliebenen Alternativen gründlich bewerten kann. Auch wer so vorgeht, entscheidet sich vermutlich nicht für die beste Wohnung – eine Unterkunft mit einer Fahrzeit von 22 Minuten wird auch dann nicht berücksichtigt, wenn die Miete niedrig ist und ein schöner Park in der Nähe liegt –, aber Zeit, Aufwand und geistige Anstrengung für die Wohnungssuche wurden mit Sicherheit reduziert.

Menschen und andere Tiere greifen bei ihren Entscheidungen in der Regel auf ein ganzes Arsenal solcher Heuristiken zurück. Deshalb ist es bemerkenswert, dass ein Honigbienenschwarm sich nicht solcher Abkürzungen bedient, sondern sich vor der Auswahl einer neuen Unterkunft einen umfassenden, genauen Überblick über den gesamten Bienenwohnungsmarkt verschafft. Wie wir in Kapitel 4 erfahren haben, trifft der Schwarm seine Entscheidung erst, nachdem die Kundschafterinnen zahlreiche Nistplatz-Alternativen entdeckt und diese unter Berücksichtigung vieler Aspekte besichtigt haben. In den großen, natürlichen Schwärmen, die Martin Lindauer untersuchte, lag der Durchschnittswert für die Zahl potentieller Stellen, über die Kundschafterinnen eines Schwarmes berichteten, bei 24 (Spannbreite von 13 bis 34), und selbst in den kleinen, künstlichen Schwärmen, mit denen Susannah Buhrman und ich uns beschäftigten, lag dieser Mittelwert noch bei 10 (Spannbreite 5 bis 13). Und wie in Kapitel 3 erwähnt wurde, wird jeder potentielle Wohnort unter Berücksichtigung von mindestens sechs Eigenschaften beurteilt, darunter das Volumen des Hohlraumes, die Höhe des Einganges über dem Boden und die Größe des Einganges. Ein Honigbienenschwarm bedient sich also einer ungewöhnlich raffinierten Strategie, durch die nahezu alle Informationen, die für die Wahl eines neuen Nistplatzes von Bedeutung sind, in die Entscheidung einfließen. (Was es dabei allerdings zu beachten gilt: Auch ein Honigbienenschwarm ist nicht allwissend; er schickt zwar Hunderte von Kundschafterinnen aus, die nach potentiellen Nisthöhlen suchen, auch diese Bienen entdecken aber vermutlich nicht alle verfügbaren Nistplätze.) Der Schwarm kann bei der Wohnungssuche so gründlich vorgehen, weil seine demokratische Organisation die Möglichkeit schafft, die Leistungsfähigkeit zahlreicher kooperierender Individuen auszunutzen und kollektiv die beiden grundlegenden Teile des Entscheidungsprozesses zu vollziehen: die Beschaffung von Informationen über die Alternativen und ihre Verarbeitung zum Zweck der Entscheidungsfindung. Als Nächstes wollen wir uns ansehen, welche Belege dafür sprechen, dass die Honigbienendemokratie tatsächlich zu nahezu optimalen Entscheidungen gelangt.

Die beste von N?

Um herauszufinden, ob sich die Kundschafterinnen eines Schwarmes in der Regel auf die beste verfügbare Stelle einigen, reichte es nicht aus, ihre Tänze auf dem Schwarm zu beobachten. Ich musste ihnen vielmehr gezielt eine ganze Reihe künstlicher Nistplätze unterschiedlicher Qualität zur Verfügung stellen, und das in einer Region, in der es keine natürlichen Nistplätze gab. Nur dann würden die Kundschafterinnen ihre Aufmerksamkeit auf meine künstlichen Wohnorte richten. Mit einem solchen Experiment konnte ich herausfinden, ob die Kundschafterinnen eines Schwarmes aus mehreren Alternativen regelmäßig die beste auswählen – Biologen sprechen hier von einem Best-of-n-Ansatz – oder ob sie in Wirklichkeit nicht zu einer solchen optimalen Entscheidung gelangen.

Man kann sich verschiedene Gründe vorstellen, aus denen die Wahl eines Schwarmes nicht auf das bestmögliche neue Zuhause fällt. Wie wir in Kapitel 4 erfahren haben, bringen die Kundschafterinnen nicht alle potentiellen Stellen zur gleichen Zeit in die Diskussion ein, sondern dieser Prozess zieht sich über Stunden oder sogar über mehrere Tage hin. Kommt die beste Stelle zufällig erst in einem späten Stadium der Debatte ins Spiel, gelingt es ihren Anhängerinnen unter Umständen nicht mehr, die Fürsprecherinnen einer schlechteren Stelle zu überstimmen, die frühzeitig präsentiert wurde und sich großer Unterstützung erfreut.[4] Vielleicht kommt die beste Alternative auch schon zu Beginn »ins Gespräch«, aber sie verliert, weil die Bienen ihre hohe Qualität nicht ausreichend bekanntmachen. (Wie die Kundschafterinnen mit dem Schwänzeltanz über die Qualität einer Stelle berichten, wird in Kapitel 6 genauer erörtert.) Darüber hinaus gibt es einen weiteren Grund, warum die beste Stelle in der Diskussion der Kundschafterinnen selbst dann unbeachtet bleiben kann, wenn frühzeitig und richtig über sie berichtet wird: Vielleicht ist die Stelle für die rekrutierten Bienen besonders schwer zu finden, beispielsweise weil sie sich in großer Entfernung befindet oder einen versteckten Eingang hat. In beiden Fällen wird es schwierig, ausreichende Unterstützung für die beste Stelle zu finden. Da es so viele Situationen gibt, in denen ein Schwarm nach meiner Einschätzung eine nicht optimale Entscheidung treffen könnte, stellte ich mir die Frage, ob Schwärme eine Best-of-n-Aufgabe tatsächlich so gut lösen. Um das herauszufinden, musste ich ihre Entscheidungsfähigkeiten mit genau kontrollierten Experimenten überprüfen.

15 Liter Mittelmaß

Um diese Versuche in Angriff zu nehmen, kehrte ich im Sommer 1997 nach Appledore Island im Golf von Maine zurück, auf die Insel, auf der ich es 20 Jahre zuvor mit viel Glück geschafft hatte, dass Schwärme sich für künstliche Nistplätze interessierten. In den seither vergangenen Jahren hatte ich die Bienen vor allem in der biologischen Station von Cranberry Lake tief in den bewaldeten Adirondack Mountains im Norden des Bundesstaates New York untersucht, wo es nur wenige Blumen gibt und die Bienen darauf erpicht sind, Nahrung an künstlichen Futterplätzen zu suchen.[5] Die Bienen in den Wäldern des Nordens zu untersuchen war spannend gewesen; jeden Sommer hatten meine Studenten und ich neue Geheimnisse der inneren Funktionsweise eines Honigbienenvolkes gelüftet, insbesondere im Zusammenhang mit der Frage, wie eine Kolonie ihre Nahrung effizient sammeln kann. Außerdem hatte ich es genossen, im kristallklaren Wasser des Sees zu schwimmen, die Nordlichter am mitternächtlichen Himmel leuchten zu sehen und bei den Rufen der Sterntaucher einzuschlafen. Dennoch war ich 1997 bereit, in das leuchtende Sonnenlicht, zu den wilden Möwen, dem üppigen Giftefeu und der belebenden Salzluft von Appledore Island zurückzukehren.

Als Erstes wollte ich herausfinden, wie man einen künstlichen Nistplatz bauen kann, der für die Bienen annehmbar, aber nicht ideal ist.[6] Hatte ich dieses Problem gelöst, konnte ich überprüfen, ob Schwärme zu optimalen Entscheidungen gelangen. Das Experiment war so angelegt, dass ich jeweils einem Schwarm eine Anordnung aus fünf Nistkästen anbot, von denen vier ein annehmbares und einer ein ideales Zuhause darstellten; dann wollte ich beobachten, wie zuverlässig die Schwärme sich für die beste Kiste entscheiden. Aus den Untersuchungen, die ich Mitte der 1970er Jahre zur Nistplatz-Vorliebe der Bienen angestellt hatte, wusste ich bereits, dass Nisthöhlen mit einem großen Volumen (40 Liter) und einem kleinen Eingang (15 Quadratzentimeter) bevorzugt werden. Deshalb wollte ich nun feststellen, ob ich die Qualität eines Nistkastens verändern konnte, indem ich das Volumen des Innenraumes verkleinerte oder den Eingang vergrößerte. Abbildung 25 zeigt, wie ich die Nistkästen konstruierte. Sie hatten stets ein Volumen von 40 Litern, dieses konnte man aber durch Verschieben einer Innenwand auf 20, 15 oder 10 Liter verkleinern. Ebenso konnte ich den Eingang der Kiste von 15 Quadratzentimetern

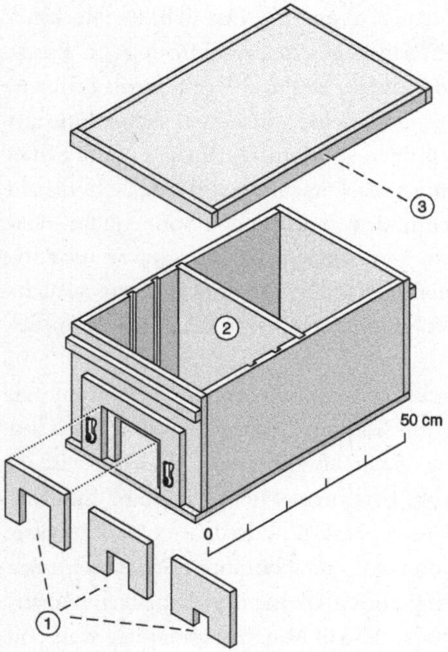

Abb. 25 Aufbau des experimentellen Nistkastens: 1 = Platten zur Verkleinerung des Eingangs; 2 = bewegliche Innenwand zur Veränderung des Hohlraumvolumens; 3 = lichtdichter Deckel.

auf 30 oder 60 Quadratzentimeter vergrößern, indem ich ein anderes »Tor« anbrachte. Entscheidend war, dass die Nistkästen sich nur im Volumen oder in der Fläche des Einganges unterschieden; deshalb stellte ich jeden Kasten in einen offenen Unterstand (siehe Bildteil, Abb. XXI). Die Blechkästen waren alle in der gleichen Himmelsrichtung orientiert, das heißt, sie waren dem Wind, der Sonne, dem Regen und … dem Möwenkot gleichermaßen ausgesetzt.

Anfang August belud ich meinen Kleinlastwagen in Ithaca mit fünf Nistkästen, fünf Unterständen, dem Schwarmständer, den ich für die Videoaufnahmen der Diskussionen zwischen den Kundschafterinnen benutzt hatte, und drei Bienenvölkern zur Herstellung künstlicher Schwärme. Ich fuhr nach Portsmouth in New Hampshire und lud meine Ausrüstung auf die R/V *John M. Kingsbury*, das bewährte Forschungsschiff des Shoals Marine Laboratory. Das Schiff sollte mich und meine 60 000 »Mitarbeiterinnen« von dem Hafenkai in Portsmouth den Piscataqua River hinunter zu den Isles of Shoals bringen, einer vorgelagerten Gruppe von Inseln, von denen Appledore mit seinen knapp 39 Hektar die größte ist. Mein 13-jähriger Neffe Ethan Wolfson-Seeley begleitete mich als Forschungsassistent. Schon bald waren wir unterwegs. Als ich in dem leuchtenden Sonnenlicht stand und die Schönheit der Küste Neuenglands in mich aufsog, war ich begeistert: Ich würde zu einem meiner liebsten Freilandorte zurückkehren, an dem ich einige meiner ersten wissenschaftlichen Entdeckungen gemacht hatte.

Ein wenig erfüllte mich die Aussicht, wieder mit Schwärmen zu experimentieren, aber auch mit Sorge; ich erinnerte mich noch gut daran, wie schwierig solche Versuche selbst auf Appledore Island waren. Man hatte mir erzählt, dass mein Freund Rodney Sullivan, der Hummerfischer, sein Haus verkauft und die Insel verlassen hatte. Würden die neuen Eigentümer mir erlauben, ihren Schornstein mit einem Fliegengitter zu versehen, um so meine Kundschafterinnen abzuschrecken? Ich wusste, dass das Shoals Marine Laboratory während der vergangenen 20 Jahre mehrere neue Unterkünfte und Labors gebaut hatte. Waren diese neuen Gebäude möglicherweise attraktive Nistplätze für die Bienen? Und ich fragte mich auch, ob ich die Nistkästen für mein Experiment richtig konstruiert hatte, so dass ich Volumen und Eingangsgröße richtig einstellen konnte, um einen mittelmäßigen, aber noch annehmbaren Nistplatz zu schaffen. Würde es mit diesen Nistkästen funktionieren? Aber wenig später schwanden meine Sorgen. Ich führte mir vor Augen, dass ich in meinen Studien immer vorangekommen war: Ich musste die Bienen nur genau genug beobachten, aufmerksam auf unerwartete Befunde achten und »fehlgeschlagene« Versuche als Fingerzeig auf bessere Methoden deuten. Mit seiner abgelegenen Lage – 640 Kilometer von der Cornell University entfernt und zehn Kilometer weit draußen im Atlantik – bot Appledore Island mir mit Sicherheit eine großartige Gelegenheit, den Bienen meine volle Aufmerksamkeit zu schenken.

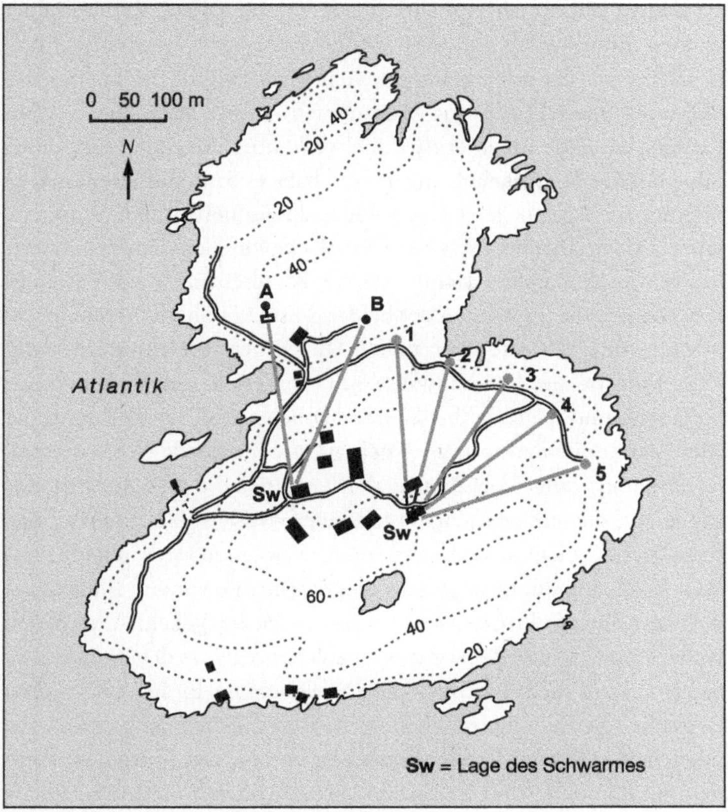

Abb. 26 Die Anlage der Experimente in den Jahren 1997 (zwei Nistkästen, A und B) und 1998 (fünf Nistkästen, 1 bis 5) auf Appledore Island. Die Konturlinien geben die Höhe (in Fuß) über dem Meeresspiegel an. Sw = Lage des Schwarmes.

Schon nach wenigen Tagen hatten Ethan und ich einen Schwarm auf der Terrasse eines Laborgebäudes eingerichtet, und zwei Nistkästen hatten wir an grasbewachsenen Stellen in der Nordhälfte der Insel aufgestellt. Beide waren ungefähr 250 Meter vom Schwarm entfernt, lagen aber in etwas unterschiedlichen Richtungen (Stellen A und B in Abb. 26). Um das Interesse der Bienen zu wecken, hatten wir die

Nistkästen mit einem großen inneren Volumen (40 Liter) und einer kleinen Eingangsöffnung (15 Quadratzentimeter) ausgestattet. Außerdem hatte ich mich bei den neuen Eigentümern des Hauses von Sullivan vorgestellt (die aus Massachusetts kamen und kein Gewehr hatten). Ich hatte ihnen erklärt, ich wolle über ihrer Schornsteinöffnung ein Fliegengitter anbringen, und habe es dann mit ihrer Genehmigung auch getan. Jetzt saßen wir geduldig neben dem Schwarm, sahen zu, wie Bienen auf seiner Oberfläche ihre Schwänzeltänze aufführten, und achteten darauf, was die Kundschafterinnen berichteten. Bienen, die über einen der beiden Nistkästen berichteten, ließen wir in Ruhe; alle, die über andere Stellen berichteten, wurden mit einer Pinzette aus dem Schwarm entnommen, in einen kleinen Käfig gesetzt und später in die Tiefkühltruhe gestellt. Diese Zensur der Bienenkommunikation erwies sich als entscheidende Voraussetzung für unseren Erfolg. Von Zeit zu Zeit tauchte auf dem Schwarm eine Biene auf, die aufgeregt zugunsten einer »wilden« Stelle tanzte, und wenn wir sie nicht schnell entfernten, wäre es zu einer unaufhaltsamen Eskalation des Interesses für diese Stelle gekommen: Bienen, die in ihrem Sinne rekrutiert wurden, wären zurückgekehrt und hätten weitere Bienen rekrutiert. Zu einer solchen Lawine des Interesses an einer von uns nicht beabsichtigten Stelle kam es in diesem Sommer tatsächlich bei drei Gelegenheiten. In zwei Fällen gelang es uns, die fraglichen Stellen zu finden; dazu lasen wir aus den Tänzen der Bienen die Richtung und Entfernung ab, zeichneten die mutmaßliche Stelle auf einer Karte der Insel ein und suchten dann dort nach Kundschafterinnen, die an einer kleinen Öffnung aus und ein gingen. Bei einer Stelle handelte es sich um einen Hohlraum unter einem alten Bretterstapel, die andere war eine kleine Höhle in einer Steinmauer. Beide Stellen machte ich für die Bienen wertlos, indem ich sie öffnete. Beim dritten Mal jedoch scheiterte unser Vorhaben, die Stelle zu suchen und zu zerstören: Zwar stocherten wir stundenlang in der richtigen Gegend herum, nämlich zwischen den drei alten Häusern an der Südküste der Insel. Offensichtlich hatte eine Kundschafterin erstklassigen Wohnraum irgendwo in dem übel aussehenden Dschungel aus Giftefeu hinter diesen Häusern entdeckt, einer Stelle, deren Erkundung wir nicht riskieren wollten. Da wir diesen Platz nicht beseitigen konnten, gelang es uns auch nicht, das brennende Interesse der Bienen daran auszulöschen; es blieb uns also nichts anderes übrig, als den Schwarm mit seinen irregeleiteten Kundschafterinnen zu entfernen und mit neuen Bienen ganz von vorn zu beginnen.

Alle anderen Schwärme konzentrierten sich glücklicherweise mit ihrer Wohnungssuche auf unsere Nistkästen, und dabei lehrten sie uns, wie man einen mittelmäßigen, aber noch annehmbaren Nistplatz schafft.[7] Die erste Lektion lautete: Mit meiner Vermutung, man könne zu diesem Zweck die Eingangsöffnung auf 30 oder 60 Quadratzentimeter erweitern, hatte ich falschgelegen. Wenn wir einem Schwarm einen 40-Liter-Nistkasten mit einem Eingang von 15 Quadratzentimetern anboten, zeigten die Bienen großes Interesse; dies erkannten wir daran, dass sich an dem Kasten schon kurz nach seiner Entdeckung eine Traube von Kundschafterinnen sammelte. Am 10. August 1997 beispielsweise wurde ein solcher Nistkasten kurz vor 13 Uhr gefunden, und um 14.30 Uhr krabbelten und flogen bereits mehr als zehn Bienen um ihn herum. Zweifellos hatten die Kundschafterinnen diesen Kasten als höchst wünschenswert eingestuft und andere Bienen ebenfalls dorthin gelockt. Tatsächlich hatten wir am Schwarm gegen 13 Uhr beobachtet, wie mehrere Bienen den Kasten mit lebhaften Schwänzeltänzen bekanntmachten. Nachdem wir aber den Eingang um 14.30 Uhr auf 60 Quadratzentimeter erweitert hatten, ging die Zahl der Bienen im Umfeld des Kastens stark zurück – um 15 Uhr waren es nur noch eine oder zwei. Dass der Kasten so plötzlich aufgegeben wurde, ließ darauf schließen, dass die Kundschafterinnen sich von ihm nicht mehr anlocken ließen. Um 15 Uhr verkleinerten wir den Eingang wieder auf 15 Quadratzentimeter, und kurz darauf war die Anzahl der Kundschafterinnen rund um die Kiste so groß wie zuvor: Um 16.30 Uhr waren es mehr als zwölf Bienen. Als wir aber den Eingang um 16.30 Uhr wiederum auf 60 Quadratzentimeter vergrößerten, ging die Zahl der Kundschafterinnen erneut zurück, und um 18 Uhr war höchstens noch eine Biene anwesend. Die gleiche Gesetzmäßigkeit beobachteten wir auch am nächsten Tag: Vor einer Kiste mit einem Eingang von 15 Quadratzentimetern sammelten sich immer mehr Bienen, aber schon wenn wir den Eingang auf 30 Quadratzentimeter erweiterten, ging ihre Zahl drastisch zurück. Diese Befunde wurden durch Beobachtungen, die wir einige Tage später an einem zweiten Schwarm anstellten, bestätigt; wir lernten daraus, dass die Kundschafterinnen einen Nistkasten mit einem Eingang von 30 oder 60 Quadratzentimetern als geringwertig oder sogar unannehmbar beurteilen. Gleichzeitig zeigten die Ergebnisse, wie einfach es ist, unter den Kundschafterinnen eines Schwarmes eine Meinungsumfrage durchzuführen: Man braucht nur die Bienen vor den einzelnen Nistkästen zu zählen (siehe Bildteil, Abb. XXIV).

Bei unserem nächsten Versuch, einen Nistplatz mittlerer Qualität herzustellen, verringerten wir das Volumen des Hohlraumes auf etwas weniger als 40 Liter. Dieses Verfahren funktionierte gut. Unser erster Versuch begann damit, dass Kundschafterinnen am späten Nachmittag des 13. August 1997 beide Nistkästen entdeckten. Am nächsten Morgen stellten wir das Volumen bei der einen Box auf 40 und bei der anderen auf 15 Liter ein; die Eingangsöffnung beider Kästen war 15 Quadratzentimeter groß. Wie man in Abbildung 27 erkennt, stieg die Zahl der Kundschafterinnen vor der 40-Liter-Kiste im Laufe des Vormittags stetig an, und am frühen Nachmittag waren es bereits neun Bienen. Zur gleichen Zeit blieb die Zahl vor der 15-Liter-Kiste mit einer oder zwei Bienen niedrig. Es war klar, dass die Kundschafterinnen in der 40-Liter-Kiste einen hochwertigen Nistplatz erkannten. Aber war die Kiste von 15 Litern für sie von mittlerer Qualität, also nicht sehr wünschenswert, aber doch annehmbar? Um festzustellen, ob die Bienen auch die 15-Liter-Kiste annehmen würden, vergrößerten wir um 12.30 Uhr den Eingang der 40-Liter-Kiste auf 60 Quadratzentimeter, um sie damit unannehmbar zu machen; dann beobachteten wir, ob die Bienen nun die 15-Liter-Kiste annehmen würden. Sie taten es tatsächlich! Während die Zahl der Bienen an der 40-Liter-Kiste stark zurückging, stieg sie an der

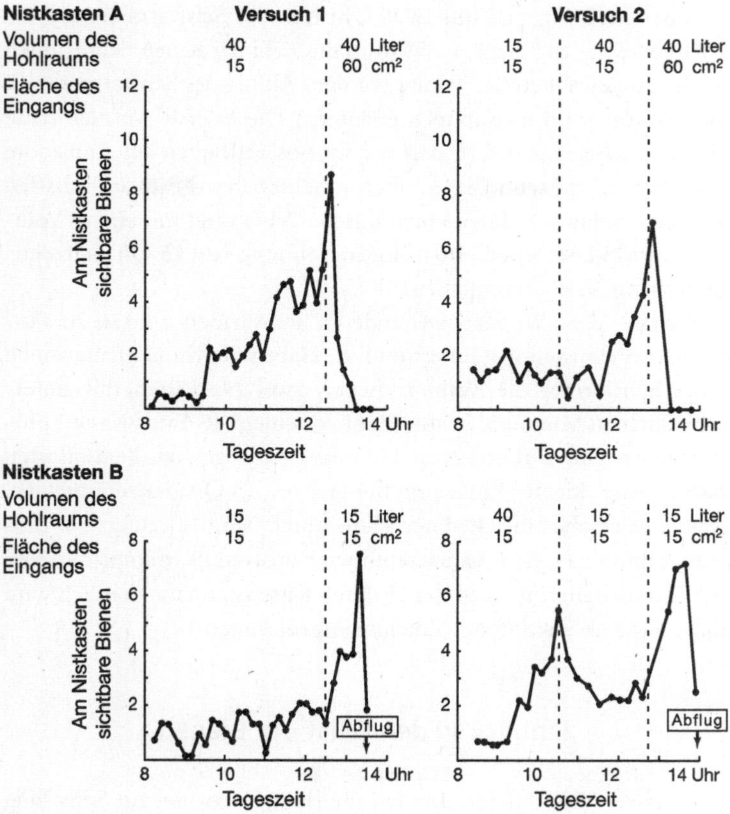

Abb. 27 Die Ergebnisse von zwei Durchgängen eines Experiments, mit dem die Eigenschaften eines Nistplatzes mittlerer Qualität ermittelt werden sollten. Wir präsentierten einem Schwarm jeweils zwei Nistkästen, bei denen wir das innere Volumen und die Eingangsgröße unterschiedlich eingestellt hatten. Das Interesse der Kundschafterinnen an den einzelnen Kästen wurde durch Zählung der dort auftauchenden Bienen gemessen. Gestrichelte senkrechte Linien geben an, wann die Einstellungen an den Kästen geändert wurden.

15-Liter-Kiste an, und um 13.28 Uhr hob der Schwarm ab, um die 15-Liter-Kiste zu beziehen. (Warum die Zahl der Kundschafterinnen an der ausgewählten Stelle kurz vor dem Abflug des Schwarmes stark zurückgeht, wird in Kapitel 8 erläutert.) Dieser erste Versuch hatte also einen Beleg geliefert, dass wir für unsere Bienen auf Appledore Island einen mittelmäßigen, aber annehmbaren Nistplatz schaffen konnten, wenn wir ihnen einen unserer Nistkästen mit einem Volumen von 15 Litern und einer Eingangsöffnung von 15 Quadratzentimetern zur Verfügung stellten.

Weitere Versuche mit zwei anderen Schwärmen führten zu ähnlichen Ergebnissen wie im ersten Fall. Haben die Kundschafterinnen eines Schwarmes die Wahl zwischen zwei Nistkästen mit unterschiedlichem Volumen, ist ihre Zahl vor einem 40-Liter-Kasten größer als vor einem Kasten von 15 Litern, vorausgesetzt, beide Kästen haben eine kleine Eingangsöffnung von 15 Quadratzentimetern. Macht man aber die 40-Liter-Kiste durch Vergrößerung der Eingangsöffnung auf 60 Quadratzentimeter unattraktiv, nimmt die Zahl der Kundschafterinnen an der 15-Liter-Kiste zu, und schließlich wird diese Kiste als zukünftiges Zuhause angenommen.

Einblick in den Geist der Bienen

Ein weiterer Beleg dafür, dass wir die richtige Formel zur Schaffung einer mittelmäßigen, aber annehmbaren Behausung gefunden hatten, ergab sich aus Beobachtungen, die wir nicht an den Nistkästen, sondern am Schwarm selbst anstellten. Dort konnten wir beobachten, wie Kundschafterinnen gleichzeitig Tänze zugunsten der 40-Liter- und 15-Liter-Kiste aufführten (vorausgesetzt, beide hatten einen kleinen Eingang). Welchen Nistkasten die tanzenden Bienen jeweils befürworteten, erkannten wir am Winkel der Schwänzelläufe in ihrem Tanz: Wir hatten die Nistkästen so aufgestellt, dass ihre Richtungen sich um einen Winkel von 30 Grad unterschieden (siehe Abb. 26). (Dabei waren wir den Bienen sehr dankbar, dass sie uns die Mühe ersparten, Kundschafterinnen von den beiden Stellen mit unterschiedlichen Markierungen zu versehen!) Nun weiß man sehr genau, dass eine Biene, die mit ihrem Schwänzeltanz andere Kollegen aus dem Stock zu einer Nahrungsquelle locken will, die Stärke des Tanzes unterschiedlich gestaltet, je nachdem, wie begehrenswert die jeweiligen Blütenstände sind.[8] Eine Biene, die Werbung für Blüten voller süßem Nektar macht, führt beispielsweise einen kräftigen Tanz mit 100 Runden auf, der 200 Sekunden dauert; berichtet sie dagegen über eine spärliche Nektarquelle, besteht der Tanz vielleicht nur aus zehn Runden und dauert nur 20 Sekunden. Wegen dieses Zusammenhanges zwischen dem Wert einer Blüte und der Stärke des Tanzes (Zahl der Tanzrunden) verschafft uns der Schwänzeltanz einen »Einblick« in den Geist einer Biene und insbesondere in ihr Gespür für die Qualität dessen, worüber sie ihren Kolleginnen im Stock berichtet.

Wir gingen davon aus, dass dieser Einblick auch für Bienen gilt, die keine Nahrungsquellen, sondern Nistplätze bekanntmachen, und wollten nun wissen, wie die Bienen, die über die 40- und die 15-Liter-Kiste berichteten, deren Qualität als zukünftiges Zuhause beurteilten. Deshalb zeichneten wir die Tänze, die zwei Gruppen von Kundschafterinnen nebeneinander auf dem Schwarm aufführten, auf Video auf. Die einen berichteten über unseren 40-Liter-Nistkasten, die anderen über den mit 15 Litern. Dass beide Kästen die Kundschafterinnen zum Tanzen veranlassten, war für uns ein Hinweis, dass beide für die Bienen von beträchtlichem Interesse waren. Noch aufschlussreicher aber war, was wir erfuhren, als wir die Videoaufnahmen sorgfältig analysierten und die Stärke der einzelnen Tänze ermittelten. Wie sich dabei herausstellte, berichteten die Bienen über den 40-Liter-Kasten mit lebhaften Tänzen, die im Durchschnitt aus 35 Runden bestanden und 85 Sekunden dauerten; der Bericht über den 15-Liter-Kasten dagegen bestand aus einem schwächeren Tanz mit durchschnittlich 14 Runden und einer Dauer von 45 Sekunden. Diese Beobachtungen sprechen nachdrücklich für die Schlussfolgerung, dass die Bienen unseren 15-Liter-Nistkasten als annehmbare, aber mittelmäßige Behausung einschätzten. Dass sie annehmbar war, erkannten wir daran, dass die Kundschafterinnen überhaupt Tänze für die 15-Liter-Kiste aufführten (wenn ein Nistplatz nicht annehmbar ist, erwartet man, dass die Kundschafterinnen ihn auch nicht bekanntmachen), und das Indiz für die Mittelmäßigkeit besteht darin, dass die Kundschafterinnen nur relativ schwache Tänze zugunsten der 15-Liter-Kiste aufführten.

Das entscheidende Experiment

Auf Appledore Island hatte ich während der sonnigen Tage im August 1997 von den Bienen gelernt, wie ich die Nistkästen für mein Experiment einrichten musste, damit ich dem Schwarm fünf Alternativen für ein neues Zuhause anbieten konnte; vier davon sollten mäßig gute Unterkünfte sein, das fünfte dagegen ein Traumhaus. Ich war jetzt also erpicht darauf, meine Schwärme die beste von fünf Alternativen wählen zu lassen, aber bis ich diese entscheidende Prüfung ihrer Entscheidungsfähigkeiten vornehmen konnte, musste ich leider bis zum nächsten Sommer warten.[9] Die Vorlesungen des Wintersemesters beginnen an der Cornell University in der letzten Augustwoche, und im Herbst jedes Jahres gehöre ich zu einer Dozentengruppe, die eine sehr beliebte Vorlesung über Tierverhalten hält. Ich musste also nach Ithaca zurückkehren und dort meinen Lehrverpflichtungen nachkommen. Außerdem musste ich die besonderen gläsernen Bienenstöcke aufbauen, mit denen wir den Studenten in der Vorlesung zu vermitteln versuchen, wie viel Spaß es macht, das Verhalten der Bienen zu beobachten und darüber zu staunen.

Erst im Juni 1998 fuhr ich wieder nach Appledore Island. Begleitet wurde ich von Susannah Buhrman, die mir schon im Jahr zuvor geholfen hatte, die Diskussionen der Kundschafterbienen zu dokumentieren. Dieses Mal wollten wir die Bienen vor fünf verschiedene Alternativen stellen und damit ihre Entscheidungsfähigkeit überprüfen. Die Durchführung des Versuchs machte es notwendig, dass jeweils zwei Personen zusammenarbeiteten: Einer musste beim Schwarm sitzen und alle Kundschafterinnen beseitigen, die sich mit ihren Tänzen für andere Stellen als die Nistkästen aussprachen (siehe Bildteil, Abb. XXIII), der andere musste sich in der Nähe der Nistkästen herumtreiben, um dort die Kundschafterinnen zu zählen. Wie man in Abbildung 26 erkennt, bauten wir die Nistkästen auf der Ostseite der Insel in einer halbkreisförmigen Anordnung auf, so dass alle ungefähr in der gleichen Entfernung (250 Meter), aber in unterschiedlichen Richtungen (Winkelunterschied jeweils mindestens 15 Grad) vom Schwarm standen. Zu Beginn jedes Versuchsdurchganges stellten wir die Innenwände der fünf Nistkästen so ein, dass einer einen Hohlraum von 40 Litern bot, die anderen einen Innenraum von nur 15 Litern. Dann brachten wir den Schwarm, den wir prüfen wollten, auf dem Schwarmständer an. Wenn er sich zusammengefunden hatte und die Kundschafterinnen auszuschwärmen begannen, überwachte einer von uns die Tänze der Bienen und unterband Berichte über andere Stellen als unsere fünf Kästen. Der andere suchte im Halbstundenrhythmus die fünf Nistkästen auf und zählte dort die Bienen. Wir unternahmen fünf Versuchsdurchgänge mit je einem anderen Schwarm und einem anderen Aufstellungsort für den sehr guten Nistkasten. Man sollte dabei festhalten, dass wir die Lage des sehr guten Kastens nicht durch Herumtragen veränderten; die fünf Kästen blieben vielmehr jeweils an ihrem Ort stehen, und wir veränderten nur das Volumen in ihrem Inneren. In jedem Versuch wurde also eine andere Kiste durch Einstellung auf 40 Liter zur optimalen Alternative gemacht.

Die vollständigen Ergebnisse der fünf Durchgänge dieses Experiments zeigt Abbildung 28. In dem Diagramm ist eingetragen, wie viele Kundschafterinnen während der einzelnen Durchgänge vor den Nistkästen gezählt wurden. Wie man leicht erkennt, fanden die Kundschafterinnen des Schwarmes in sämtlichen fünf Durchgängen alle oder nahezu alle fünf Nistkästen, das heißt, jeder Schwarm kannte die meisten potentiellen Behausungen. Außerdem geht aus der Abbildung hervor, dass die Kundschafterinnen in den einzelnen Versuchen die Nistkästen nicht gleichzeitig fanden – allerdings wur-

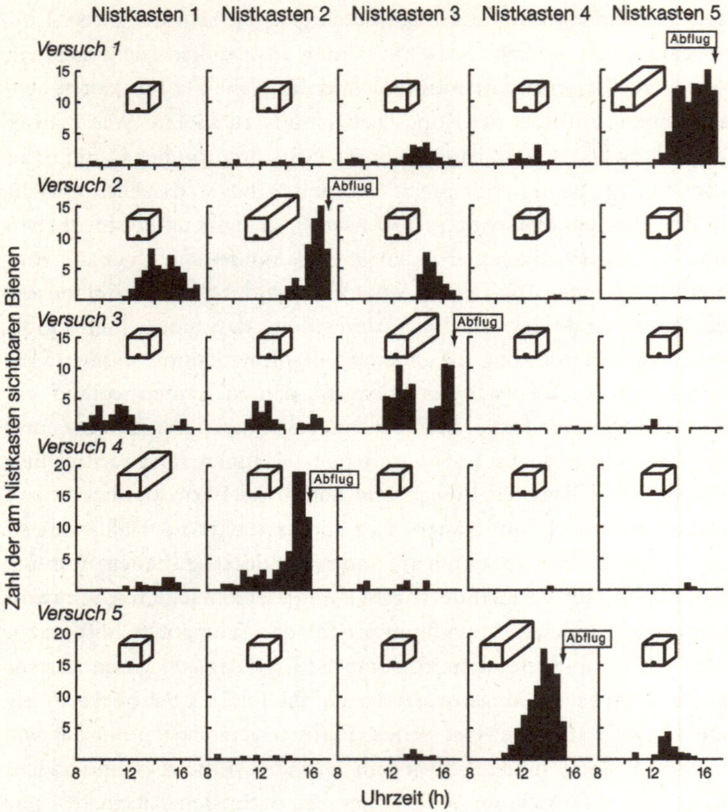

Abb. 28 Ergebnisse von fünf Durchgängen zur Auswahl der besten unter fünf Alternativen.

den alle am gleichen Tag gefunden –, und in keinem Fall fanden sie die beste Kiste zuerst. Im Durchgang 1 beispielsweise sahen wir die Kundschafterinnen schon am Vormittag an den vier mittelmäßigen Nistkästen, aber erst nachmittags hatten sie die hervorragende Kiste gefunden. Außerdem erkennt man, dass sich manchmal an einigen der mittelmäßigen Kästen bereits eine beträchtliche Zahl von Kundschafterinnen gesammelt hatte, bevor eine den hervorragenden Nistplatz fand. Ein gutes Beispiel ist der Durchgang 2: Hier wuchs die Zahl der Kundschafterinnen vor dem mittelmäßigen Nistkasten 1 zwischen 11.30 Uhr und 14 Uhr stetig an, und kurz vor 14 Uhr, als die ausgezeichnete Kiste 2 entdeckt wurde, war sie bereits auf mehr als fünf Bienen gestiegen.

Angesichts der Tatsache, dass der hervorragende Nistkasten nie als Erster gefunden wurde und damit im Rennen um Unterstützung stets im Nachteil war, ist es eine besonders beeindruckende Beobachtung, dass er in vier der fünf Durchgänge (1, 2, 3 und 5) am Ende die meisten Unterstützerinnen hatte und als Nistplatz ausgewählt wurde. Die fünf Schwärme erreichten also in dieser Auswahlprüfung keine perfekte Leistung von 5 zu 5, zeigten aber eine beeindruckende Entscheidungsfähigkeit. Um sie richtig einzuschätzen, kann man überlegen, mit welcher Wahrscheinlichkeit das beobachtete Ergebnis ausschließlich durch Zufall zustande kommen würde. Hätten die Schwärme unter den fünf Nistkästen nach dem Zufallsprinzip ausgewählt, wäre die Wahrscheinlichkeit, dass sie in vier der fünf Versuchsdurchgänge die beste Kiste fanden, mit 0,0064 verschwindend gering gewesen. Mit anderen Worten: Das Ergebnis von vier richtigen Entscheidungen und einer falschen wäre ausschließlich durch Zufall nur in einer von 156 Wiederholungen des Experiments (1/156 = 0,0064) zu erwarten gewesen. Das Ergebnis ist also klar: Der demokratische Entscheidungsprozess führt im Vergleich zum Zufall dazu, dass ein Honigbienenschwarm mit viel größerer Wahrscheinlichkeit den besten der potentiellen Nistplätze, die von den unermüdlichen Kundschafterinnen ausfindig gemacht werden, als zukünftiges Zuhause auswählt.

Ich finde es oftmals nützlich, Fälle zu betrachten, in denen Bienen ein unerwartetes Verhalten zeigen. Dann frage ich mich: »Was sagt mir diese Überraschung?« In unserem Test zur Auswahl unter fünf Alternativen war der Durchgang 4, in dem der Schwarm eine mittelmäßige Stelle wählte, besonders aufschlussreich: Er zeigte, dass die Kenntnisse des Schwarmes über die potentiellen Nistplätze zuerst äußerst brüchig sind und leicht verlorengehen können. Wie man in Abbildung 28 erkennt, veränderte sich die Zahl der Kundschafterinnen in den vier anderen Durchgängen, in denen die Schwärme den besten Platz auswählten, sehr plötzlich in zweierlei Hinsicht: An der hervorragenden Stelle wuchs sie stark an, an den mittelmäßigen Stellen fiel sie stetig ab. Im Durchgang 4 dagegen blieben beide Veränderungen nach der Entdeckung der hervorragenden Stelle aus. Warum? Aus irgendeinem Grund führte keine der beiden Kundschafterinnen, die den hervorragenden Nistkasten entdeckt hatten, einen Schwänzeltanz aus, um damit ihren Fund bekanntzumachen. Dass keine dieser beiden Bienen über ihren Fund berichtete, ist rätselhaft, denn in den Durchgängen 2 und 3 hatten die Bienen, die an der gleichen Stelle (am nördlichen Ende der Reihe) den Nistkasten gefunden hatten, ihren Schwänzeltanz aufgeführt, obwohl sie dort nur eine mittelmäßige Kiste von 15 Litern vorgefunden hatten. Demnach scheint klar zu sein, dass es nicht an der Stelle als solcher lag. Was auch die Ursache gewesen sein mochte, dass die Kundschafterinnen nicht tanzten, nachdem sie im Durchgang 4 von der hervorragenden Stelle zurückgekehrt waren, die Folge lag auf der Hand: Der Schwarm »übersah« den bestmöglichen Nistplatz auf der Insel. Gleichzeitig nahm die Zahl der Kundschafterinnen an einem der mittelmäßigen Nistkästen langsam zu, und schließlich wählte der Schwarm die zweitklassige Behausung aus. Wie man an diesem anormalen Ergebnis erkennt, ist es für den Erfolg des Entscheidungsprozesses von entscheidender Bedeutung, dass eine Kundschafterin nach der Entdeckung eines potentiellen Nistplatzes auch beim Schwarm darüber berichtet; nur so kann diese Stelle zu einer Alternative werden, die im Schwarm diskutiert wird. Wie wir im nächsten Kapitel genauer erfahren werden, sorgt bei den Bienen eine elegante Regel während der Wohnungssuche dafür, dass normalerweise jede akzeptable Alternative, die von den Kundschafterinnen eines Schwarmes gefunden wird, auch in die Diskussion eingeht. Gute Entscheidungen setzen gute Informationen voraus.

Der Schwarm weiß es am besten

Nun kann man die Frage stellen, ob mit dem gerade beschriebenen Experiment tatsächlich nachgewiesen wurde, dass Bienen gute Entscheidungen treffen. Um diese Schlussfolgerung aus einem Experiment zu ziehen, in dem die beste von n Möglichkeiten gewählt wurde, muss man unterstellen, dass ein Hohlraum von 40 Litern mit einem Eingang von 15 Quadratzentimetern tatsächlich einen hochwertigen Nistplatz darstellt, während ein Hohlraum von 15 Litern mit einem Eingang von 15 Quadratzentimetern ein Nistplatz von mittlerer Qualität ist; nur dann verbessert ein Schwarm seine Überlebens- und Fortpflanzungschancen, wenn er den ersten anstelle des zweiten wählt.[10] Mir scheint das eine plausible Annahme zu sein: Warum sollten Honigbienen 40-Liter-Hohlräume im Vergleich zu Höhlen von 15 Litern bevorzugen, wenn die natürliche Selektion eine solche Präferenz nicht begünstigt hätte? Außerdem wurde mit Studien an anderen Tieren – darunter verschiedene Vogelarten, Reptilien, Insekten und Fische – nachgewiesen, dass die Vorliebe für bestimmte Nistplätze den Fortpflanzungserfolg verbessert.

Im Jahr 2002 wollte ich meine Annahme, dass Honigbienenschwärme bei der Suche nach einer Behausung eine gute Wahl treffen und damit besser überleben und sich fortpflanzen können, einer Überprüfung unterziehen. Leider machte diese Prüfung ein Experiment notwendig, bei dem viele Bienenvölker sterben würden: Ich musste die Überlebenswahrscheinlichkeit verschiedener Kolonien vergleichen, von denen manche in bevorzugten, andere in weniger bevorzugten Behausungen lebten. Zu diesem Zweck brachte ich künstliche Schwärme im Frühjahr in Stöcken mit zwei unterschiedlichen Größen unter, ließ sie dann den ganzen Sommer über in Ruhe und überprüfte, ob für die Kolonien der beiden Kategorien im nachfolgenden Winter unterschiedliche Überlebenschancen bestanden. (Wie ich in Kapitel 2 erläutert habe, verhungern in der Natur die meisten Honigbienenkolonien während des ersten Winters.) Jeder Schwarm bestand aus ungefähr 10 000 Bienen, eine Populationsgröße, die für natürliche Schwärme typisch ist. Als Behausungen wählte ich Bienenstöcke, in denen das Bienenwachs entweder an fünf oder an 15 rechteckigen Holzrahmen befestigt war; eine solche Zahl von Rahmen ist auch für die Waben notwendig, die von den Bienen in einem Hohlraum von 15 beziehungsweise 45 Litern gebaut werden. Natürliche Schwärme besiedeln Hohlräume in Bäumen und müssen für den Bau der Waben großen Aufwand betreiben; um meine künstlichen Schwärme vor die gleiche Herausforderung zu stellen, brachte ich sie deshalb in Stöcken unter, in denen nur leere Rahmen vorhanden waren, so dass sie ihre Waben selbst bauen mussten. (Allerdings stattete ich jeden zweiten Rahmen mit einem »Fundament« aus Bienenwachs aus, damit die Bienen ihre Waben fein säuberlich in den Holzrahmen bauten.) In jedem Jahr, in dem ich das Experiment anstellte, setzte ich im Juni die fünf Kolonien jeder Kategorie aus und behielt sie dann über die nächsten zwölf Monate im Auge; so konnte ich sehen, welche von ihnen bis zum nächsten Frühjahr überlebten.

Bis heute habe ich drei Durchgänge des Experiments – in den Jahren 2002/2003, 2003/2004 und 2004/2005 abgeschlossen und dabei das Schicksal von 30 Bienenvölkern verfolgt. Für die Kolonien in den Stöcken mit 15 Rahmen bestand eine Wahrscheinlichkeit von 0,73 (elf von 15 Kolonien), den Winter zu überleben, für die in den Stöcken mit fünf Rahmen lag der gleiche Wert nur bei 0,27 (vier von 15 Kolonien). Die Wahrscheinlichkeit, dass ein derart großer Unterschied der Überlebensraten ausschließlich durch Zufall zustande kommt, ist außerordentlich gering ($p = 0{,}02$). Die Kolonien in den größeren Stöcken überlebten also mit ziemlicher Sicherheit deshalb besser, weil sie einen größeren Honigvorrat anlegen konnten, von dem sie sich während des Winters ernährten. Diese Behauptung kann ich aufstellen, weil ich die einzelnen Bienenstöcke zu Beginn des Experiments im Juni und dann noch einmal im Oktober, nachdem die Bienen wegen starken Frostes das Sammeln von Nahrung für dieses Jahr eingestellt hatten, auf die Waage stellte: Dabei stellte sich heraus, dass die Gewichtszunahme bei den Stöcken der beiden Größen sehr unterschiedlich war – sie betrug im einen Fall 23, im anderen nur 10 Kilo, und der größte Teil davon ist Honig. Und als ich die Waben der Kolonien untersuchte, die während des Experiments zugrunde gegangen waren, stellte ich fast immer fest, dass sie keinen Honig mehr enthielten. Die armen Bienen waren verhungert. Diese aussagekräftige Statistik zum Überleben einer Kolonie als Funktion der Geräumigkeit ihres Stockes ist ein stichhaltiger Beleg dafür, dass die Schwärme tatsächlich über ihren Wohnungsbedarf Bescheid wissen und bei der Auswahl ihres Nistplatzes eine gute Entscheidung treffen. Außerdem macht sie klar, warum Honigbienenschwärme so viel Mühe auf sich nehmen, um ein gutes Zuhause zu finden.

6. Auf dem Weg zum Konsens

Wir verabscheuen Spaltungen auf unseren Treffen und streben Einigkeit an. In der Einigkeit unserer gemeinsamen Gefolgschaft, so glauben wir, werden wir mit der größten Sicherheit den Willen Gottes erfahren.[1]

Society of Friends,
Book of Discipline, 1934

Eine Entscheidung ohne Abweichler. Genau das erwächst in der Regel aus dem demokratischen Entscheidungsprozess, wenn Honigbienen auf die Suche nach einer Behausung gehen. Ehrlich gesagt, finde ich das verblüffend. In den letzten beiden Kapiteln haben wir erfahren, wie die Diskussion unter den Kundschafterinnen eines Schwarmes damit beginnt, dass einzelne Bienen viele potentielle Nistplätze vorschlagen, energisch Werbung für die konkurrierenden Möglichkeiten machen und aktiv neutrale Individuen für die verschiedenen Standpunkte rekrutieren. Das alles führt dazu, dass es auf der Oberfläche eines Schwarmes auf den ersten Blick wie auf einer wilden Tanzparty zuzugehen scheint. Aber aus dem Chaos erwächst nach und nach Ordnung. Die Diskussion endet letztlich damit, dass *alle* tanzenden Bienen ihre Unterstützung für nur *einen* Nistplatz signalisieren, und der ist in der Regel der beste. Wie die Kundschafterinnen im Einzelnen am Ende einer langwierigen Diskussion schließlich zur Einigkeit finden, werden wir in diesem Kapitel erfahren.

Einen Konsens zu erzielen ist manchmal auch in Gruppen von Menschen die Grundlage demokratischer Entscheidungen; das gilt für die Geschworenen bei Gericht, für Zusammenkünfte der Quäker und für Gruppen von Freunden – aber die Regel ist es nicht. Häufiger ist eine Menschengruppe am Ende einer Diskussion, einer Wahl oder eines anderen demokratischen Prozesses in Vertreter unterschiedlicher Vorstellungen gespalten. Wenn es so weit ist, muss die Gruppe auf eine formelle Regel für die Entscheidung zurückgreifen; dann entscheidet beispielsweise die Mehrheit oder eine Gewichtung darüber, welche Wahl angesichts der Meinungsverschiedenheiten getroffen wird. Eine solche Form der Gruppenentscheidung kann man als »Demokratie von Gegnern« bezeichnen, erwächst sie doch aus einer Gruppe von Personen, die widersprüchliche Interessen und unterschiedliche Vorlieben haben. Die Gruppenentscheidung der Bienen in einem Schwarm ist dagegen eine »Demokratie der Einheit«: Die beteiligten Individuen haben übereinstimmende Interessen (die Auswahl des besten Nistplatzes) und gemeinsame Vorlieben (eine kleine Eingangsöffnung und so weiter).[2] Wenn wir also die innere Funktionsweise der Demokratie der Einheit in einem Honigbienenschwarm genauer betrachten, haben wir es mit einem demokratischen Prozess zu tun, der sich faszinierend stark von unserer nur allzu bekannten Demokratie der Gegner unterscheidet. Im weiteren Verlauf des Buches (im Kapitel 10) wird davon die Rede sein, welche praktischen Lehren wir Menschen aus dem Verhalten der Bienen ziehen können, um damit die Entscheidungsprozesse in unseren Gruppen zu verbessern, insbesondere wenn die Mitglieder einer Gruppe – wie die Bienen im Schwarm – gemeinsame Interessen haben.

Die Solidarität, mit der die Kundschafterinnen eines Schwarmes ihre Diskussion beenden, ist für den Erfolg des gesamten Schwarmes von entscheidender Bedeutung. Schließlich gibt es in dem Schwarm nur eine Königin, und wenn alle sich auf den Flug zu ihrem neuen Zuhause begeben, muss der Schwarm ein zusammenhängendes Ganzes bilden, das zu einem einzigen neuen Nistplatz fliegt. Gespaltene Entscheidungen bedeuten Verschwendung und können tödliche Folgen haben. Dies haben wir bereits am Beispiel von Lindauers Balkonschwarm (siehe Abb. 20) erfahren: Wenn ein Schwarm sich in die Luft erhebt, während die Kundschafterinnen noch energisch Werbung für mehrere potentielle Nistplätze machen, gelingt es dem

Schwarm nicht, zu einer der Stellen zu fliegen; er verschwendet also Zeit und Energie. Und wenn der Schwarm während des luftigen Tauziehens zwischen den Anhängern der einzelnen Kundschafterinnen seine Königin verliert, bezahlt er den höchsten Preis und scheitert völlig, denn ohne Königin ist er zum Untergang verdammt. Demnach ist es anscheinend von entscheidender Bedeutung, dass die Kundschafterinnen eines Schwarmes sich auf nur eine der vielen gefundenen Stellen einigen, bevor der Schwarm als Ganzes sich in die Luft erhebt.

Wenn man verstehen will, wie die Kundschafterinnen zur Einigkeit gelangen, ist es nützlich, sich zunächst noch einmal die Berichte über die Diskussion der Kundschafterinnen anzusehen. Betrachten wir beispielsweise die Diskussion des Schwarmes 3, die in Abbildung 22 zusammengefasst ist. An ihr erkennt man zwei auffällige Phänomene, die man erklären muss, um den Weg des Schwarmes zum Konsens nachzuvollziehen. Erstens wächst die Unterstützung für den siegreichen Nistplatz – die Stelle G im Südwesten – auf eigenartige Weise stetig an, bis sie schließlich die Diskussion beherrscht. Am 20. Juli zwischen 13 und 15 Uhr machten nur vier der 30 tanzenden Bienen (also 13 Prozent) Werbung für die Stelle G. Am 21. Juli zwischen 9 und 11 Uhr jedoch sprachen sich 32 der 52 tanzenden Bienen (62 Prozent) für diese Stelle aus. Und am Morgen des 22. Juli, kurz bevor der Schwarm abhob, hatten sich alle 73 tanzenden Bienen (100 Prozent) für die Stelle G entschieden. Diese war vermutlich die beste der elf Stellen, die der Schwarm in Erwägung gezogen hatte, denn Schwärme wählen im Allgemeinen den besten der zur Auswahl stehenden Nistplätze (Kapitel 5). Die erste entscheidende Frage im Zusammenhang mit dem System der Entscheidungsfindung durch Konsens lautet also: Wie kommt es, dass die Unterstützung der Kundschafterinnen für die beste Stelle im Laufe der Diskussion ständig zunimmt?

Als Zweites fällt in Abbildung 22 auf, wie die Unterstützung für alle schlechteren Stellen am Ende dahinschwindet. Manchmal, beispielsweise bei der Stelle A im Osten, geschieht das schnell. Manchmal geht es auch allmählich vonstatten wie im Fall der Stelle B im Süden. Aber früher oder später haben alle Bienen, die einen Tanz zugunsten der schlechteren Stellen aufgeführt haben, ihre Begeisterung verloren und machen dafür keine Werbung mehr. Wie die Unterstützung für die minderwertigen Stellen nachlässt, kann man auch an diesen Stellen selbst beobachten. Abbildung 28 zeigt beispielsweise ein Ergebnis des Experiments mit der besten von n Stellen auf Appledore Island: Die Zahl der Kundschafterinnen an allen Nistkästen mit Ausnahme dessen, der schließlich ausgewählt wird, ist zum Ende der einzelnen Versuchsreihe praktisch auf null gesunken. Die zweite entscheidende Frage im Zusammenhang mit der Methode der Bienen zur Konsensherstellung lautet also: Was ist die Ursache dafür, dass die Unterstützung der Kundschafterinnen für die schlechteren Stellen im Laufe der Diskussion immer schwächer wird?

Lebhafte und lustlose Tänze

Bekanntlich gehören zu einem Schwarm ungefähr 10 000 Arbeiterinnen, von denen einige hundert als Kundschafterinnen auf die Suche nach Nistplätzen gehen. Außerdem wissen wir, dass die Kundschafterinnen eines Schwarmes einige Dutzend potentielle Nistplätze ausmachen, die es verdient haben, mit dem Schwänzeltanz angepriesen zu werden. Jeder potentielle Nistplatz wird ursprünglich von einer einzigen Kundschafterin entdeckt, die ihn zufällig findet, während sie Löcher in Baumstämmen, Ritzen und andere dunkle Stellen auf ihre Eignung als Nisthöhle überprüft. Demnach entdecken nur wenige Dutzend Kundschafterinnen die Stellen, über die während des Entscheidungsprozesses im Schwarm diskutiert wird; die meisten Kundschafterinnen erfahren durch Rekrutierung von einer potentiell geeigneten Stelle und engagieren sich dann für sie. Jede dieser hinzugezogenen Bienen verfolgt einen Tanz, mit dem für eine Stelle Werbung gemacht wird, fliegt hin, lokalisiert die fragliche Stelle und nimmt ihre eigene Bewertung vor. Fällt die Prüfung des vorgeschlagenen Wohnortes zu ihrer Zufriedenheit aus, preist auch sie die Stelle mit ihrem Tanz an, nachdem sie zum Schwarm zurückgekehrt ist.

Angesichts dieser Erkenntnisse über die Bienen können wir die demokratische Entscheidung eines Schwarmes über seine zukünftige Behausung als eine Art Wahl betrachten: Es gibt mehrere Kandidaten (potentielle Nistplätze), konkurrierende Wahlpropaganda (Schwänzeltänze) für die einzelnen Kandidaten, Individuen, die sich für diesen oder jenen Kandidaten engagieren (Kundschafterinnen, die eine bestimmte Stelle unterstützen), und eine größere Zahl von Individuen, die noch neutral sind (Kundschafterinnen, die sich nicht für eine Stelle entschieden haben).[3] Die Kundschafterinnen, die eine Stelle unterstützen, zeigen einen Tanz, mit dem sie neutrale Individuen zu Anhängern ihrer Sache machen. Andererseits können Kundschafterinnen, die sich für eine bestimmte Stelle ausgesprochen haben, auch wieder zu leidenschaftslosen Wählern werden und in die Masse der neutralen Artgenossen zurückkehren. Schematisch kann man den gesamten Entscheidungsprozess als eine Reihe positiver Rückkopplungsschleifen darstellen: Neutrale Bienen werden als Unterstützer für die verschiedenen Stellen rekrutiert, und gleichzeitig »tröpfeln« auch einige Unterstützer zurück in die Menge der neutralen Kundschafterinnen (Abb. 29).

Betrachtet man die Diskussion der Kundschafterinnen unter solchen Gesichtspunkten, ist eines klar: Damit die Unterstützerinnen der besten Stelle am Ende Erfolg haben und die Diskussion beherrschen, muss es ihnen am besten gelingen, Anhänger zu gewinnen, und dazu müssen sie vermutlich bei der Werbung für ihre Stelle den größten Eifer an den Tag legen. Geschieht das? Oder genauer gefragt: Passt eine Kundschafterin, die mit ihrem Schwänzeltanz Werbung für einen potentiellen Nistplatz macht, den Nachdruck ihres Tanzes an die absolute Qualität der von ihr vertretenen Stelle an? Wenn alle Kundschafterinnen sich so verhalten, sollte die beste Stelle tatsächlich durch die überzeugendste Werbung angepriesen werden.

Erste Indizien, dass so etwas tatsächlich geschieht, sammelte Martin Lindauer im Sommer 1953 mit seinen Beobachtungen.[4] Er gründete

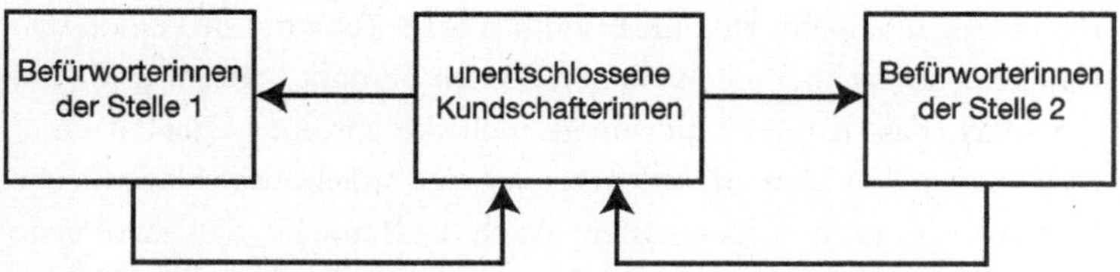

Abb. 29 Mögliche Zustandsänderungen der Kundschafterinnen: unentschlossen, Unterstützerin einer Stelle, wiederum unentschlossen.

in der weiten Moorlandschaft einen künstlichen Schwarm und baute 75 Meter davon entfernt zwei leere Bienenstöcke aus Holz auf. Am ersten Tag des Experiments entdeckten die Kundschafterinnen des Schwarmes sehr schnell die beiden Bienenstöcke, die frei in der windigen Landschaft standen, und gaben ihre Entdeckung mit relativ trägen Tänzen bekannt. Nach und nach sammelte sich an jedem der beiden Bienenstöcke eine kleine Gruppe neugieriger Kundschafterinnen. Am ersten Abend des ersten Tages hatte Lindauer insgesamt 30 Bienen markiert, die zugunsten der beiden Stöcke tanzten. Am zweiten Tag fiel ihm auf dem Schwarm eine besonders lebhafte Tänzerin auf: Sie machte Werbung für eine hübsche unterirdische Höhle, die sich in der Ecke eines kleinen Waldstücks unter einem Baumstumpf befand. Diese Stelle war durch dichtes Buschwerk vollständig vor dem Wind geschützt, hatte eine drei Zentimeter breite Eingangsöffnung und ein Volumen von 30 Litern; innen war es wunderbar trocken, obwohl es in den Tagen zuvor heftig geregnet hatte. Ein ideales Zuhause für Bienen! Normalerweise tötete Lindauer alle Bienen, die Werbung für Stellen in der Wildnis machten, aber an diesem Tag entschloss er sich klugerweise zu einer Ausnahme: Die aufgeregte Biene durfte ihrer Entdeckung weiterhin bekanntmachen. Nach einer Stunde wiesen auch andere lebhafte Tänzerinnen auf den natürlichen Nistplatz hin, und nach einer weiteren Stunde tanzten alle Kundschafterinnen einträchtig zugunsten dieser Stelle. Sie hatte in der Diskussion eindeutig gewonnen.

Dass die Entdeckerin dieser erstklassigen Unterkunft ihren Fund mit einem augenfälligen Tanz bekanntmachte, obwohl sie keinen von Lindauers experimentellen Bienenstöcken besucht hatte, war für ihn ein Indiz, dass Kundschafterinnen auch die absolute Qualität einer Stelle beurteilen können, indem sie auf eine angeborene Skala für die Güte von Nestern zurückgreifen. Auch die Tatsache, dass diese erste Tänzerin und die anderen, die sich später für die Stelle an dem Baumstumpf aussprachen, energischer tanzten als jene, die Werbung für die beiden Bienenstöcke machten, war für Lindauer ein Hinweis, dass der Tanz einer Kundschafterin nicht nur Informationen über die *Lage* einer Stelle liefert, sondern auch über ihre *Qualität*. Seine Beobachtung fasste er so zusammen: »Die lebhaftesten Tänze weisen auf einen Nistplatz der besten Qualität hin; zweitklassige Behausungen werden mit einem lustlosen Tanz bekanntgemacht.«[5]

Die Qualität einer Stelle, dargestellt durch die Stärke des Tanzes

Damit ein Honigbienenschwarm gute Entscheidungen treffen kann, ist er unbedingt darauf angewiesen, dass die Kundschafterinnen mit der Stärke ihres Tanzes etwas über die Qualität der Stellen aussagen, so dass diejenigen, die sich für eine bessere Stelle einsetzen, auch weitere Anhänger anlocken. Aber erst im Sommer 2007 untersuchte ich genauer, wie die Kundschafterinnen, die potentielle Nistplätze erkundet haben, mit ihrem Schwänzeltanz Informationen über deren Qualität liefern. Schon seit Jahren war mir klar, dass Lindauer zu diesem wichtigen Thema nur vorläufige Beobachtungen angestellt hatte; entsprechend wusste ich, dass ich überzeugendere Belege brauchte, aber noch hatte ich gezögert.

Ich ließ diese klaffende Lücke in der Analyse so lange bestehen, weil ich kaum Zweifel an Lindauers Behauptung hatte: Bessere Nistplätze lösen einen stärkeren Tanz aus. Mit Sicherheit stimmte diese Vermutung mit dem überein, was ich hier und da beobachtet hatte. So war mir zum Beispiel oft aufgefallen, dass manche Kundschafterinnen einen längeren und lebhafteren Tanz aufführen als andere. In dem Experiment auf Appledore Island, in dem die Bienen zwischen fünf potentiellen Nistplätzen wählen mussten, hatte ich zugesehen, wie Kundschafterinnen sich nebeneinander mit ihrem Tanz für einen 40-Liter- oder einen 15-Liter-Nistkasten einsetzten (siehe Kapitel 5), und auch dort führten die Bienen, die über den besseren Nistplatz berichteten, einen energischeren Tanz auf.[6] In früheren Studien waren andere und ich selbst der Frage nachgegangen, wie eine Honigbienenkolonie ihre Nahrungssammlerinnen klug zwischen verschiedenen Nektarquellen aufteilt – ein Gruppen-Entscheidungsprozess, in dessen Verlauf die Nahrungssammlerinnen der Kolonie abgestufte Werbung für die verschiedenen Nektarquellen machen müssen; auch dabei hatten wir festgestellt, dass die Zahl der Tanzrunden, die eine solche Biene nach ihrer Rückkehr in den Bienenstock zur Werbung für die Quelle aufführt, umso größer ist, je mehr Nektar die Quelle enthält. Oder kurz gesagt: Je reichhaltiger die Nektarquelle, desto stärker der Schwänzeltanz. Außerdem hatten wir herausgefunden, wie die tanzende Biene die Zahl ihrer Tanzrunden an den Gehalt der Nektarquelle anpasst. Zu diesem Zweck verändert sie zwei Aspekte ihres Tanzes: die Geschwindigkeiten der Tanzrunden (R, Tanzrunden je Sekunde) und den Zeitraum, in dem sie Tanzrunden aufführt (D in Sekunden, siehe Abb. 30). Die Gesamtzahl der Tanzrunden (C) ist das Produkt aus Geschwindigkeit und Dauer des Tanzes ($C = R \times D$). Reichhaltige Nektarquellen lösen also einen lebhafteren (höheres R) und länger andauernden (größeres D) Tanz aus. Diese Beobachtungen an Bienen, die Nektar sammeln, stimmen genau mit Lindauers Bericht überein, wonach die Nistplatz-Kundschafterinnen einen minderwertigen Nistplatz mit einem »halbherzigen Tanz« bekanntmachen, während solche, die von einer besseren Stelle kommen, mit einem lebhaften, lange andauernden Tanz dafür werben.[7]

Im Jahr 2007 jedoch war ich mit meinen Untersuchungen an der Wohnungssuche von Bienen so weit gekommen, dass ich unbedingt handfeste, quantitative Antworten auf die Frage brauchte, wie die Kundschafterinnen in ihrem Tanz die Qualität eines potentiellen

Abb. 30 Bewegungsmuster einer Biene beim Schwänzeltanz. Der Tanz umfasst eine Reihe von Tanzrunden, die jeweils aus einem Schwänzellauf (S) und einem abwechselnd nach rechts und links ausgeführten Rückkehrlauf (R) bestehen. Die Dauer des Schwänzellaufs hängt von der Entfernung des Ziels (Nahrungsquelle oder Nistplatz) ab, die Dauer des Rückkehrlaufs von der Qualität des Ziels. Je wünschenswerter ein Ziel ist, desto kürzer wird der Rückkehrlauf, so das der Tanz lebhafter wirkt.

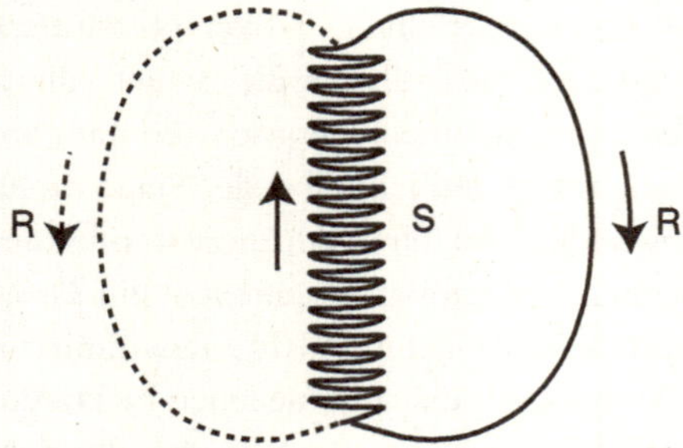

Nistplatzes codieren. Zu diesem Zweck mussten wir unter kontrollierten Bedingungen arbeiten, wie sie auf Appledore Island herrschten. Ich sage »wir«, weil ich mich für dieses Projekt mit zwei Mitarbeitern zusammentat: mit Marielle Newsome, einer Studentin von der Cornell University, und mit Kirk Visscher, einem Verhaltensbiologen von der University of California in Riverside. Marielle hatte bei ihrem Vater die Imkerei gelernt und war für das Aufbaustudium an die University of Michigan gegangen, wo sie das Verhalten von Insekten untersuchte. Sie war höchst erpicht darauf, bei uns mitzuarbeiten. Kirk ist ein langjähriger Kollege; seit der Zeit, als wir beide an der Harvard University studierten, hatten wir schon bei verschiedenen Untersuchungen an Bienen zusammengearbeitet, und er war immer ein Partner gewesen, wie man ihn sich besser nicht wünschen kann: intelligent, geschickt, gutmütig und vom Thema begeistert.

Unser Plan sah vor, dass wir einen künstlichen Schwarm in der Mitte von Appledore Island aussetzten und 250 Meter davon entfernt zwei Nistkästen aufbauten, zwischen denen aber nur ein Abstand von 40 Metern lag. Auf diese Weise würden die Kundschafterinnen des Schwarmes wahrscheinlich beide Kästen mehr oder weniger zur gleichen Zeit finden (siehe Bildteil, Abb. XXIV). Ein Kasten bot eine hochwertige Nisthöhle von 40 Litern, die in dem anderen war mit 15 Litern nur von mittlerer Qualität. Bei den ersten fünf bis sieben Kundschafterinnen, die jeweils bei einem Kasten auftauchten, wollten wir mit einem Datenlogger festhalten, wann sie sich bei »ihrem« Nistkasten aufhielten, und dann wollten wir mit einer Videokamera aufzeichnen, mit welchem Nachdruck sie im Schwarm die Qualität des Nistplatzes bekanntmachten. Wenn wir dann abends die Videoaufnahmen analysierten, würden wir genau sehen, wann die einzelnen Kundschafterinnen tanzten und wie viele Runden ihr Tanz umfasste. Eines ließ dieses Experiment zu Beginn schwierig erscheinen: Um das Verhalten einzelner Kundschafterinnen untersuchen zu können, mussten wir jede Biene einzeln identifizieren, sobald sie bei dem einen oder anderen Nistkasten auftauchte. Ich rechnete damit, dass wir die Schwärme zu diesem Zweck mühsam vorbereiten mussten, indem wir jede Biene individuell markierten (siehe Bildteil, Abb. XX). Schließlich konnten wir nicht im Voraus wissen, welche der vielen tausend Bienen in einem Schwarm sich als Erste an unseren Nistkästen einstellen würden; wir konnten also nicht von vornherein die wenigen ersten Kundschafter-Pioniere markieren.

Für dieses Identifizierungsproblem fand Kirk eine scharfsinnige Lösung. Wie er in einer früheren Studie festgestellt hatte, konnte er an einer Kundschafterin während ihres Besuchs an einem Nistkasten eine Farbkennzeichnung anbringen, ohne sie zu stören. Zu diesem Zweck brachte er über dem Eingang der Kiste ein kleines Insektennetz an, nachdem er gesehen hatte, dass eine Kundschafterin hineingeflogen war und das Innere der Kiste besichtigte. Wenn sie ungefähr eine Minute später wieder herauskam und in das Netz flog, konnte er sie vorsichtig zwischen den Falten des grobmaschigen Netzes festhalten. Dann brachte er durch die Maschen des Netzes hindurch einen Farbfleck auf dem Brustkorb an, wobei er darauf achtete, dass die Farbe nicht die Flügel verschmierte (siehe Bildteil, Abb. XXV). Schließlich ließ er die Biene in der Nähe des Kisteneinganges wieder frei, also genau an der Stelle, an der er sie gefangen hatte. Erstaunlicherweise lassen Kundschafterinnen durch nichts erkennen, dass dieses bizarre Erlebnis – eine echte Entführung durch Aliens – sie beeinträchtigen würde: Sofort nach der Freilassung nehmen sie ihre Untersuchung des Nistkastens wieder auf.[8]

Fast den ganzen Juli arbeiteten wir auf Appledore Island. In sieben Versuchsdurchgängen konnten wir zusehen, wie 41 Kundschafterinnen den 40-Liter- und 37 Kundschafterinnen den 15-Liter-Nistkasten bei ihren Artgenossen bekanntmachten. Dabei fiel uns als Erstes auf, dass die Kundschafterinnen höchstens einige Stunden lang Werbung für die potentiellen Nistplätze machten und dass der Bericht einer einzelnen Kundschafterin sich häufig auf mehrere Besuche zu Hause beim Schwarm verteilte. Diesen Verhaltensaspekt erkennt man in Abbildung 31: Das Diagramm zeigt, was elf Kundschafterinnen berichteten, die wir in einem Versuchsdurchgang am 17. Juli 2007 beobachteten. Die erste Kundschafterin (die mit einem roten Punkt gekennzeichnet war und deshalb den Namen Rot trug) tauchte um 9.33 Uhr an dem 40-Liter-Kasten auf. Ungefähr zehn Minuten lang untersuchte sie den Kasten von innen und außen, dann flog sie zurück zum Schwarm und gab ihre Entdeckung mit einem aufgeregten Schwänzeltanz bekannt, der sechs Minuten dauerte und 162 Tanzrunden umfasste. Anschließend verließ sie den Schwarm, und gegen 10 Uhr wurde sie erneut an dem 40-Liter-Kasten gesichtet; sie verbrachte dort wiederum zehn Minuten und kehrte um 10.10 Uhr zum Schwarm zurück. Jetzt krabbelte Rot ungefähr sechs Minuten über die Oberfläche des Schwarmes, aber dieses Mal führte sie keinen Schwänzeltanz auf. Obwohl sie den Nistkasten von 10.16 Uhr bis 10.26 Uhr ein drittes Mal aufsuchte, hatte sie nur ein einziges Mal einen Tanz aufgeführt: die äußerst begeisterten, hartnäckigen 162 Tanzrunden nach ihrer ersten Rückkehr. Auffällig ist auch, dass Rot den Nistkasten nach 10.30 Uhr nicht mehr aufsuchte. Es war seltsam: Nachdem die Kundschafterin Rot den 40-Liter-Nistkasten entdeckt und ihren Fund mit einem leidenschaftlichen Schwänzeltanz bekanntgemacht hatte, verlor sie innerhalb einer Stunde die Begeisterung, Tänze aufzuführen und den gefundenen, hochwertigen Nistplatz weiterhin aufzusuchen. (Wie und warum Kundschafterin-

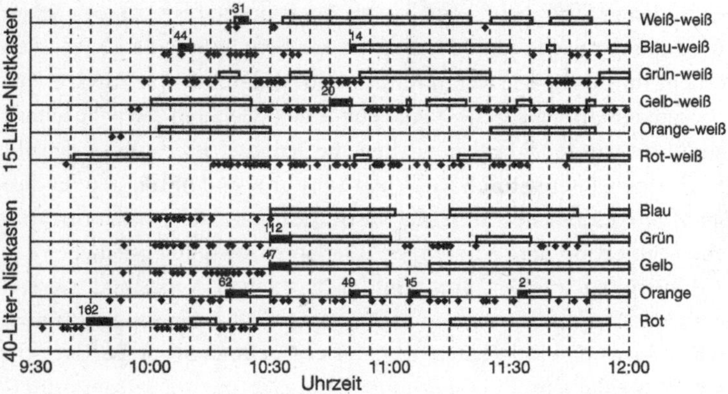

Abb. 31 Aktivität von 11 Kundschafterinnen, die über einen 15-Liter- oder 40-Liter-Kasten berichten. Die schwarzen Rauten auf den Linien geben an, wann die jeweilige Biene am Nistkasten gesehen wurde. Weiße Balken zeigen Aufenthalte auf der Schwarmtraube an, schwarze Balken entsprechen den Phasen des Schwänzeltanzes. Über den schwarzen Balken steht jeweils die Zahl der Tanzrunden.

nen die Werbung einstellen und einen potentiellen Unterschlupf nicht mehr aufsuchen, werden wir im weiteren Verlauf des Kapitels noch genauer erfahren.)[9] Während des restlichen Vormittags wurde Rot mehrmals am Schwarm gesehen; manchmal krabbelte sie langsam herum, meist aber saß sie völlig unbeweglich inmitten der Mehrheit des Schwarmes und war von den anderen, abgesehen von dem leuchtend roten Farbfleck, in nichts zu unterscheiden.

Betrachtet man die Aufzeichnungen der anderen zehn Kundschafterinnen in Abbildung 31, so erkennt man, dass Rots Verhalten typisch war. Ganz gleich, ob eine Biene den hochwertigen 40-Liter-Kasten oder den 15-Liter-Kasten mit seiner mittleren Qualität aufsuchte, die Abfolge ihrer Besuche an dem potentiellen Nistplatz war im Wesentlichen die Gleiche. Jede Biene nahm an der Kiste eine erste Besichtigung vor, die ungefähr 5 bis 35 Minuten dauerte, flog dann zurück zum Schwarm und blieb 5 bis 30 Minuten dort, wobei sie den gefundenen Platz häufig mit einem Schwänzeltanz bekanntmachte; während der nächsten 10 bis 30 Minuten besuchte sie den Nistkasten erneut, um dann wiederum für 5 bis 40 Minuten zum Schwarm zurückzukehren, wobei sie vielleicht einen weiteren Schwänzeltanz aufführte. In der Regel pendelten die Kundschafterinnen ungefähr noch eine weitere Stunde zwischen Schwarm und Nistkasten; in dieser Zeit verloren sie zuerst die Motivation, die Stelle bekanntzumachen, und dann den Wunsch, sie überhaupt noch aufzusuchen.

Unsere wichtigste Erkenntnis nach solchen Versuchen lautete: Kundschafterinnen von dem hochwertigen 40-Liter- und dem mittelmäßigen 15-Liter-Kasten machen die gefundene Stelle mit sehr unterschiedlichem Eifer bekannt, das heißt mit einer sehr unterschiedlichen Gesamtzahl von Tanzrunden; anschließend ziehen sie sich aus dem aktiven Kundschafterdienst zurück. Wie man in Abbildung 32 erkennt, gab es auch zwischen den Bienen jeder Gruppe große Unterschiede, aber im Durchschnitt war die Zahl der Tanzrunden pro Biene bei den Kundschafterinnen von dem 40-Liter-Kasten höher als bei denen von der 15-Liter-Box: Im einen Fall waren es 89, im anderen nur 29 Tanzrunden pro Biene. Demnach scheint klar zu sein, dass diese Kundschafterinnen schon nach ihrem ersten Besuch an einer Stelle über deren Qualität Bescheid wissen: Bei der ersten Rückkehr zum Schwarm machten 76 Prozent (31 von 41) der Kundschafterinnen den 40-Liter-Nistkasten mit einem Tanz bekannt, bei jenen, die den 15-Liter-Kasten gefunden hatten, waren es nur 43 Prozent (16 von 37).

Anfangs waren wir überrascht, dass wir so unterschiedlich energische Berichte über die gefundenen Stellen beobachten konnten, denn wegen dieser großen Spannweite ergab sich in der Verteilung der Tanzstärke für die hochwertige und mittelmäßige Stelle eine starke Überschneidung. Nur im Durchschnitt löst eine hochwertigere Stelle eine höhere Zahl von Tanzrunden aus. Nach einigem Nachdenken wurde uns aber klar, dass sich die Berichte über die einzelnen potentiellen Stellen aus der Sicht des ganzen Schwarmes über viele Kundschafterinnen verteilen. Selbst wenn also einzelne Bienen

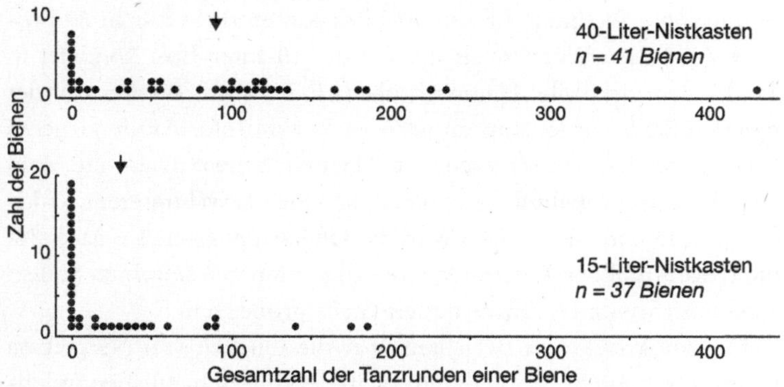

Abb. 32 Zahl der Tanzrunden von Bienen, die über den 15-Liter- und den 40-Liter-Nistkasten berichten. Für jede Biene ist die Gesamtzahl aller Tanzrunden während mehrerer Aufenthalte auf der Schwarmtraube angegeben. Schwarze Pfeile kennzeichnen die Mittelwerte der beiden Verteilungen.

unterschiedlich energisch über die Qualität einer Stelle berichten, kann der Schwarm daraus eine eindeutige Information ableiten. Mit anderen Worten: Auf der Ebene der Gruppe besteht ein großer Unterschied in der Stärke der Propaganda für Alternativen, die sich in ihrer Qualität unterscheiden. Dass Berichte auf der Ebene des Schwarmes den Einzelberichten überlegen sind, kann man sich folgendermaßen klarmachen: Wenn man nach dem Zufallsprinzip aus jeder der beiden in Abbildung 32 gezeigten Verteilungen den Bericht einer einzelnen Biene betrachtet, die Zahl der Tanzrunden in diesen beiden Berichten vergleicht und diesen Vergleich immer und immer wieder wiederholt, so stellt man fest, dass die Werbung für den 40-Liter-Kasten in 80 Prozent der Fälle energischer ausfällt als die für den 15-Liter-Kasten. Demnach berichtet eine einzelne Kundschafterin über die bessere Stelle nicht immer energischer als eine andere über den schlechteren Nistplatz. Wenn man aber aus jeder der beiden Verteilungen die Berichte sechs zufällig ausgewählter Bienen betrachtet, die Zahl der Tanzrunden in jeder dieser beiden Sechsergruppen zusammenzählt und dann das Gleiche immer wieder tut, so stellt man fest, dass die Werbung für den 40-Liter-Kasten nicht nur in 80 Prozent der Fälle stärker ist als die für die 15-Liter-Box, sondern in 100 Prozent der Fälle! Demnach überbringen sechs Bienen von der besseren Stelle gemeinsam immer eine bessere Information als sechs Bienen von dem schlechteren Ort.[10] Hat ein Schwarm also die Wahl zwischen zwei annehmbaren potentiellen Stellen wie unserem 40-Liter- und 15-Liter-Kasten, so wird die Überzeugungskraft – das heißt die Gesamtzahl der Tanzrunden, die zugunsten der einzelnen Stellen aufgeführt werden – für die bessere Stelle größer sein.[11]

Mit den kollektiven Berichten über die Qualität von Nistplätzen ist auf sehr hübsche Weise das Problem der unterschiedlichen individuellen Übermittlung solcher Informationen gelöst: Für jede Möglichkeit machen mehrere Bienen Werbung. Zu Beginn des Entscheidungsprozesses jedoch, wenn die Kundschafterinnen gerade erst auf Entdeckungsreise gegangen sind, potentielle Nistplätze besichtigen und darüber berichten, überbringen jeweils nur wenige Bienen die Informationen über die einzelnen Stellen, das heißt, zu Beginn stellt die starke Streuung ein ernstes Problem dar. Besonders groß ist die Gefahr von falschen Entscheidungen, die sich aus den starken Schwankungen der einzelnen Berichte ergeben, wenn eine Stelle gerade erst entdeckt wurde: Berichtet die Entdeckerin darüber dann nicht mit einem Schwänzeltanz, findet die Stelle überhaupt nicht erst den Weg in die Diskussion der Kundschafterinnen. Sie entzieht sich der Aufmerksamkeit des Schwarmes, es sei denn, eine andere Kundschafterin findet zufällig dieselbe Stelle und berichtet darüber, was aber sehr unwahrscheinlich ist. Dieses Problem ließe sich dadurch lösen, dass jede Kundschafterin nach Entdeckung einer Stelle darüber berichtet und ihren Fund damit in die Diskussion einbringt. Erstaunlicherweise tun die Bienen offensichtlich genau das. In unserem Experiment stellten Marielle, Kirk und ich fest, dass die beiden Kundschafterinnen, die als Erste die beiden Kästen besuchten, fast immer (mit einer Wahrscheinlichkeit von 0,86) nach ihrer Rückkehr zum Schwarm einen Schwänzeltanz aufführten, während andere, die später an dieselben Stellen kamen – vermutlich weil sie rekrutiert wurden –, den Tanz nur mit einer etwas geringeren Wahrscheinlichkeit (0,55) aufführten. Was die ersten Kundschafterinnen so stark zum Tanzen motiviert, wissen wir nicht. Vielleicht ist es das Erlebnis, selbst die Stelle gefunden zu haben, ohne dass der Tanz einer anderen Biene den Auslöser bildete, oder die Erfahrung einer eigenen Besichtigung. Die Regel, »die Entdeckerin soll tanzen«, ist aber nicht narrensicher.[12] Wie wir bereits in dem früheren Versuch beobachtet hatten, in dem die Schwärme fünf Alternativen hatten (einen Nistkasten von 40 Litern und vier Kästen von je 15 Litern), wählte ein Schwarm nicht die optimale 40-Liter-Option, weil zwei Kundschafterinnen, die den Kasten unabhängig voneinander entdeckt hatten, beide nicht mit Tänzen darüber berichteten (siehe Abbildung 28). Infolgedessen »übersah« der Schwarm die ausgezeichnete Alternative und besetzte eine der mittelmäßigen Stellen.

Und noch ein weiterer wichtiger Aspekt am Verhalten der Bienen erregte im Juli 2007 unsere Aufmerksamkeit: Jede der markierten Kundschafterinnen besuchte nur einen unserer beiden Nistkästen, obwohl die beiden nur 40 Meter voneinander entfernt waren, ein Abstand, den die Bienen im Flug innerhalb von nur zehn Sekunden überbrücken. Diese Anhänglichkeit an eine Stelle ist bemerkenswert, denn sie spricht ebenfalls für Lindauers Vermutung: Wenn eine Kundschafterin einen potentiellen Nistplatz bewertet, schätzt sie die absolute Qualität der Stelle aufgrund eines angeborenen (genetisch festgelegten) Maßstabes ab. Mit anderen Worten: Ihr Urteil gründet sich nicht auf den Vergleich mit anderen Stellen, die sie besucht hat. Da unsere Schwärme von Kolonien abstammten, die in jüngerer Zeit nicht geschwärmt waren, konnten wir sicher sein, dass unsere Bienen keine Erfahrung als Kundschafterinnen hatten, bevor sie nach Appledore Island kamen. Und da wir niemals beobachten konnten, dass eine von ihnen auf der Insel mehr als einen Nistkasten besuchte, konnten wir mit Sicherheit sagen, dass sie die Stellen nicht verglichen. Dennoch tanzten diejenigen, die die hochwertige Stelle besucht hatten, energischer als andere, die an der mittelmäßigen Stelle gewesen waren. Offensichtlich besitzt eine Arbeiterin also sowohl ein angeborenes Wissen darüber, was einen idealen Nistplatz ausmacht, als auch die angeborene Fähigkeit, die absolute Qualität einer besuchten Stelle zu bewerten.[13] Diese Behauptung ist nicht an den Haaren herbeigezogen; wie sich in verschiedenen Studien an Honigbienen-Arbeiterinnen herausgestellt hat, bevorzugt auch eine Biene, die zuvor noch nie eine Blüte gesehen hat, auf ihrer Suche spontan Gebilde mit komplizierter Form, bestimmten Farben (zum Beispiel Violett anstelle von Grün) und bestimmten Düften (blumig anstelle von nicht-blumig). Diese angeborenen Kenntnisse lenken die Aufmerksamkeit einer frischgebackenen Nahrungssammlerin von selbst auf die Blüten.

Schließlich sollte ich darauf hinweisen, dass eine Kundschafterin eine Stelle mit ziemlicher Sicherheit nicht durch bewusstes Denken bewertet. Es handelt sich vielmehr wahrscheinlich um einen unbewussten Vorgang: Ihr Nervensystem führt verschiedene sensorische Reize zusammen, die mit der Größe eines Hohlraumes, der Höhe des Eingangs und Ähnlichem zu tun haben, und leitet daraus ein Gespür für die Gesamtqualität der Stelle ab. Vielleicht fühlt sich die Entdeckung einer angenehmen Baumhöhle für eine heimatlose Kundschafterin ebenso angenehm an wie eine köstliche Mahlzeit für einen hungrigen Menschen.

Die Starken werden stärker

Dass die Unterstützung der Kundschafterinnen für die beste Stelle im Laufe der Diskussion immer größer wird, liegt vor allem daran, dass die Unterstützerinnen der besten Stelle diese am energischsten bekanntmachen. Oder genauer gesagt: Wie wir gerade erfahren haben (Abbildung 32), führen Kundschafterinnen, die von der besten Stelle kommen, im Durchschnitt pro Biene die größte Zahl von Tanzrunden auf. Das gilt nicht nur im Experiment, sondern auch in der Natur. Betrachten wir noch einmal die in Abbildung 22 wiedergegebene Diskussion: Dort behielt die Stelle G im Südwesten die Oberhand, und das vermutlich deshalb, weil sie die beste Alternative war. Während der Diskussion führten Bienen, die sich für die Stelle G aussprachen, im Durchschnitt die größte Zahl von Tanzrunden auf. Ein gutes Beispiel ist die Zeit am 20. Juli zwischen 15 und 17 Uhr, in der eine heftige Konkurrenz zwischen den Stellen A, B, D und G herrschte: In dieser Zeit führte jede Kundschafterin im Durchschnitt 59, 29, 42 und 74 Tanzrunden auf. Ähnlich am nächsten Morgen zwischen 9 und 11 Uhr: In dieser Zeit hatte sich die Konkurrenz bereits auf die Stellen B und G verengt, und die Zahl der Tanzrunden je Kundschafterin lag bei 16 beziehungsweise 42. (Was dabei bemerkenswert ist: Die Bienen tanzten an diesem Vormittag nur halb so energisch wie am vorangegangenen Nachmittag, weil das Wetter über Nacht schlechter geworden war. Am späten Vormittag setzte sogar ein Gewitter ein. Bei kühlem oder stürmischem Wetter geht die Nistplatzsuche von Bienen stets langsamer vonstatten.)

Da die beste Stelle ihre Unterstützerinnen zu dem stärksten Tanz anregt, gelingt es diesen pro Kopf auch am besten, neutrale Kundschafterinnen zu Anhängerinnen zu machen. Und da diese zusätzlichen Anhängerinnen ebenfalls den größten Erfolg haben, wenn es darum geht, wiederum weitere Unterstützer zu gewinnen, wächst der Unterschied in der Zahl derer, die sich für unterschiedliche gute Stellen aussprechen, exponentiell an. Theoretisch sollte also eine Gruppe von Unterstützerinnen am Ende gegenüber allen anderen die Oberhand behalten, und genau das beobachteten wir tatsächlich während der Diskussion der Bienen im Schwarm (siehe Abb. 21 und 22).

Wie so etwas in der einfachen Situation mit zwei Stellen unterschiedlicher Qualität funktioniert, zeigt Abbildung XXVI (im Bildteil). Die hochwertige Stelle rechts, die aufgrund ihrer kleineren Eingangsöffnung reizvoller ist, regt ihre Anhängerinnen dazu an, sie im Durchschnitt mit 90 Tanzrunden bekanntzumachen (wie unser 40-Liter-Nistkasten; siehe Abbildung 32). Die Stelle links hat mit ihrer größeren Eingangsöffnung eine mittlere Qualität und gibt (wie unser 15-Liter-Kasten) bei ihren Unterstützerinnen den Anlass zu durchschnittlich 30 Tanzrunden. Beide Stellen werden gleichzeitig um 10 Uhr jeweils von einer Kundschafterin entdeckt. In den ersten drei Stunden führt die eine Kundschafterin 90 Tanzrunden vor, die andere 30; das Verhältnis der Überzeugungskraft (Gesamtmenge der Werbung) beträgt also 3:1. Wenn wir annehmen, dass insgesamt acht neutrale Kundschafterinnen für die beiden Stellen rekrutiert werden, wobei das Zahlenverhältnis dem Ausmaß der Werbung entspricht, unterstützen um 13 Uhr insgesamt sechs weitere Kundschafterinnen die hochwertige Stelle und nur zwei die mittelmäßige. (Die beiden ersten Kundschafterinnen haben um 13 Uhr ihre Werbung bereits eingestellt und besichtigen wiederum die Stellen.) Was geschieht nun in den nächsten drei Stunden? Die sechs Unterstützerinnen der hochwertigen Stelle führen insgesamt 540 Tanzrunden vor (sechs Bienen mal 90 Runden je Biene), die beiden Unterstützerinnen der mittelmäßigen Stelle bringen es auf insgesamt 60 Tanzrunden (2 Bienen mal 30 Runden). Das Verhältnis der Überzeugungskraft für die beiden Stellen steigt also während dieser zweiten dreistündigen Phase auf 9:1. Wenn nun 20 neutrale Kundschafterinnen für diese Stellen rekrutiert werden (es sind mehr, weil mehr Werbung stattfindet) und wenn ihr Zahlenverhältnis auch diesmal proportional zum Ausmaß der Werbung ist, unterstützen um 16 Uhr bereits 18 Kundschafterinnen die hochwertige Stelle, aber immer noch nur zwei die mittelmäßige. Auch wenn also die Diskussion mit einem Unterstützerverhältnis von 1:1 für die beiden Stellen beginnt, liegt das Verhältnis nach drei Stunden schon bei 3:1 und nach sechs Stunden bei 9:1. Und wenn sich die Diskussion fortsetzt, dauert es nicht mehr lange, bevor die Unterstützerinnen der guten Stelle genau wie in der Natur die Diskussion beherrschen.

Der Weg der Bienen zum Konsens hat aber einen seltsamen Aspekt: Dass die Unterstützerinnen einer Stelle in der Diskussion die Oberhand gewinnen, kann ausschließlich daran liegen, dass pro Kopf eine unterschiedlich starke Werbung für die verschiedenen Stellen betrieben wird. Die Konsensbildung unter den tanzenden Bienen, so könnte man annehmen, müsste es erfordern, dass die neutralen

Kundschafterinnen, die im weiteren Verlauf »bekehrt« werden, auf die unterschiedlich starke Werbung achten und schwächere Tänze, die schlechtere Stellen repräsentieren, ignorieren. In Wirklichkeit brauchen die neutralen Kundschafterinnen aber den Tanz nicht gezielt zu verfolgen. In dem gerade genannten Beispiel werden sie ausschließlich durch das Zahlenverhältnis der Tanzrunden zu Anhängern. Es ist, als würde eine neutrale Kundschafterin einfach über die Oberfläche des Schwarmes schlendern, sich den ersten Tanz ansehen, auf den sie trifft, dann zu einer Anhängerin der durch diesen Tanz bekanntgemachten Stelle werden und schließlich diese Stelle unterstützen. Wir wissen zwar nicht genau, ob sich eine Kundschafterin tatsächlich so verhält, wenn sie den Tanz verfolgt, vieles deutet aber darauf hin, dass sie nicht gezielt den Tanz für bestimmte Stellen beobachtet, sondern sich die Tänze nach dem Zufallsprinzip ansieht.

Der Beleg stammt aus einem Experiment, das Kirk Visscher zusammen mit einem unserer gemeinsamen Freunde anstellte, dem talentierten Arzt und Naturfotografen Scott Camazine, der wie wir ein Honigbienenfanatiker ist.[14] Es fand im Dezember 1995 in der Wüste östlich von Indio in Kalifornien statt, wo es nur wenig große Bäume und damit auch wenig natürliche Nistplätze für Honigbienen gibt. Kirk und Scott richteten jeweils einen künstlichen Schwarm ein und bauten zwei Nistkästen auf, die das Interesse der Kundschafterinnen erregten. Dann markierten die beiden jede einzelne Kundschafterin, die zugunsten eines Nistkastens einen Tanz aufführte, und nahmen während des gesamten Entscheidungsprozesses im Schwarm alle Tänze und ihre Beobachterinnen auf. Anschließend untersuchten sie in den Aufnahmen, welche markierten Tänzerinnen am Ende auch Tänze verfolgten. Dann beobachteten sie, ob diese Bienen gezielt den Tanz zugunsten des Nistkastens verfolgten, den sie zuvor nicht besucht hatten, um auf diese Weise vielleicht Vergleiche anzustellen. Wie sie dabei feststellten, verfolgten die Tänzerinnen andere Tänze für die beiden Nistkästen einfach proportional zu deren Ausmaß. Allem Anschein zufolge taten diese Bienen also nichts Raffiniertes, sondern sie verfolgten die Tänze nach dem Zufallsprinzip.

Die diskutierenden Kundschafterinnen gelangen also offensichtlich mit einer einfachen Methode zu einer Übereinkunft: Je besser der potentielle Nistplatz ist, desto energischer tanzen die Bienen, die ihn unterstützen, und entsprechend effizienter rekrutieren sie zusätzliche Unterstützerinnen. Diese besuchen die Stelle auch selbst und bewerten sie – sie überprüfen also die »Behauptungen« der vorherigen Fürsprecherinnen und verhindern, dass sich ungeprüfte Informationen wie ein Gerücht verbreiten; erst dann führen sie selbst je nach ihrer eigenen Bewertung der Stelle einen mehr oder weniger energischen Tanz auf.[15] Da die positive Rückkopplung (die Rekrutierung weiterer Unterstützerinnen) für die beste Stelle am stärksten ist, dominieren ihre Fürsprecherinnen die Diskussion im Laufe der Zeit immer stärker. Eine vollständige Übereinkunft setzt aber nicht nur voraus, dass die Unterstützung für die beste Stelle stetig wächst, sondern gleichzeitig muss auch die Unterstützung für schlechtere Stellen dahinschwinden. Mit der Frage, wie das geschieht, beschäftigen wir uns als Nächstes.

Das Erlöschen abweichender Ansichten

Wenn eine Gruppe mehrere Möglichkeiten diskutiert und dann zu einer Übereinkunft gelangen soll, müssen alle Individuen, die sich am Anfang für die unterlegenen Möglichkeiten ausgesprochen haben, am Ende ihre Unterstützung für diese Alternativen einstellen und entweder nun die überlegene Möglichkeit unterstützen oder sich völlig aus der Diskussion zurückziehen. Kurz gesagt müssen abweichende Ansichten verschwinden. Dass dies in den Diskussionen unter den Kundschafterinnen auf Honigbienenschwärmen geschieht, haben wir bereits erfahren (siehe Abb. 21 und 22): Jede Biene, die sich mit ihrem Tanz zunächst für eine unterlegene Stelle einsetzt, stellt ihre Tätigkeit am Ende ein; wie das geschieht, wurde aber noch nicht genau beschrieben. In den 1950er Jahren schlug Lindauer sich mit dieser wichtigen Frage nach der Konsensbildung unter den Bienen

Abb. I Eine Bienenwachswabe. Die sechseckigen Zellen sind mit den Pollen verschiedener Pflanzenarten gefüllt.

Abb. II Ein Honigbienenschwarm aus ungefähr 10 000 Arbeiterinnen und einer Bienenkönigin.

Abb. III Der Autor im Jahr 1974 bei einer Pilotstudie an einem Schwarm auf Wohnungssuche.

Abb. IV Die Königin ist größer als die sie umgebenden Arbeiterinnen, die sie füttern und pflegen.

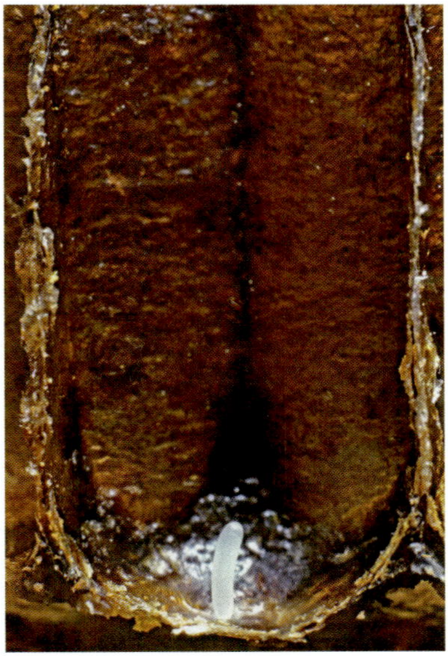

Abb. V Wenn die Königin eine saubere, leere Zelle findet, steckt sie ihren langen Hinterleib hinein und legt auf dem Boden der Zelle ein einziges Ei ab.

Abb. VI Eine Honigbienenkolonie ist Gesellschaft und Superorganismus zugleich.

Abb. VII Das Nest einer Kolonie, die keine schützende Nisthöhle besetzt hat.

Abb. VIII Zellen mit Larven (weiße, gebogene Maden).

Abb. IX Eine der großen, erdnussförmigen Weiselzellen, in denen die Königinnen großgezogen werden.

Abb. X Wachsschuppen auf der Bauchseite von Arbeiterinnen.

Abb. XI Ein Bienenbaum. Das Astloch oben im linken Teil der Astgabel dient als Nesteingang.

Abb. XII Ein natürliches Honigbienennest in dem Bienenbaum aus Abbildung XI. Der Stammabschnitt mit dem Nest wurde aufgeschnitten; man erkennt die Waben mit dem Honig (oben) und der Brut (unten). Das Eingangsloch befindet sich links auf ungefähr zwei Dritteln der Höhe.

Abb. XIII Das Eingangs-Astloch in dem Baum aus Abbildung XI; innen erkennt man einige Bienen. Diese Eingangsöffnung ist ungefähr 5 Zentimeter breit und 8 Zentimeter hoch.

Abb. XIV Zwei Nistkästen an Stromleitungsmasten. Die Kisten bieten die gleichen Bedingungen (gleiches Volumen, gleiche Form, gleiche Höhe des Einganges über dem Boden, gleiche Ausrichtung usw.), nur die Eingangsöffnung ist in dem rechten mit 12,5 Quadratzentimetern kleiner als in dem linken mit 75 Quadratzentimetern.

Abb. XV Zwei Nistkästen zur Überprüfung der Frage, ob Bienen einen winddichten Nistplatz (rechts) gegenüber einem zugigen (links) mit Löchern in den Wänden bevorzugen.

Abb. XVI Kundschafterinnen inspizieren die Vorderfront eines Nistkastens.

Abb. XVII Oben: Appledore Island in Maine (Vordergrund) sowie mehrere weitere Inseln des Shoals-Archipels.
Unten: Felsen, Buschwerk und Möwen auf Appledore Island an einem nebligen Morgen.

Abb. XVIII Das Innere des Nistkastens, in dem ich die Kundschafterinnen bei der Inspektion einer potentiellen Wohnung beobachten wollte. Die Kiste war vor einem Rotfilter-Fenster an der Seite einer lichtdichten Hütte angebracht. Da Bienen rotes Licht nicht sehen können, konnte ich ihre Bewegungen beobachten und (im Verhältnis zu den nummerierten Quadraten) aufzeichnen, ohne sie zu stören.

Abb. XIX Eine Kundschafterin führt auf der Oberfläche eines Schwarmes einen Schwänzeltanz auf.

Abb. XX Arbeiterinnen mit individuellen Markierungen.

Abb. XXI Ein Nistkasten in seinem Unterstand.

Abb. XXII Ein Nistkasten wird von mehreren fliegenden Kundschafterinnen besichtigt.

Abb. XXIII Susannah Buhrman zensiert an einem der Schwärme die Tänze für »wilde« Nistplätze.

Abb. XXIV Marielle Newsome zeichnet die Besuche einzelner Kundschafterinnen an einem Nistkasten auf, der in dem orangefarbenen Unterstand steht. Im Hintergrund (Entfernung 40 Meter) geht Kirk Visscher an dem zweiten Nistkasten der gleichen Tätigkeit nach.

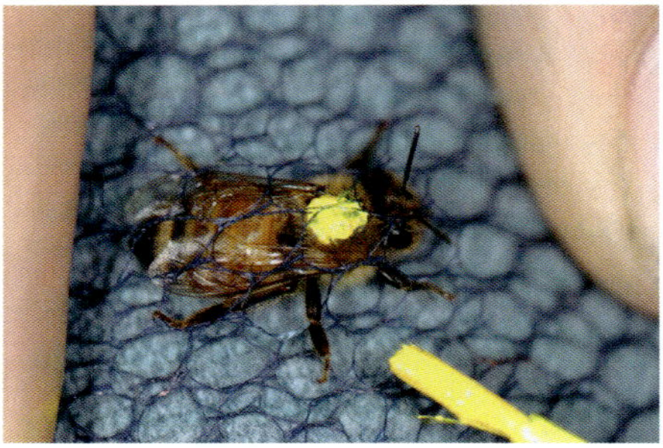

Abb. XXV Eine Kundschafterin wurde durch die groben Maschen des Insektengitters mit einem gelben Fleck auf dem Brustkorb markiert.

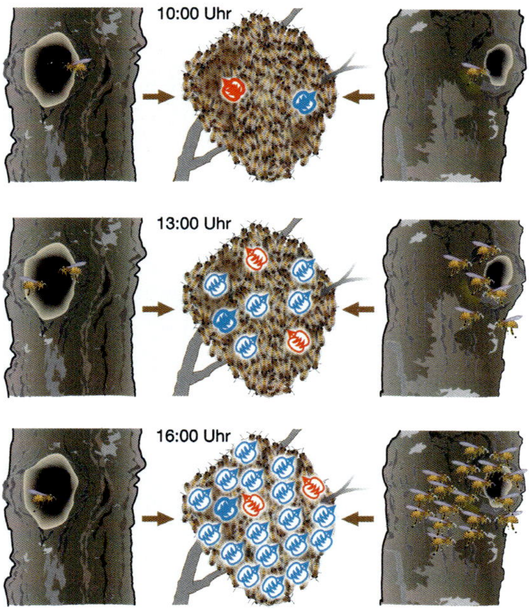

Abb. XXVI Kundschafterinnen richten sich mit der Dauer des Schwänzeltanzes nach der Qualität der Stellen; so entwickelt sich ein Konsens der tanzenden Bienen für die beste Alternative. Hier haben zwei Kundschafterinnen gleichzeitig zwei potentielle Nistplätze entdeckt; einer davon hat eine große Eingangsöffnung (links), der andere eine wünschenswerte kleine Eingangsöffnung (rechts). Beide Kundschafterinnen kehren zum Schwarm zurück und führen einen Schwänzeltanz zugunsten ihrer Stellen auf, aber die Kundschafterin vom rechten Baum (blau) führt dreimal so viele Tanzrunden vor wie die vom linken (rot). Deshalb hat sich die Zahl der Bienen, die sich für den rechten Baum engagieren, nach drei Stunden versechsfacht, und dieser wird nun von der Mehrzahl der Bienen favorisiert. Nach drei weiteren Stunden ist die Zahl der Befürworterinnen des rechten Baumes sprunghaft gestiegen, und die vielen Tänze zugunsten dieser Stelle haben den linken Baum schon fast aus der Diskussion verdrängt.

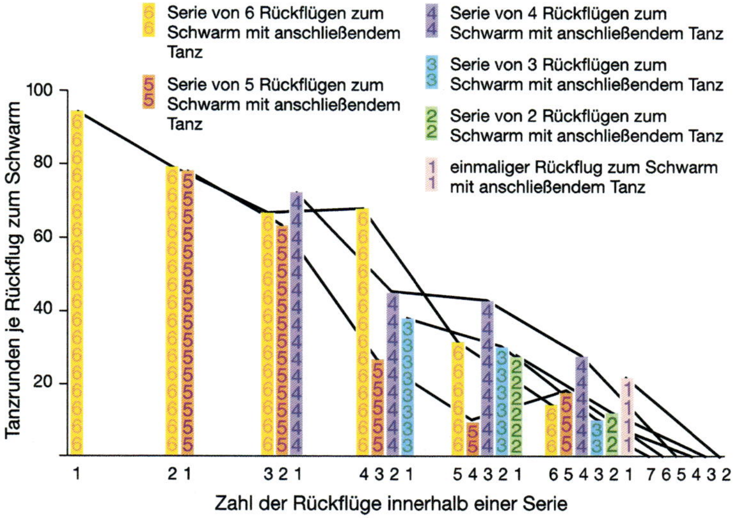

Abb. XXVII Kundschafterinnen, die mehrmals zum Schwarm zurückkehren, führen von Mal zu Mal weniger Tanzrunden auf. Eine Reihe aufeinanderfolgender Rückflüge zum Schwarm mit anschließenden Tänzen für eine bestimmte Stelle wird als »Serie« bezeichnet. Die Länge der Serien liegt zwischen sechs Rückflügen und einem Rückflug. Der abnehmende Nachdruck der Tänze je Rückflug (ungefähr 15 Tanzrunden) scheint unabhängig von der Länge der Serie ungefähr konstant zu sein.

Abb. XXVIII Der Autor sieht auf Appledore Island zu, wie ein Schwarm sich von dem senkrecht angebrachten Brett, das ihm als Rastplatz diente, in die Luft erhebt. Zwei Futterflaschen auf dem Brett geben Zuckersirup ab, damit der Schwarm genug zu fressen hat.

Abb. XXIX Oben: Bienen auf der Außenseite eines Schwarmes bei einer Umgebungstemperatur von 28 °C. Unten: dieselben Bienen bei 13 °C; wenn es kühl ist, drängen die Bienen auf der Außenseite des Schwarmes sich enger zusammen und machen die Schwarmtraube auf diese Weise weniger porös.

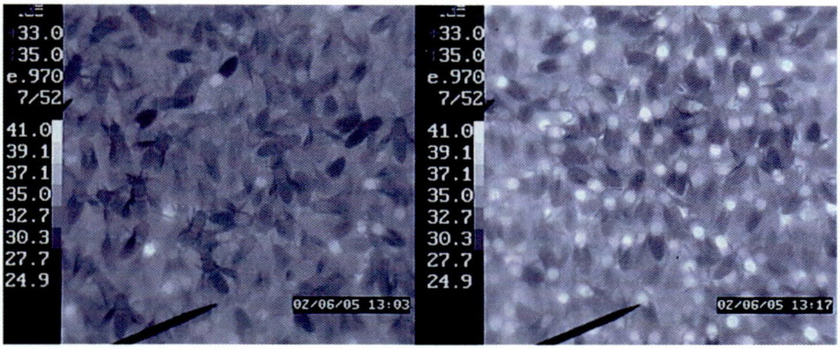

Abb. XXX Bienen auf der Außenseite einer Schwarmtraube, aufgenommen mit einer Infrarot-Videokamera. Links: 15 Minuten vor dem Abflug. Rechts: eine Minute vor dem Abflug. Die Skala links gibt jeweils an, welche Temperatur (in °C) durch die verschiedenen Grautöne dargestellt wird.

Abb. XXXI Gruppe von fünf Nistkästen an einer Stelle an der Ostküste von Appledore Island. Der Schwarm befindet sich 250 Meter entfernt in der Mitte der Insel (in Blickrichtung rechts). Der Assistent Adrian Reich zählt die Kundschafterinnen vor den einzelnen Nistkästen.

Abb. XXXII Kirk Visscher (links) und der Autor (rechts) sehen 2006 zu, wie ein Schwarm auf Appledore Island in einen Nistkasten einzieht.

Abb. XXXIII Madeleine Beekman unter einem Schwarm, der sich nach rechts bewegt. Der orangefarbene Balken, den sie in die Höhe hält, ist ein 45 Zentimeter langer Größenmaßstab. Die längeren Streifen im oberen Teil der Schwarmwolke zeigen, dass dort Bienen mit hoher Geschwindigkeit fliegen.

Abb. XXXIV Eine Arbeiterin legt ihr Duftorgan frei, tippt dann mit dem letzten Hinterleibssegment auf den Boden und setzt so Lockstoffe frei.

Abb. XXXV Bienen mit verschlossenen Duftorganen stehen vor einem Nistkasten und versuchen, Nasonov-Pheromone abzugeben.

herum, beantworten konnte er sie aber nie ganz. Offensichtlich neigte er zu dem Gedanken, dass eine Honigbiene ihre Unterstützung – den Tanz – für eine Stelle einstellt, wenn sie von einer überlegenen Stelle hört. Diese Ansicht formulierte er folgendermaßen:

»Spurbienen, die nur einen minderen Nistplatz ausfindig machen konnten, lassen sich leicht für einen anderen Nistplatz *umstimmen*. Auch wenn sie zunächst für »ihren« Nistplatz getanzt hatten, stellen sie nach und nach ihre Tänze ein, interessieren sich zusehends mehr für die lebhaften Tänze anderer Spurbienen und fliegen schließlich ab, um den neuen Nistplatz auszusuchen. Sie können jetzt bei ihrem Inspektionsbesuch einen Vergleich ziehen zwischen ihrem eigenen und dem neuen Nistplatz und wenn dieser letztere wirklich besser geeignet ist, werden sie nunmehr auf der Traube auch für diesen tanzen. Auf solche Weise muß sich nach und nach alles Interesse der Spurbienen auf den besten aller Nistplätze konzentrieren.«[16]

Diese Hypothese über den Grund, warum Kundschafterinnen das Tanzen für unterlegene Stellen einstellen, hat zwei entscheidende Elemente: Eine Biene *vergleicht* ihre alte Stelle mit einer neuen (zu der sie durch den lebhaften Tanz anderer Bienen gelockt wurde), und wenn sie die neue Stelle als überlegen beurteilt, *wechselt* sie zum Tanz zugunsten dieser neuen, besseren Stelle. Wir können also von einer »Vergleichen-Wechseln-Hypothese« für das Verschwinden abweichender Ansichten sprechen. Plausibel ist sie sicher. Nicht anders räumen auch wir Menschen in der Regel Meinungsverschiedenheiten in Diskussionen aus; die beteiligten Personen schlagen verschiedene Handlungsweisen vor, jeder einzelne hört und vergleicht die Vorschläge, und am Ende ändern alle Personen, die sich anfangs für einen unterlegenen Vorschlag ausgesprochen hatten, ihre Meinung und schließen sich dem Sieger-Vorschlag an. Als Lindauer verstehen wollte, wie die Kundschafterinnen zu einer Übereinkunft gelangen, zog er nach meiner Vermutung die Parallele zur Konsensbildung unter Menschen; er schrieb, die Bienen würde nicht halsstarrig bei ihrer ersten Entscheidung bleiben, sondern es sich anders überlegen.[17]

Obwohl Lindauer das Verschwinden abweichender Ansichten unter den Kundschafterinnen mit der Vergleichen-Wechseln-Hypothese erklärte, berichtete er auch über einige Beobachtungen, die damit nicht ganz im Einklang standen. Zum Beispiel schrieb er: »Bisher versteht man nicht, warum Kundschafterinnen, die einen unterlegenen Nistplatz gefunden hatten, den Tanz zugunsten dieser Stelle im Laufe der Zeit aufgaben, auch wenn an ihrem Nistplatz keine Veränderungen eingetreten waren und wenn sie keine anderen potentiellen Behausungen besichtigt hatten.«[18] Offensichtlich hatte er in manchen Fällen beobachtet, dass eine Kundschafterin den Tanz zugunsten einer Stelle aufgab, bevor sie eine andere kannte, das heißt bevor sie die alte Stelle mit der neuen vergleichen konnte. In seinem großen Werk von 1955 lieferte Lindauer sogar einen sehr detaillierten Bericht, wonach eine Kundschafterin den Tanz zugunsten einer Stelle einstellte und dann zwei Stunden lang nahezu unbeweglich auf dem Schwarm saß, bevor sie Tänze verfolgte, die sie zu einer zweiten Stelle dirigierten (Abb. 33). Dies zeigt sehr deutlich, dass eine Kundschafterin manchmal auch dann den Tanz zugunsten einer Stelle aufgibt, wenn sie diese nicht mit einer anderen verglichen hat.

Abb. 33 Aufzeichnungen aus dem Leben der Schwarmbiene Nummer 102. Sie war anfangs als Nahrungssammlerin tätig und machte dann als erste Kundschafterin Werbung für einen Nistplatz (einen leeren Bienenstock) neben einem Baumstumpf; später setzte sie sich für einen anderen leeren Bienenstock an einem Waldrand ein. Gestrichelte Linien zeigen Flüge zum Schwarm oder von ihm weg. Durchgezogene Linien entsprechen den Zeiten, die sie auf der Schwarmtraube oder an einem der Nistplätzen verbrachte. Ein Kreis mit einer Wellenlinie zeigt einen Tanz an, und der Pfeil gibt an, auf welchen Futter- oder Nistplatz sich der Tanz bezog. Als der Schwarm ausgesetzt wurde, war er nicht gut ernährt; deshalb waren manche Bienen (wie Nummer 102) zunächst als Nahrungssammlerinnen aktiv, und später, als dem Schwarm mehr Nahrung zur Verfügung stand, wurden sie in dieser Tätigkeit träge. Am Ende suchten sie dann nach Nistplätzen.

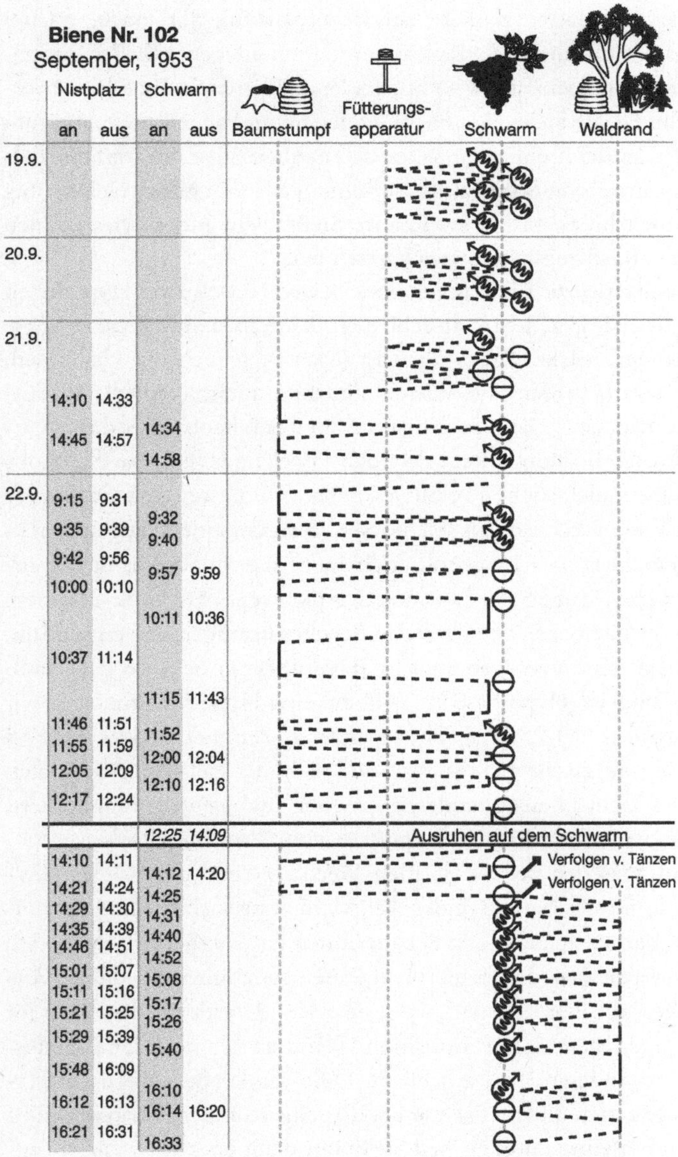
Biene Nr. 102
September, 1953
Nistplatz
Schwarm
an
aus
an
aus
Baumstumpf
Fütterungs-
apparatur
Schwarm
Waldrand
19.9.
20.9.
21.9.
14:10 14:33
14:34
14:45 14:57
14:58
22.9.
9:15 9:31
9:32
9:35 9:39
9:40
9:42 9:56
9:57 9:59
10:00 10:10
10:11 10:36
10:37 11:14
11:15 11:43
11:46 11:51
11:52
11:55 11:59
12:00 12:04
12:05 12:09
12:10 12:16
12:17 12:24
12:25 14:09
Ausruhen auf dem Schwarm
14:10 14:11
14:12 14:20
14:21 14:24
14:25
14:29 14:30
14:31
14:35 14:39
14:40
14:46 14:51
14:52
15:01 15:07
15:08
15:11 15:16
15:17
15:21 15:25
15:26
15:29 15:39
15:40
15:48 16:09
16:10
16:12 16:13
16:14 16:20
16:21 16:31
16:33
Verfolgen v. Tänzen
Verfolgen v. Tänzen

Die Alternativhypothese zur Beantwortung der Frage, warum Kundschafterinnen den Tanz zugunsten unterlegener Stellen einstellen, hat also ebenfalls zwei entscheidende Elemente: Eine Biene vergleicht die alte Stelle *nicht* mit einer neuen, und sie wechselt *nicht* zum Tanz zugunsten einer neuen, besseren Alternative. Sie verliert vielmehr einfach die Motivation, für eine Stelle zu tanzen, bleibt ruhig und besucht die bisher favorisierte Stelle nicht mehr. Dies können wir als »Rückzugshypothese« bezeichnen.

Wenn man zur Erklärung eines einzigen Rätsels zwei Hypothesen hat, die sich gegenseitig ausschließen, kann man auf einfache Weise feststellen, welche davon falsch ist: Man sucht sich ein Phänomen, über das die beiden Hypothesen eindeutig unterschiedliche Voraussagen machen.[19] Dann geht man ins Freiland, beobachtet dieses entscheidende Phänomen und sieht dabei, welche Hypothese die Beobachtungen nicht richtig vorausgesagt hat. Schon weiß man, dass diese Hypothese falsch ist. Ein solches Verfahren der »stichhaltigen Rückschlüsse« mag weit hergeholt erscheinen, aber in Wirklichkeit wenden wir es ständig an. Leuchtet beispielsweise das Licht in einem Zimmer nicht auf, wenn wir den Schalter betätigen, fragen wir uns, ob die Lampe durchgebrannt ist (Hypothese 1) oder ob der Strom ausgefallen ist (Hypothese 2). Trifft die erste Hypothese zu, sagen wir voraus, dass das Licht in einem anderen Zimmer funktioniert; ist dagegen die zweite richtig, wird dies nicht der Fall sein. Also prüfen wir das Licht in einem anderen Zimmer, und wenn es funktioniert, wissen wir sofort, dass die Hypothese vom Stromausfall falsch ist.

Um zwischen der Vergleichen-Wechseln- und der Rückzugshypothese für das Verschwinden der Meinungsverschiedenheiten zwischen den tanzenden Kundschafterinnen zu entscheiden, nutzte ich die Tatsache aus, dass beide Hypothesen ganz unterschiedliche Voraussagen darüber machen, wann eine Kundschafterin den Tanz für eine unterlegene Stelle einstellt und wann sie sich dem Tanz zugunsten einer anderen Stelle anschließt.[20] Die Vergleichen-Wechseln-Hypothese sagt in diesem Fall voraus, dass eine Kundschafterin den Tanz zugunsten einer unterlegenen Stelle nur dann einstellt, wenn sie zuvor den Tanz zugunsten einer anderen Stelle verfolgt, diese Stelle lokalisiert und mit der bisher favorisierten Stelle verglichen hat. Die Rückzugshypothese dagegen prophezeit, dass eine Kundschafterin den Tanz für eine unterlegene Stelle selbst dann einstellt, wenn sie noch nicht den Tanz zugunsten einer anderen Stelle verfolgt hat. Um diese beiden Voraussagen zu überprüfen, brauchte man nur jeweils einen Schwarm auszusetzen, die ersten Bienen, die auf dem Schwarm Tänze aufführten, mit bunten Flecken zu markieren und dann zu beobachten, wann diese Bienen auf dem Schwarm tanzten, wann sie den Tanz einstellten, ob sie den Tänzen anderer Bienen folgten und wenn ja, wann. Ich konzentrierte meine Aufmerksamkeit auf die ersten Tänzerinnen, die jeweils auf dem Schwarm auftauchten, denn nachdem ich die Diskussionen der Kundschafterinnen belauscht hatte, wusste ich, dass die ersten Tänzerinnen meist Werbung für unterlegene Stellen machen.

Da ich alle Situationen beobachten musste, in denen meine beobachteten Bienen Tänze aufführten oder verfolgten, beschränkte ich mich auf die Markierung weniger (4 bis 8) Kundschafterinnen auf jedem Schwarm. Das wiederum bedeutete, dass ich die ganze Beobachtungsreihe an mehreren Schwärmen wiederholen musste, um Daten über eine ausreichende Zahl von Bienen zu gewinnen. Es würde eine langwierige Arbeit werden, aber das machte mir nichts aus. Ich wusste, dass es sowohl Spaß machen als auch nützlich sein würde, meine kleine Gesellschaft leuchtend bunt gefärbter Kundschafterinnen auf einem Schwarm ununterbrochen zu beobachten; dabei konnte ich individuell ihr Kommen und Gehen sowie ihre aufgeführten und verfolgten Tänze beobachten, bis der Schwarm die Entscheidung für seinen neuen Nistplatz getroffen hatte. Im Freien zu sein und Bienen genau zu beobachten beinhaltet stets den Reiz neuer Entdeckungen.

Insgesamt beobachtete ich 37 Kundschafterinnen in sechs Schwärmen. Das erforderte 66 Stunden der ständigen Beobachtung. Wie erwartet, setzten sich die meisten Kundschafterinnen (nämlich 31, das sind 84 Prozent) zunächst für eine Stelle ein, die am Ende abgelehnt wurde, und nur wenige (sechs, das sind 16 Prozent) befürworteten anfangs mit ihrem Tanz die Stelle, die am Ende vom Schwarm als neue Unterkunft ausgewählt wurde. Von den 31 Bienen, die anfangs eine unterlegene Stelle unterstützten, stellten 27 die Werbung ein, bevor der Entscheidungsfindungsprozess des Schwarmes beendet war, und die restlichen vier taten es fast: Als der Schwarm seine Entscheidung traf, war ihr Tanz bereits sehr schwach geworden. Die Schlüsselfrage lautet also: Was veranlasste die 27 Bienen, die eine unterlegene Stelle befürworteten, zu ihrem Verhalten? Stellten sie den Tanz erst ein, nachdem sie die Tänze zugunsten anderer Stellen verfolgt hatten, oder schon vorher? Abbildung 34 zeigt, wie drei dieser Bienen sich auf einem Schwarm verhielten, der eine Stelle weiter südlich als neue Behausung auswählte. Die erste Biene (Rot) stellte die Unterstützung für eine unterlegene Stelle im Westen ein, nachdem sie zum zweiten Mal zum Schwarm zurückgekehrt war, und das ohne zuvor den Tanz zugunsten einer anderen Stelle zu verfolgen. Die zweite Biene (Pink) tanzte nicht mehr für eine unterlegene Stelle im Südwesten, nachdem sie den dritten Rückflug zum Schwarm hinter sich gebracht hatte, und auch sie hatte zuvor nicht den Tanz zugunsten einer anderen Stelle verfolgt. Erst nach ihrer vierten Rückkehr zum Schwarm verfolgte sie fünf Runden eines Tanzes, mit dem Werbung für eine Stelle im Westen gemacht wurde; vermutlich erfuhr sie erst jetzt, dass es noch eine andere Stelle gab. Die dritte Biene (Orange) schließlich hörte nach ihrer fünften Rückreise zum Schwarm auf, sich für eine unterlegene Stelle im Osten einzusetzen, und wie Rot und Pink tat sie dies, ohne zuvor den Tanz zugunsten einer anderen Stelle zu verfolgen. Dieses Verhalten war typisch. Von den 27 beobachteten Bienen stellten 26 (96 Prozent) den Tanz zugunsten ihrer unterlegenen Stellen ein, bevor sie die Tänze für andere Stellen verfolgten; nur eine (vier Prozent) hörte erst auf, für die unterlegene Stelle zu tanzen, nachdem sie den Tanz zugunsten einer anderen Stelle gesehen hatte. Dieser Befund deutet darauf hin, dass die Vergleichen-Wechseln-Hypothese zumindest für die große Mehrheit der Kundschafterinnen nicht stimmt, sondern die Rückzugshypothese die richtige ist.

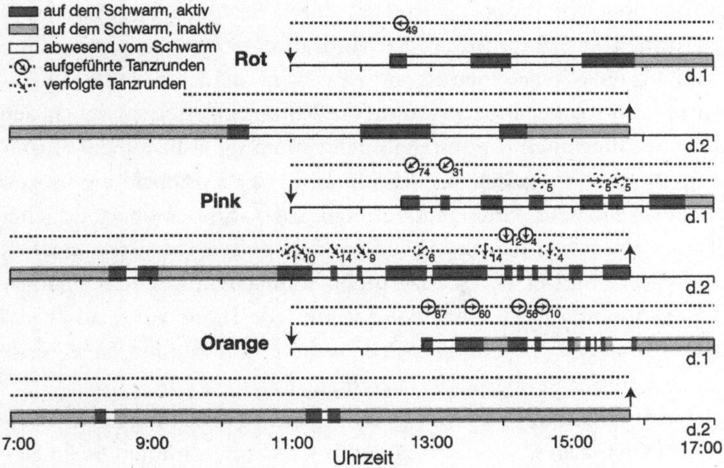

Abb. 34 Dieses Diagramm zeigt, wann drei Kundschafterinnen beim Schwarm oder abwesend waren und wie viele Tänze sie während ihres Aufenthaltes auf dem Schwarm vorführten oder verfolgten. Der Verlauf ist für alle Bienen während der zwei Tage gezeigt, an denen der Schwarm über sein zukünftiges Zuhause entschied. Die großen Pfeile am Anfang und Ende des Diagramms für die einzelnen Bienen markieren, wann der Schwarm sich niederließ und wieder abhob. Die kleinen, von einem Kreis umgebenen Pfeile geben an, wann die Biene einen Tanz vorführte oder verfolgte, und die Richtung des Pfeils entspricht der Himmelsrichtung der fraglichen Stelle (ein genau nach oben weisender Pfeil entspricht der nördlichen Richtung und so weiter). Neben den Pfeilen im Kreis ist jeweils die Zahl der Tanzrunden angegeben, die von der Biene vorgeführt oder verfolgt wurden.

Was veranlasste die Bienen, die zugunsten der unterlegenen Stellen tanzten, die Werbung für diese Orte einzustellen? Ganz offensichtlich wurden sie dazu in ihrer Mehrzahl nicht dadurch angeregt, dass sie auf eine Biene trafen, die äußerst begeistert zugunsten einer anderen Stelle tanzte, denn die meisten tanzten selbst schon nicht mehr, bevor sie andere Tänze gesehen hatten. Näher liegt deshalb eine andere Möglichkeit: Die Bienen wurden durch einen inneren, neurophysiologischen Prozess getrieben, durch den jede Kundschafterin allmählich und automatisch die Motivation verliert, sich mit ihrem Tanz für eine Stelle einzusetzen, selbst wenn diese von hoher Qualität ist. Ein solcher Prozess würde die Konsensbildung zwischen den Kundschafterinnen begünstigen, denn wenn die Tänze jeder einzelnen Biene automatisch nachlassen, kann der Entscheidungsprozess nicht dadurch zum Stillstand kommen, dass Gruppen unermüdlicher Tänzerinnen sich hartnäckig für mindestens zwei Stellen einsetzen. Außerdem hilft er den Tänzerinnen wahrscheinlich, schneller zur Übereinkunft zu gelangen, denn wenn jede Biene automatisch das Interesse an einer bestimmten Stelle verliert, ist sie auf flexiblere Weise an dem Entscheidungsprozess beteiligt.

Ein Indiz für die Vorstellung, dass Kundschafterinnen einen inneren Antrieb haben, den Tanz zugunsten einer bestimmten Stelle einzustellen, beobachtete ich bei den 37 Kundschafterinnen, an denen ich die Vergleichen-Wechseln- und die Rückzugshypothese überprüfte: Der Tanz der einzelnen Bienen wurde mit jeder Rückkehr zum Schwarm schwächer. Wie man beispielsweise in Abbildung 34 erkennt, ging die Stärke des Tanzes (das heißt die Zahl der Tanzrunden nach jeder Rückkehr zum Schwarm) bei der Biene Rot ganz plötzlich zurück: Zuerst waren es 49, dann 0. Der Tanz der Bienen Pink und Orange dagegen schwächte sich erst allmählich ab: Bei Pink waren es 74, 31 und dann 0 Runden, bei Orange 87, 60, 56, 10 und 0. (Dass die Tanzstärke einzelner Kundschafterinnen regelmäßig zurückgeht, ist auch in Abbildung 31 zu erkennen.) Ich trug alle Beobachtungen an den 37 Kundschafterinnen, die mehrmals zum Schwarm zurückkehrten und dabei anfangs, später aber nicht mehr zugunsten einer bestimmten Stelle tanzten, in eine Tabelle ein und stellte dabei fest, dass die Bienen insgesamt 51 derartige Serien durchlaufen hatten. Deren Länge schwankte zwischen einem einzigen Rückweg mit anschließendem Tanz und sechs aufeinanderfolgenden Flügen, an die sich jeweils ein Tanz anschloss. Diese 51 Serien teilte ich nach ihrer Länge in sechs Gruppen ein und berechnete die durchschnittliche Zahl der Tanzrunden nach Flug 1, Flug 2 und so weiter.

Am Ende verglich ich die Ergebnisse für die sechs Gruppen, indem ich sie unter dem Gesichtspunkt des Fluges, nachdem die Bienen nicht mehr tanzten, nebeneinander anordnete (siehe Bildteil, Abb. XXVII). Dabei zeigte sich unabhängig von der Länge der Serie eine Gesetzmäßigkeit: Die Kundschafterinnen führten bei mehreren Rückflügen zum Schwarm nach und nach immer weniger Tanzrunden auf, und diese Abnahme war bei Bienen, die lange und kurze Serien aufführten, nicht nennenswert unterschiedlich. Im Durchschnitt nimmt die Zahl der Tanzrunden je Rückflug mit bemerkenswerter Regelmäßigkeit ab: Mit jedem Rückflug werden ungefähr 15 Tanzrunden weniger aufgeführt.

Wichtig ist dabei die Feststellung, dass man die gleiche Gesetzmäßigkeit einer stetigen Abnahme auch bei der Tanzstärke aller Kundschafterinnen beobachtet, ganz gleich, ob sie Werbung für die hochwertige, am Ende ausgewählte Stelle machen oder für eine andere. Der Unterschied besteht nur darin, dass eine Biene, die Werbung für eine hochwertige Stelle macht, zu Anfang ihres Berichts in der Regel eine große Zahl von Tanzrunden aufführt, während die Werbung für minderwertige Stellen meist von vornherein mit weniger Tanzrunden beginnt (siehe Abb. 31). Da die Tanzstärke mit jedem Rückflug zum Schwarm bei allen Kundschafterinnen gleichmäßig abnimmt, macht eine Biene, die von einer hochwertigen Stelle kommt, ihren Fund meist mit vielen aufeinanderfolgenden Rückflügen zum Schwarm bekannt (wie beispielsweise die Biene Orange in Abbildung 31), und unterm Strich vertritt sie ihre Werbung mit vielen Tanzrunden; eine Biene, die von einer mittelmäßigen Stelle kommt, hält ihre Werbung dagegen in der Regel nur während weniger Aufeinanderfolgen der Rückflüge aufrecht (wie zum Beispiel die Biene Blau-weiß in Abbildung 31); insgesamt ist ihre Werbung also schwächer und mit weniger Tanzrunden unterlegt. Die Folge zeigt Abbildung 35: Eine Kundschafterin, die eine überlegene Stelle unterstützt, macht für ihre Stelle sowohl länger als auch »lautstärker« Werbung als die Unterstützerin einer schlechteren Stelle. Und wie wir alle wissen, behält in der Konkurrenz um die Unterstützung der

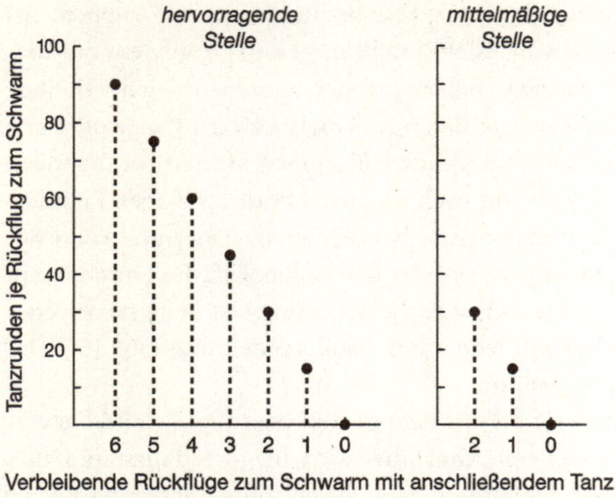

Abb. 35 Tanzmuster von Kundschafterinnen, die Werbung für eine hervorragende oder mittelmäßige Stelle machen, im Vergleich. Der Nachdruck der Tänze nimmt bei beiden Bienen ungefähr im gleichen Maße ab (nach jedem Rückflug zum Schwarm werden 15 Tanzrunden weniger aufgeführt), aber die Biene von der hervorragenden Stelle ist zu Beginn stärker zum Tanzen motiviert und tanzt deshalb sowohl länger (sechs Rückflüge gegenüber zwei Rückflügen) als auch »lautstärker« (90 + 75 + 60 + 45 + 30 + 15 = 315 Tanzrunden gegenüber 30 + 15 = 45 Tanzrunden).

Allgemeinheit meist diejenige Partei die Oberhand, deren Unterstützer am hartnäckigsten und eifrigsten sind.

Es sieht also so aus, als würden die Kundschafterinnen eines Schwarmes etwas ganz anderes tun als Menschen, um in ihrer Diskussion vollständige Einigkeit zu erzielen. Sowohl Bienen als auch Menschen brauchen Gruppenmitglieder, die sich nicht halsstarrig an ihre erste Ansicht klammern, aber während Menschen ihre Position in der Regel (sinnvollerweise) erst dann aufgeben, wenn sie eine bessere kennen, stellen die Bienen ihre Unterstützung für eine Position automatisch ein. Wie man in den Abbildungen 31 und 34 erkennt, schweigt jede Kundschafterin nach kürzerer oder längerer Zeit und überlässt den Rest der Diskussion einer neuen Gruppe. Wie Abbildung XXVI im Bildteil zeigt, hilft diese regelmäßige Fluktuation der tanzenden Bienen den Kundschafterinnen eines Schwarmes, schnell zu einer Übereinkunft zu gelangen: In der schematischen Darstellung der Konsensbildung haben sich alle Bienen, die um 10 Uhr aktiv getanzt haben, um 13 Uhr zurückgezogen, und diejenigen, die um 13 Uhr als Tänzerinnen aktiv waren, hatten ihre Tätigkeit um 16 Uhr eingestellt.

In einem wichtigen Fall jedoch funktioniert die Entscheidungsfindung in Menschengruppen ganz ähnlich wie in einem Honigbienenschwarm, der auf Nistplatzsuche ist. Damit meine ich den Weg, auf dem Wissenschaftler gemeinsam zu Entscheidungen über wissenschaftliche Theorien gelangen. Wie vielfach festgestellt wurde, setzen neue, bessere Ideen sich in der wissenschaftlichen Diskussion durch Abnutzung durch, das heißt, eine Wissenschaftlergeneration zieht sich aus dem Fachgebiet zurück, setzt sich zur Ruhe und stirbt schließlich. Aber bevor diese Generation aus der Diskussion verschwindet, hat die nächste Wissenschaftlergeneration den Argumenten ihrer Vorgänger sorgfältig zugehört, sich von den besten davon überzeugen lassen und sich die neue Theorie zu eigen gemacht. Damit wächst die Unterstützung für eine neue, bessere Theorie (zum Beispiel das heliozentrische Weltbild von Kopernikus und Galilei), während sie für das ältere, schlechtere Gedankengebäude (zum Beispiel die geozentrische Theorie des Ptolemäus) im Sande verläuft. Die am häufigsten zitierte Aussage über diesen sozialen Prozess stammt von Max Planck: »Eine neue wissenschaftliche Erkenntniss setzt sich nicht deshalb durch, weil ihre Gegner sich überzeugen lassen und die Erleuchtung haben, sondern weil ihre Gegner irgendwann sterben und eine neue Generation heranwächst, die mit ihr vertraut ist.«[21] Zwischen alternden Wissenschaftlern und alternden Kundschafterbienen besteht aber auch ein Unterschied: Menschen ziehen sich meist nur widerwillig und manchmal erst mit dem Tod aus der Diskussion zurück, die Bienen tun es automatisch. Ich kann mich der Frage nicht erwehren, ob die Wissenschaft schneller vorankäme, wenn Menschen sich in dieser Hinsicht ein wenig mehr wie Bienen verhalten würden.[22]

7. Der Umzug beginnt

Und so geht das sanfte Schaudern
Als Parole von einer zur andern,
Bis es zu den innersten Bienen gelangt:
Worauf es eine große Höhlung
Im Granatapfel erzeugt.
Wenn du siehst, wie sie dies tun,
Magst du das Lebewohl entbieten:
Von nun an werden sie sich trennen
Und sich davonmachen.[1]

Charles Butler,
The Feminine Monarchie, 1609

Wer schon einmal das ungeheure Glück hatte und zusehen konnte, wie eine Honigbienenkolonie einen Schwarm gebiert, wird viele erstaunliche Verhaltensweisen der Tiere beobachten: Zuerst stürmen Tausende von Bienen in fieberhafter Hektik aus dem Stock und erheben sich in den Himmel. Minuten später findet sich die Wolke aus wirbelnden, schwärmenden Bienen auf rätselhafte Weise zu einer dichten Masse zusammen, die an einem Ast hängt. Stunden- oder sogar tagelang sitzen fast alle Bienen ruhig und fast unbeweglich herum. Nur die Kundschafterinnen des Schwarmes bleiben aktiv, fliegen zum Schwarm hin und von ihm weg, und führen auf seiner Oberfläche ihre faszinierenden Tänze auf, um potentielle Nistplätze bekanntzumachen. Als Nächstes wird eine dieser Stellen zum Gegenstand der einhelligen Entscheidung aller tanzenden Bienen, und dann folgt der großartigste Anblick von allen: Plötzlich, innerhalb von ungefähr 60 Sekunden, löst sich der gesamte Schwarm auf und fliegt ab, wobei er die Luft mit dem Gebrumm einiger tausend Bienen erfüllt (siehe

Bildteil, Abb. XXVIII). Sofort schlägt die fliegende Masse die Richtung der auserwählten neuen Behausung ein, und in weiteren ein oder zwei Minuten ist sie verschwunden. Oder, wie Charles Butler es 1609 so liebenswürdig ausdrückte: Wir können ihnen »das Lebewohl entbieten«.

In diesem Kapitel werden wir genauer betrachten, wie es ein ganzer Bienenschwarm schafft, den vorübergehenden Rastplatz gemeinsam und zum richtigen Zeitpunkt zu verlassen. Mit wenigen Ausnahmen findet der genau gleichzeitige Abflug des Schwarmes erst dann statt, wenn die Kundschafterinnen ihre Aufgabe, den neuen Wohnort auszuwählen, erfüllt haben. Wenn wir uns einen Überblick über die Mechanismen der sozialen Koordination beim Abflug des Schwarmes verschaffen, werden wir erfahren, wie der Schwarm auch weiterhin zusammenhält, wenn er von der Entscheidungsfindung zur Umsetzung der Entscheidung umschaltet. Vermutlich wird es keine Überraschung sein, wenn wir erfahren, dass die Kundschafterinnen auch die Aufwiegler sind: Sie setzen den Umzug in die neue Heimat in Gang und bestätigen ihre Führungsrolle damit auch in den Kapiteln unserer Geschichte, in denen es um die Frage geht, wie ein Schwarm aktiv wird. Etwas anderes aber ist erstaunlich: Die Kundschafterinnen rütteln ihre trägen Kolleginnen im Schwarm mit raffinierten Signalen auf, und ebenso erstaunlich ist auch die Antwort auf die Frage, woher die Kundschafterinnen wissen, wann der richtige Zeitpunkt dafür gekommen ist. Bis vor kurzer Zeit waren dies ungelöste Fragen nach der inneren Funktionsweise von Honigbienenschwärmen.

Aufwärmen vor dem Flug

Im Frühjahr 1980 interessierte sich Bernd Heinrich, ein begabter Insektenphysiologe an der University of California in Berkeley (heute arbeitet er an der University of Vermont), für die Temperaturregulationsmechanismen von Honigbienenschwärmen.[2] In den vorangegangenen 20 Jahren hatte Heinrich bei der Erforschung der Temperatursteuerung von Insekten Pionierarbeit geleistet; als er mit seinen Untersuchungen an den Honigbienenschwärmen begann, verfügte er also bereits über ein umfangreiches Hintergrundwissen. Er kannte zwei frühere Studien, in denen sich herausgestellt hatte, dass die Temperatur im Inneren eines Schwarmes wie in einem Bienenstock von den Bienen konstant bei ungefähr 35 °C gehalten wird und damit der Körpertemperatur eines Menschen ähnelt. Außerdem wusste er, dass eine einzelne Arbeiterin durch Zittern Wärme erzeugen kann – sie zieht die beiden Gruppen der Flugmuskulatur im Brustkorb isometrisch zusammen; die Flugmuskeln müssen sich auf mindestens 35 °C erwärmen, damit eine ausreichend hohe Schlagfrequenz der Flügel (fast 250 Schläge in der Sekunde!) möglich wird, die den zum Fliegen notwendigen Auftrieb erzeugt. Darüber hinaus war Heinrich klar, dass schwärmende Honigbienen sich vor Verlassen des elterlichen Nestes mit Honig vollstopfen; der Schwarm verfügt also zu Beginn über eine beträchtliche, aber endliche Menge von Brennstoff, mit dem er sich warm halten, den Flug der Kundschafterinnen antreiben und an dem neuen Nistplatz die ersten Bienenwachswaben bauen kann. Unbekannt war aber, wie sich die Temperatur im Inneren der Schwarmtraube im Einzelnen verteilt, wie die Bienen diese Temperatur steuern und wie sie ihre Energieversorgung bewirtschaften. Als Hobbyimker mit großer Neugier auf Bienen sammelte Heinrich in Zusammenarbeit mit der Polizei und Feuerwehr von Walnut Creek in Kalifornien sowie mit der Ecohouse Swarm Hotline von Walnut Creek während der Monate Mai und Juni in der Region der San Francisco Bay insgesamt 14 natürliche Schwärme. In seinem Labor an der University of California in Berkeley untersuchte er die Schwärme mit verschiedenen wissenschaftlichen Instrumenten, darunter winzige elektronische Thermometer (Thermoelemente) und eine winzige zylinderförmige Atemkammer aus Plexiglas, in die er einen Schwarm einsperren konnte, um die Stoffwechselrate bei verschiedenen Umgebungstemperaturen zu messen.

Heinrich entdeckte im Zusammenhang mit der Temperaturregulation in Honigbienenschwärmen viele erstaunliche Dinge, ohne die man nicht verstehen kann, wie ein Schwarm sich auf den Abflug an den neuen Nistplatz vorbereitet. Als Erstes stellte er fest, dass der Schwarm die Temperatur im Inneren des Klumpens tatsächlich genau steuert, so dass sie unabhängig von der Umgebungstemperatur immer bei 34 bis 36 °C liegt. Wie er außerdem herausfand, lässt der Schwarm zu, dass die Temperatur auf der Außenseite der Traube mit der Umgebungstemperatur schwankt, wobei sie aber immer über 17 °C gehalten wird; das gilt sogar dann, wenn die Umgebungstemperatur bis zum Gefrierpunkt sinkt. Die Bienen auf der Außenseite, deren Temperatur am niedrigsten ist, bleiben also immer noch so warm, dass sie auf dem Schwarm aktiv sein können. Würden sie sich unter 15 °C abkühlen, würde die »Kältestarre« einsetzen, und sie würden leicht vom Schwarm abfallen. Außerdem wären sie dann auch so kalt, dass sie sich durch Zittern nicht mehr erwärmen könnten.

Heinrich ging auch der Frage nach, wie die Bienen in einem Schwarm die charakteristische Temperaturverteilung herstellen; wie er dabei herausfand, brauchen sie dazu keine Energie aus den mitgebrachten Vorräten – das heißt dem Honig in ihren Mägen – aufzuwenden. Bei Lufttemperaturen über 10 °C liefert der Ruhestoffwechsel eines Schwarmes – das heißt der Stoffwechsel, der abläuft, wenn die Flugmuskulatur nicht aktiv ist – mehr als genug Wärme, um die Kerntemperatur der Schwarmtraube bei 35 °C und die Oberflächentemperatur bei 17 °C zu halten. Bei höheren Umgebungstemperaturen (über 20 °C) erzeugt der Ruhestoffwechsel sogar so viel Wärme, das die Bienen sowohl auf der Außenseite als auch im Inneren des Schwarmes auseinanderweichen und Lüftungskanäle schaffen, durch die überschüssige Wärme entweichen kann. Wenn die Umgebungstemperatur aber unter 17 °C sinkt und die Bienen auf der Außenseite sich kühl anfühlen, drängen sie nach innen; die Folge: Der Schwarm schrumpft und wird weniger porös, so dass der Wärmeverlust sich verringert (siehe Bildteil, Abb. XXIX und Abb. 36 im Text). Auf diese Weise halten die Bienen auf der Außenseite des Schwarmes die Stoffwechselwärme fest, die von den vielen tausend ruhenden, unbeweglichen Bienen erzeugt wird, und gleichzeitig halten sie sich

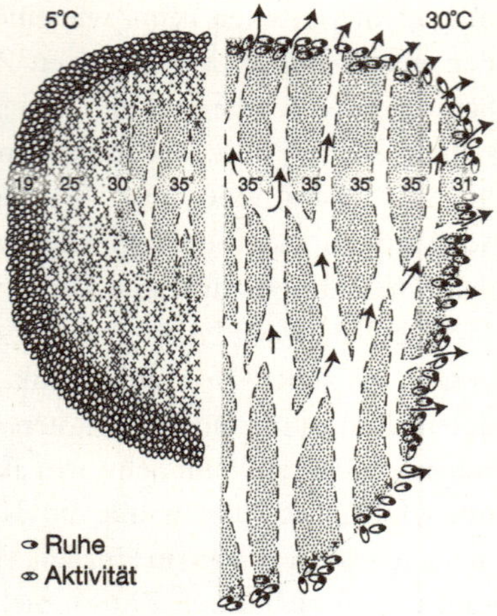

Abb. 36 Die Temperaturregulation in einer Schwarmtraube bei niedriger (links) und hoher (rechts) Umgebungstemperatur in schematischer Darstellung. Zu sehen sind die Position der Bienen, die Lüftungskanäle, der Wärmeverlust (Pfeile) sowie Bereiche mit aktivem (Kreuze) und inaktivem (Punkte) Stoffwechsel.

auch selbst ausreichend warm. Nur wenn die Lufttemperatur unter 10 °C sinkt, müssen die Bienen auf der Außenseite eine zusätzliche Maßnahme ergreifen, indem sie die Stoffwechselrate durch Zittern steigern.[3]

Damit hatte Heinrich entdeckt, dass die Bienen in einem Schwarm über ein sehr wirksames Mittel verfügen, um ihre Energiereserven zu schonen. Die Bienen auf der Außenseite, die den niedrigen Temperaturen am stärksten ausgesetzt sind, beschränken die Notwendigkeit eines aktiven Stoffwechsels auf ein Minimum, indem sie bei einer Abkühlung der Luft zweierlei tun: Erstens lassen sie die Körpertemperatur bis kurz vor die Kältestarre absinken, statt sich zur Aufrechterhaltung einer höheren Körpertemperatur anzustrengen, und zweitens erreichen sie dieses Ziel vor allem dadurch, dass sie sich zusammendrängen, anstatt zu zittern. Natürlich haben solche Energiesparmaßnahmen zur Folge, dass die Bienen auf der Außenseite eines Schwarmes meist zu kalt sind und nicht fliegen können; dies lässt sich leicht demonstrieren, indem man einige Bienen von der Außenseite eines Schwarmes abschält und in die Luft wirft. Dann fliegen sie nicht weg, sondern sie stürzen zu Boden. Bevor der Schwarm sich auf den Weg an seinen neuen Nistplatz machen kann, müssen also die kühlen Bienen im Mantel ihre Flugmuskulatur auf die Arbeitstemperatur von 35 °C aufwärmen. Das ist nicht nur Theorie! Als Heinrich den Temperaturverlauf an verschiedenen Stellen in einem Schwarm von der Landung der Bienen bis zu ihrem Abflug aufzeichnete, stellte er fest, dass die Temperatur auf der Außenseite des Schwarmes ungefähr in der letzten Stunde vor dem Abflug anstieg, bis die Kerntemperatur von 35 Grad erreicht war.

Im Juni 2002, ungefähr 20 Jahre nachdem Bernd Heinrich seinen aufschlussreichen Bericht über »Mechanismen und Energetik der Temperaturregulation in Honigbienenschwärmen« veröffentlicht hatte, reiste ich nach Deutschland, um mir die Aufwärmübungen der Bienen vor dem Abflug genauer anzusehen. Kurz zuvor hatte ich das große Glück, den Wissenschaftspreis der Alexander von Humboldt-Stiftung zu erhalten, der mir die Freiheit verschaffte, in Deutschland ein Forschungsprojekt in Angriff zu nehmen. Mein Gastgeber war mein Lehrer und Freund Bert Hölldobler, der Direktor des Instituts für Physiologie und Soziobiologie an der Universität Würzburg. Zu diesem Institut gehört auch ein Labor, das sich der Erforschung von Honigbienen widmet. Gegründet wurde es von Martin Lindauer, der von 1973 bis 1987 als Zoologieprofessor in Würzburg tätig war, und heute wird es von Jürgen Tautz geleitet, einem anderen guten Freund. Jürgen verfügt über eine herausragende Geschicklichkeit, die sensorischen Fähigkeiten von Insekten zu untersuchen, und sein Labor ist mit zahlreichen hochmodernen wissenschaftlichen Instrumenten ausgestattet, mit denen sich die Funktionen der Natur studieren lassen. Auf meiner Reise war ich erpicht darauf, in Zusammenarbeit mit Jürgen ein besonders leistungsfähiges Instrument zu nutzen: eine Infrarot-Videokamera. Damit kann man die Temperatur vieler Forschungsobjekte (auch Bienen) gleichzeitig messen, ohne sie zu stören. Außerdem arbeiteten Marco Kleinhenz und Brigitte Bujok in Jürgens Labor, zwei großartige Doktoranden, die sowohl mit der Videokamera als auch mit der

Software, die aus den Bildern der Kamera exakte Temperaturmessungen macht, fachkundig umgehen konnten. Unser vierköpfiges Team hatte ein einfaches Ziel: Wir wollten herausfinden, wie die Bienen auf der Außenseite eines Schwarmes ihre Flugmuskulatur vor dem Abflug aufwärmen.[4]

Unser Plan, die Vorbereitung der äußeren Bienen mit Hilfe der Video-Thermographie zu beobachten, ging hervorragend auf. Über zwei Wochen zeichneten wir die Temperatur der Bienen auf der Außenseite von zwei Schwärmen auf einer Fläche von jeweils 10 × 10 Zentimetern auf. Die Messungen begannen, als der Schwarm sich zur Traube zusammenfand, und wurden fortgesetzt, bis er sich auf den Weg machte. An beiden Schwärmen war kurz vor dem Abflug der altvertraute Ablauf zu erkennen: Die Kundschafterinnen waren sich mit ihren Tänzen einig, und alle anderen fingen an, sich aufgeregt zu bewegen. In den Aufzeichnungen der Infrarot-Videokamera zeigte sich aber auch bei beiden Schwärmen etwas Neues (siehe Bildteil, Abb. XXX): Wenige Augenblicke bevor der Schwarm sich ganz plötzlich in die Luft erhob, leuchteten die Brustteile aller Bienen auf der Oberfläche des Schwarmes in ungewöhnlicher Wärme auf.

Am interessantesten war für uns, dass der Anteil der Bienen, deren Körpertemperatur im Brustteil mindestens 35 °C betrug, im Laufe der letzten halben Stunde vor dem Abflug exponentiell zunahm. Wie man in Abbildung 37 erkennt, stieg der Anteil der Bienen an der Schwarmoberfläche, deren Thoraxtemperatur zum Fliegen ausreichte, während der ersten 20 Minuten nur langsam an und blieb unter 20 Prozent. Dann jedoch, ungefähr zehn Minuten vor dem Abflug, stieg dieser Prozentsatz immer schneller an. Wenig später hatten sämtliche Bienen an der Oberfläche eine Thoraxtemperatur von mindestens 35 °C, und genau in diesem Augenblick erhob sich der Schwarm in die Luft. Wir sind überzeugt, dass nicht nur die äußersten Bienen, sondern alle beim Abflug des Schwarmes warm genug sind und schnell fliegen können. Schließlich hatte Heinrich nachgewiesen, dass die Bienen im Inneren des Schwarmes jederzeit warm genug zum Fliegen sind.

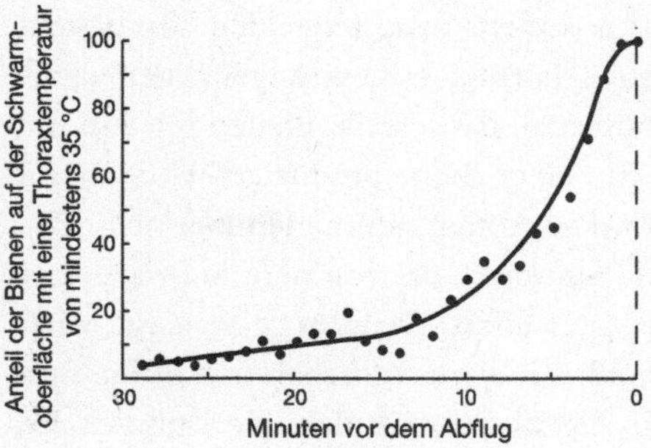

Abb. 37 Zunahme des Anteils an Bienen auf der Oberfläche einer Schwarmtraube, deren Flugmuskulatur bereits warm genug für einen schnellen Abflug ist (Temperatur im Brustteil mindestens 35 °C). Während der letzten halben Stunde vor dem Abflug ermittelten wir in jeder Minute die Thoraxtemperatur aller Bienen, die auf den Infrarotaufnahmen (siehe Abb. XXX im Bildteil) sichtbar waren.

Wie auf den Bildern unserer Infrarot-Videokamera ebenfalls zu erkennen war, leuchteten die Bienen im Inneren der beiden Schwärme im Vorfeld des Abfluges früher auf als ihre Artgenossen an der Oberfläche; sie sahen aus wie glühende Kohlen unter einer Schicht kühler Asche. Außerdem erhoben sich die inneren Bienen nach Beginn des Abfluges unmittelbar nach denen von der Außenseite des Schwarmes in die Luft. Zwischen dem Start der äußeren und inneren Bienen liegt nur ein so kurzer Zeitraum, dass der ganze Schwarm sich bereits nach ungefähr 60 Sekunden aufgelöst hat.

Was veranlasst die Bienen auf der Außenseite, sich aufzuwärmen, und wie kommt es, dass der Abflug einsetzt, wenn die Bienen auf der Außenseite erst wenige Sekunden zuvor ihre Flugmuskulatur auf mindestens 35 °C aufgeheizt haben? Mit anderen Worten: Was regt die Bienen dazu an, sich auf den Flug vorzubereiten, und was löst letztlich den Abflug aus? Diesen beiden Fragen werden wir jetzt nachgehen.

Pfeifende heiße Bienen

Wenn man ein Ohr an die Masse aus Bienen hält und sorgfältig hinhört, vernimmt man ein wellenförmiges, charakteristisches hohes Pfeifen. Es beginnt etwa eine Stunde bevor der Schwarm in Richtung seines neuen Zuhauses abfliegt. Jeder Geräuschpuls dauert ungefähr eine Sekunde, und da er aus einem ansteigenden Ton besteht, erinnert er an das Jaulen eines Formel-1-Rennwagens, der gerade stark beschleunigt. Zuerst hört man das schrille Pfeifen nur hin und wieder, weil es jeweils nur von einer Biene produziert wird, aber in der letzten halben Stunde vor dem Abflug stimmen immer mehr Bienen ein, und das pulsierende Summen, das von dem Schwarm ausgeht, steigert sich zu einem Crescendo. Wenn es so weit ist, bricht der Schwarm auseinander, und alle Bienen erheben sich in die Luft. Könnte das hohe Pfeifen ein Signal sein, mit dem die Kundschafterinnen ihre stillen Kolleginnen auffordern: »Meine Damen, wärmt eure Flugmuskeln auf!«?

Um dieser Frage auf den Grund zu gehen, wollte ich als Erstes wissen, welche Bienen in dem Schwarm das hohe Pfeifen ausstoßen. Das Ziel verfolgte ich schon seit langem. Zum ersten Mal hatte ich das rätselhafte Geräusch in den 1970er Jahren gehört, als ich Doktorand war und mit der Erforschung von Bienenschwärmen begann, aber ich konnte nie genau ausmachen, von welchen der vielen tausend Bienen in einem Schwarm es kam. Die pfeifenden Bienen zu finden wurde insbesondere dadurch erschwert, dass das pulsierende Summen offenbar aus dem Inneren der Schwarmtraube kam, das heißt von Bienen, die man nicht sehen konnte. Über das Pfeifen war Martin Lindauer schon in den fünfziger Jahren verblüfft gewesen; er schrieb: »Jetzt konnte man an dem Schwarm ein hundertfaches, hohes Summen hören, aber ich konnte nicht eindeutig herausfinden, ob es von den Schwirrläuferinnen oder anderen Bienen kommt.«[5] (Was mit den »Schwirrläuferinnen« gemeint ist, werden wir im weiteren Verlauf dieses Kapitels noch genauer erfahren.)

Woher das Pfeifen im Einzelnen kommt, entdeckten wir durch einen glücklichen Zufall im Sommer 1999. Es begann mit einer zufälligen Beobachtung, die ich in meinem Lager in der Nähe von Ox Cove ganz im Osten des US-Bundesstaates Maine machte. An diese wunderbar abgelegene Stelle hatte ich mich zurückgezogen, um herauszufinden, wie die Meinungsverschiedenheiten zwischen tanzen-

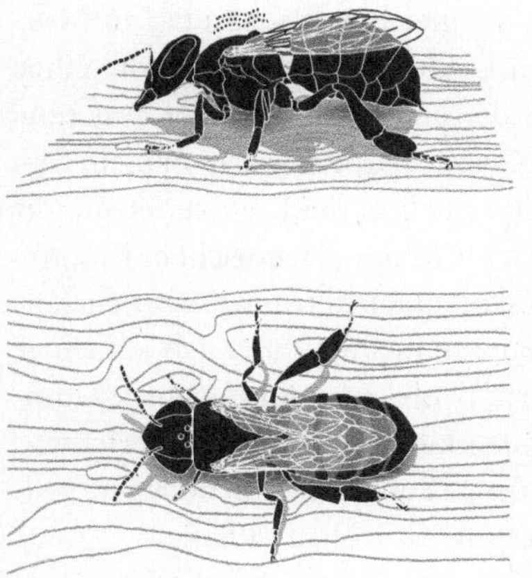

Abb. 38 Eine Arbeiterin erzeugt das Pfeifsignal. In einer Pause während ihres Laufes über die Bienen auf der Schwarmtraube drückt sie ihren Brustkorb gegen die Unterlage, zieht die Flügel eng über dem Hinterleib zusammen, macht einen Buckel und aktiviert die Flugmuskulatur, so dass im Untergrund eine Schwingung entsteht. In der Abbildung handelt es sich bei dem Untergrund um eine Holzoberfläche, in der Natur besteht er aber fast immer aus einer anderen Biene.

den Kundschafterinnen im Sande verlaufen (siehe Kapitel 6). An die Szene kann ich mich noch erinnern, als sei es gestern gewesen: Zum ersten Mal wurde ich Zeuge, wie eine Arbeiterin auf einem Schwarm pfiff. Ich hatte einen Schwarm vor meiner Hütte ausgesetzt und die ersten Tänzerinnen (Kundschafterinnen) auf dem Schwarm mit Farbflecken markiert; jetzt beobachtete ich ununterbrochen meine kleine Gruppe leuchtend bunt markierter Bienen und zeichnete ihr Verhalten auf. Am 2. August um 10.48 Uhr, nur fünf Minuten bevor der Schwarm wegflog, fiel mir eine Kundschafterin mit Namen Blau auf, die an der Oberfläche der Schwarmtraube etwas Unerwartetes tat: Sie lief aufgeregt einige Sekunden lang über andere Bienen hinweg, hielt dann ungefähr eine Sekunde inne, drückte die Brust gegen eine unbewegliche Biene und lief dann weiter. Der Ablauf aus Laufen, Pause und Anschmiegen der Brust wiederholte sich sechsmal, bevor sie in die Schwarmtraube eindrang und verschwand (Abb. 38). Mir fiel auf, dass Blau jedes Mal, wenn sie stehen blieb und sich an einer anderen Biene festhielt, die Flügel eng über dem Hinterleib zusammenzog, und dann schienen die Flügel leicht zu vibrieren. Erzeugte Blau das Pfeifgeräusch? Ich konnte es hören, aber mit meinen »nackten« Ohren konnte ich nicht sicher feststellen, ob das Geräusch von ihr kam. Also fuhr ich noch am gleichen Nachmittag zu Morgan's Garage in dem benachbarten Dorf Pembroke und kaufte einen Meter Gummi-Vakuumschlauch, der einen Durchmesser von rund sechs Millimeter hatte. Mit dieser Größe würde er genau in mein Ohr passen. Das einfache Hörrohr sollte mich in die Lage versetzen, die Quelle der Geräusche in meinen Schwärmen auszumachen: Es funktionierte wie ein primitives Stethoskop und lenkte nur Geräusche, die aus der Nähe seiner Öffnung kamen, in meine Ohren. Als ich einige Tage später einen zweiten Schwarm beobachtete und meinen Gummischlauch auf eine weitere farbig markierte Kundschafterin richtete, die das gleiche Manöver mit Laufen, Pause und Anschmiegen vollzog, hörte ich zu meiner Begeisterung das lebhafte Pfeifen.[6]

Vom Anblick und dem Geräusch der pfeifenden Arbeiterinnen war ich fasziniert. Nun wollte ich unbedingt ihr Signal im Einzelnen beschreiben und der Frage nachgehen, ob sie damit die ruhenden Mitglieder des Schwarmes in Alarmbereitschaft versetzen, damit diese ihre Flugmuskulatur für den Abflug aufwärmen. Dieses Vorhaben würde eine hochentwickelte Schallanalyse in Verbindung mit sorgfältigen Beobachtungen und Experimenten erfordern. Glücklicherweise ließ Jürgen Tautz sich leicht überzeugen, bei der Unternehmung mitzumachen, und im August 2000 kam er zu mir an die Cornell University. Er brachte aus Deutschland die Miniaturmikrophone sowie die digitalen Audio- und Videogeräte mit, die wir für das Projekt brauchen würden. Wenig später hatten wir an einer ruhigen Stelle in meinem Labor einen Schwarm angesiedelt; die Traube hing auf einer Seite eines senkrecht angebrachten Bretts, so dass wir alles, was auf ihrer Oberfläche vorging, leicht überwachen konnten. Im Inneren des Schwarmes montierten wir zwei Mikrophone und mehrere Temperatursonden; unmittelbar vor dem Schwarm brachten wir eine Videokamera an, die Geräusche sowohl von den Bienen im Inneren des Schwarmes als auch von denen an seiner Oberfläche aufzeichnete. Mit den vielen Mikrophon- und Thermometerkabeln, einer ständig laufenden Videokamera und zwei darübergebeugten Biologen sah der Schwarm aus wie ein Patient auf der Intensivstation.

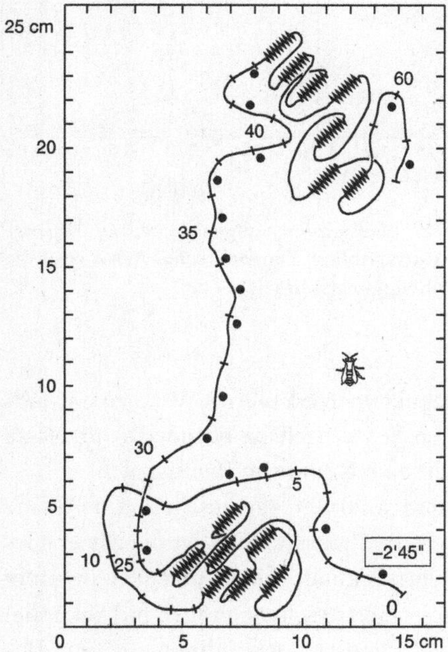

Abb. 39 Weg einer Biene, die während ihres Laufes über die Oberfläche der Schwarmtraube zwischen Pfeifen und Schwänzeltanz wechselt. Kleine Querstriche entlang der Linie markieren Zeiträume von jeweils einer Sekunde. Schwarze Punkte entsprechen Pfeifsignalen, eine Zickzacklinie stellt den Schwänzeltanz dar. Diese Aufzeichnung begann zwei Minuten und 45 Sekunden vor dem Abflug und dauerte insgesamt 62 Sekunden.

Mittlerweile hatte ich eine genaue Vorstellung davon, wie eine pfeifende Biene aussehen sollte: Sie sollte über die Oberfläche der Schwarmtraube flitzen, aber auch häufig innehalten und nach einer bewegungslosen Kollegin greifen. Deshalb konnte ich die pfeifenden Bienen nun auf den ersten Blick erkennen, wenn wir ihre schrillen Geräusche hörten. Mit den Videoaufnahmen konnten Jürgen und ich sehr schnell meine anfängliche Beobachtung bestätigen: Bei den pfeifenden Bienen handelt es sich um besonders aufgeregte Kundschafterinnen. Dies zeigte sich sehr deutlich, wenn die Bienen auf ihrem Weg über die Oberfläche der Schwarmtraube zwischen Pfeifen und Schwänzeltanz hin- und herwechselten (Abb. 39). Besonders auffällig wurde diese Mischung der Signale in der letzten halben Stunde vor dem Abflug, wenn das Pfeifen an Stärke zunahm. (Woher die Kundschafterinnen wussten, wann sie mit dem Pfeifen beginnen müssen,

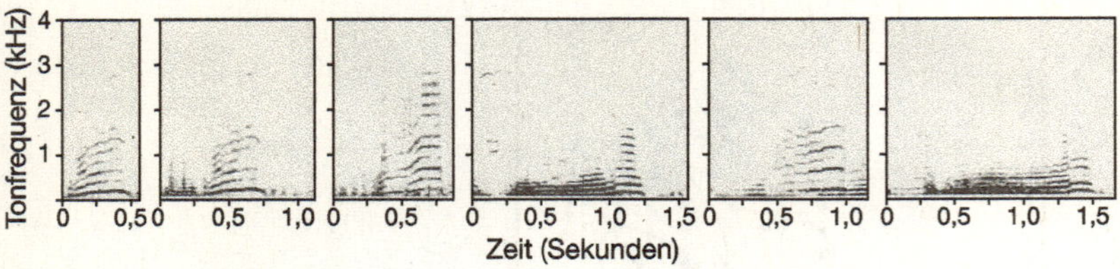

Abb. 40 Tonaufnahmen von sechs Pfeifsignalen, aufgenommen an Arbeiterinnen eines Schwarmes kurz vor dem Abflug. Die senkrechte Achse zeigt die Kilohertz-Werte (kHZ = 1000 Schwingungen pro Sekunde).

werde ich später in diesem Kapitel noch erläutern.) Wenn eine Kundschafterin in dieser Zeit einen Schwänzeltanz beendet hatte, folgte mit großer Wahrscheinlichkeit eine Reihe von Pfeifsignalen.

Durch unsere Audioaufnahmen von Pfeifgeräuschen in der Nähe der Mikrophone erfuhren wir, dass jedes Pfeifen ein einzelner Geräuschpuls ist, der ungefähr eine Sekunde dauert und sich aus einer Grundfrequenz von 200 bis 250 Hertz (Schwingungen pro Sekunde) und vielen Obertönen (Vielfachen der Grundfrequenz) im Bereich von 400 bis 2000 Hertz zusammensetzt (Abb. 40). Wegen dieser hochfrequenten Obertöne klingt das Pfeifgeräusch so schrill. Seine Grundfrequenz passt zur Flügelschlagfrequenz einer fliegenden Biene; dies ist ein starkes Indiz dafür, dass die Biene das Geräusch erzeugt, indem sie die Flugmuskulatur in ihrem Brustkorb aktiviert und so den ganzen Körper in starke Schwingungen versetzt. Ein großer Teil der Schwingungsenergie pflanzt sich wahrscheinlich als kräftiger Schlag in den Körper der Biene fort, an dem die Pfeiferin sich festhält; teilweise gelangt sie aber auch in die umgebende Luft – so entsteht das Geräusch, das die Menschen hören können, wenn sie einen Schwarm belauschen. Außerdem erfuhren Jürgen und ich aus unseren Audioaufnahmen, wie der immer höher werdende Ton während des Pfiffs entsteht: Die Grundfrequenz steigt von 200 auf ungefähr 250 Hertz, und gleichzeitig wächst der Energiegehalt der hochfrequenten Obertöne. Diese Veränderung erzielt die pfeifende Biene vermutlich da-

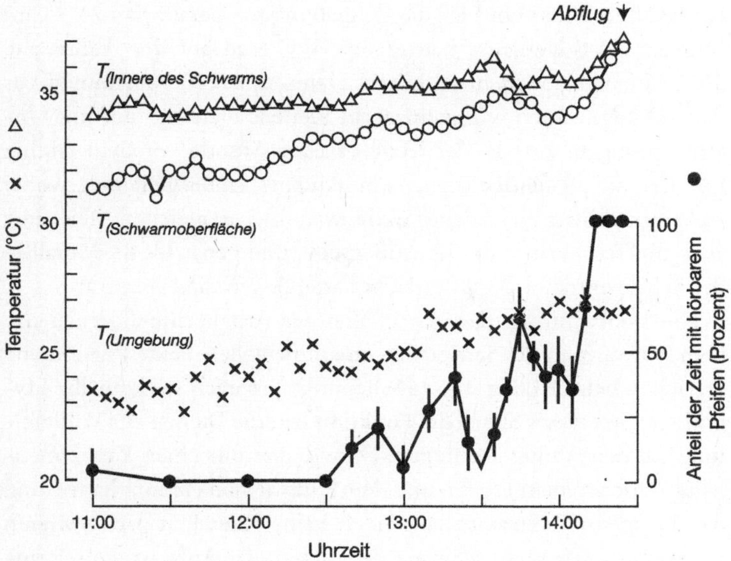

Abb. 41 Pfeifsignale der Arbeiterinnen (schwarze Punkte), Temperatur des Schwarmes (weiße Punkte und Dreiecke) und Umgebungstemperatur (Kreuze) während der drei Stunden vor dem Abflug des Schwarmes.

durch, dass sie die Flügel zusammenzieht, wodurch der Brustkorb steifer wird und die Resonanzfrequenz ansteigt.

Als wir so weit waren, wollten Jürgen und ich unsere Vermutung überprüfen, dass das Pfeifen der Arbeiterinnen im Schwarm die Funktion hat, die anderen Bienen zur Vorbereitung auf den Abflug zu veranlassen. Im ersten Schritt prüften wir, ob die Bienen tatsächlich nur ungefähr in der letzten Stunde vor dem Abflug pfeifen, wenn die Mitglieder des Schwarmes sich auf den Flug vorbereiten. Zu diesem Zweck maßen wir während vieler Stunden vor dem Abflug gleichzeitig die Lautstärke des Pfeifens und die Temperatur im Inneren des Schwarmes sowie auf seiner Außenseite. Ein Beispiel für die Verteilung von Pfeifen und Erwärmung zeigt Abb. 41. Drei Stunden vor dem Abflug (11.30 Uhr) lag die Umgebungstemperatur bei 23 °C, im Inneren des Schwarmes betrug sie 34 °C und auf der Außenseite 31 °C. Pfeifen war nicht zu hören. Dann, ungefähr 90 Minuten vor dem Abflug, hörten wir erstmals ein Pfeifen, allerdings nur mit Unterbrechungen. Erst in der letzten halben Stunde vor dem Abflug machten die pfeifenden Bienen ein ständiges, lautes Geräusch, wobei viele Individuen gleichzeitig aktiv waren. Zur gleichen Zeit stieg auch die Temperatur auf der Außenseite, und genau als sie überall in der Schwarmtraube 37 °C erreicht hatte, flogen die Bienen ab.

Die Beobachtung, dass das Pfeifen der Arbeiterinnen genau mit dem Aufwärmen des Schwarmes zusammenfällt – beide Phänomene erreichen beim Abflug ihren Höhepunkt –, sprach stark für die Hypothese, dass dieses Signal die Funktion hat, die Bienen zur Vorbereitung auf den Abflug anzuregen. Da wir aber nur einen Zusammenhang zwischen dem Pfeifen und dem Aufwärmen erkannt hatten und da mit einem Zusammenhang noch keine Kausalität nachgewiesen ist, konnten wir nicht schlüssig behaupten, das Aufwärmen sei eine Reaktion auf das Pfeifen. Es blieb auch die Möglichkeit, dass das Pfeifen nicht das Aufwärmen in Gang gesetzt hatte, sondern dass es einen dritten Faktor gab, der beide Phänomene nach sich gezogen hatte. So wurde beispielsweise die Vermutung geäußert, die kühlen, ruhenden Bienen in einem Schwarm würden durch ein anderes Signal darüber informiert, dass es Zeit ist, sich für den Abflug aufzuwärmen, und dass es sich bei diesem Signal um ein Schütteln oder eine Vibration handelt.[7] Um es zu erzeugen, stößt eine Biene eine andere mit den Vorderbeinen an, und dann schüttelt sie sich selbst eine oder zwei Sekunden lang in Form einer unverkennbaren Auf-und-ab-Bewegung (Abb. 42). Wie ein Mensch, der einen schlaftrunkenen Freund an der Schulter fasst und wach rüttelt, so regt auch eine Biene demnach ihre Kollegin durch Schütteln zu stärkerer Aktivität an. Aber da solche Schüttelsignale nicht nur in der letzten Stunde vor dem Abflug, sondern während der ganzen Nistplatzsuche auftreten, scheint es auf der Hand zu liegen, dass das Schütteln nicht das entscheidende Signal ist, mit dem die Kundschafterinnen den Schwarm auf den Flug vorberei-

Abb. 42 Eine Biene (schwarz) gibt einer anderen ein Signal in Form des Schüttelns. Der Pfeil symbolisiert die Vorwärts-rückwärts-Vibration des Bienenkörpers.

ten. Offensichtlich dient das Schütteln dazu, im Schwarm allgemein die Aktivität zu steigern, so dass die Bienen aufmerksamer sind und stärker auf Schwänzeltanz, Pfeifsignale und andere Reize reagieren. Nachts und bei schlechtem Wetter sind alle Bienen in einem Schwarm inaktiv, was vermutlich dem Energiesparen dient. Deshalb erscheint es sinnvoll, dass die Kundschafterinnen mit dem Schüttelsignal alle anderen – nach meiner Vermutung vorwiegend andere Kundschafterinnen – aktivieren, sobald wieder bessere Bedingungen für die Nistplatzsuche herrschen.

Um unsere Hypothese, dass das Pfeifen ein Signal zur Vorbereitung des Fluges ist, stichhaltiger zu überprüfen, mussten Jürgen und ich die Pfeifsignale in einem Experiment manipulieren und dann beobachten, wie sich dies auf die Aufwärmübungen auswirkte. Im Prinzip konnte die Manipulation darin bestehen, dass wir entweder die Bienen eines Schwarmes einem künstlichen Pfeifsignal aussetzten oder dass wir sie künstlich vor dem Signal abschirmten. Wir entschieden uns für die zweite Methode. Um zu verhindern, dass pfeifende Arbeiterinnen mit einer Bienengruppe auf der Außenseite der Schwarmtraube in Kontakt kamen, montierten wir ein 25 × 20 Zentimeter großes Gitter senkrecht vor der Schwarmoberfläche, so dass die Bienen in der äußeren Schicht des Schwarmes sich auf der Außenseite des Gitters befanden. Auf dieser Seite des Gitters hatten wir zwei kleine Käfige angebracht, die jeweils mit einer Temperatursonde ausgestattet waren (Abb. 43). Schon wenig später füllten sich beide Käfige mit Bienen von der Außenseite des Schwarmes. Die Bienen in dem einen Käfig schirmten wir vor dem Kontakt mit den Kundschaf-

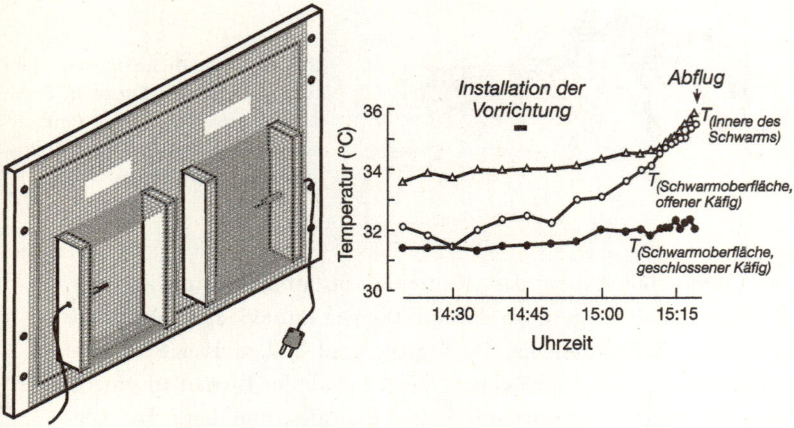

Abb. 43 Links: Mit dieser Vorrichtung wurde untersucht, ob die Bienen auf der Außenseite der Schwarmtraube sich vor dem Abflug aufwärmen, wenn sie keine Pfeifsignale von Kundschafterinnen erhalten. Die Apparatur besteht aus zwei vergitterten Käfigen, die jeweils mit einer Spitze des Thermoelements ausgestattet sind. Beide Käfige sind abgedeckt, die eine Abdeckung hat aber eine große Öffnung. Rechts: Ergebnisse des Experiments mit der links schematisch dargestellten Apparatur. Bienen von der Außenseite, die sich im geschlossenen Käfig befinden und keinen Kontakt zu pfeifenden Kundschafterinnen hatten, steigerten ihre Körpertemperatur nicht auf 35 °C; die in dem offenen Käfig hatten Kontakt mit den pfeifenden Kundschafterinnen und wärmten sich auf.

terinnen und damit auch vor deren Pfeifsignalen ab, indem wir ihn mit einem Deckel verschlossen, sobald wir die ersten Bienen pfeifen hörten. Die Bienen im anderen Käfig behandelten wir genau auf die gleiche Weise, nur »verschlossen« wir ihren Käfig mit einem Deckel, der eine große Öffnung hatte, so dass die pfeifenden Bienen ihn passieren konnten. Wenn unsere Hypothese stimmte, dass das Pfeifen die Bienen im Vorfeld des Abfluges zum Aufwärmen veranlasst, sollten die Bienen in dem geschlossenen Käfig beim Abflug keine flugbereite Temperatur erreicht haben, die in dem offenen Käfig aber sehr wohl. Genau das beobachteten wir. In dem offenen Käfig stieg die Körpertemperatur der Bienen in den letzten Minuten vor dem Abflug wie üblich auf ungefähr 35 °C an, bei den Bienen in dem geschlossenen Käfig geschah das nicht (Abbildung 43). Am Ende der einzelnen Versuche, nachdem alle Bienen, die sich nicht in einem Käfig befanden, und die aus dem offenen Käfig abgeflogen waren, öffneten wir spaßeshalber den Deckel des geschlossenen Käfigs und stießen die darin befindlichen Bienen an: Sie waren völlig unbeweglich. Alle fielen zu Boden, weil sie zum Fliegen zu kalt waren. Ganz ohne Zweifel hatten die Bienen in diesem Käfig das hartnäckige Signal der Kundschafterinnen, sich zum Abflug aufzuwärmen, nicht mitbekommen.

Ungestüme Schwirrläuferinnen

Mit unseren Untersuchungen am Pfeifsignal hatten wir die Frage beantwortet, wie die Kundschafterinnen ihre Artgenossinnen auf den Flug zu dem neuen Zuhause vorbereiten. Was aber letztlich den nahezu gleichzeitigen, explosiven Abflug von mehreren tausend Bienen eines Schwarmes auslöst, war nach wie vor ein Rätsel. Eine naheliegende Möglichkeit war ein auffälliges Verhalten, das Martin Lindauer als Erster beschrieben und als Schwirrlauf bezeichnet hatte. Englischsprachige Bienenforscher bezeichnen das gleiche Verhalten als *buzz-run*. Sowohl der deutsche als auch der englische Name ist zutreffend: Während des Schwirrlaufes rennt die Biene über die Schwarmtraube und wendet sich in diese und jene Richtung, wobei die ausgebreiteten Flügel in der Regel schwirren und ein lautes Summen erzeugen. Manchmal schießt sie über den Rücken der unbeweglichen Bienen, bei anderen Gelegenheiten drängt sie sich zwischen ihnen hindurch (Abb. 44). Nach Lindauers Berichten sind die Schwirrläuferinnen auf dem Schwarm in den letzten Minuten vor dem Abflug gut zu erkennen; nach seiner Vermutung schieben sie mit ihren Bewegungen, mit denen sie sich durch die Traube bohren, die aneinandergeklammerten Bienen auseinander und setzen so den gemeinsamen Abflug in Gang. Dies war eine verführerische Hypothese, die aber noch zu überprüfen war. Und selbst wenn sie sich als richtig erwies, würden

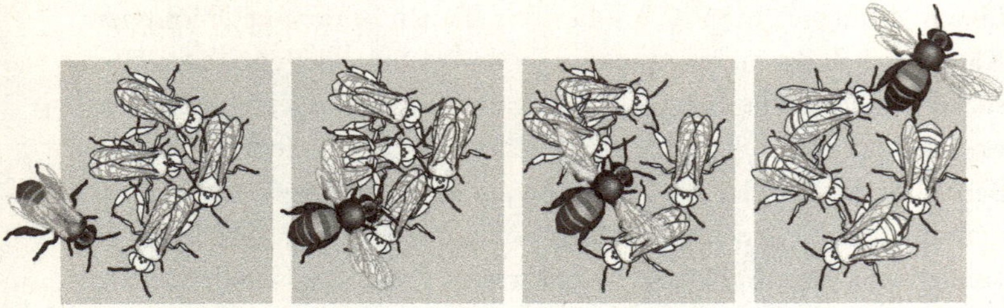

Abb. 44 Eine Arbeiterin führt in einer kleinen Gruppe lethargischer Bienen den Schwirrlauf auf. Bild 1: Die Schwirrläuferin läuft auf das Knäuel aus Bienen zu. Bild 2: Eine Sekunde später hat die Schwirrläuferin ihre Flügel ausgebreitet und schwirrte damit, während sie die Bienengruppe berührt. Bild 3: Eine Sekunde nachdem die Schwirrläuferin den Kontakt hergestellt hat, drängt sie sich durch die Traube, wobei sie immer noch mit den Flügeln schwirrt. Bild 4: Sie hat die aneinandergeklammerten Bienen getrennt, schwirrt aber beim Weiterlaufen immer noch. Graphik auf der Grundlage von Videoaufnahmen.

viele Fragen nach den überaktiven Schwirrläuferinnen offen bleiben. Welches Wechselspiel läuft zwischen den pfeifenden Arbeiterinnen und den Schwirrläuferinnen ab, wenn ein Schwarm sich auf den Flug vorbereitet und ihn dann antritt? Welche Bienen im Schwarm führen den Schwirrlauf auf? Und woher wissen die Schwirrläuferinnen, wann sie ihr energisches Signal abgeben sollen?[8]

Als wir solchen Fragen nachgehen wollten, stieß Clare Rittschof zu uns, eine Studienanfängerin von der Cornell University, die sich als geborene Wissenschaftlerin erwies. Mit unseren Untersuchungen an den Schwirrläufer-Bienen begannen wir im Mai 2005, nachdem Clare die Abschlussprüfungen des Wintersemesters hinter sich hatte. Anfangs beobachteten wir einfach Schwirrläuferinnen auf den Schwärmen, weil wir wissen wollten, wann sie ihre Tätigkeit ausführen. Zu diesem Zweck brachten wir einen Bienenschwarm auf einer Seite eines senkrecht befestigten Holzbrettes an und zeichneten die Tätigkeit der Bienen auf einem 10 × 15 Zentimeter großen Rechteck an der Oberfläche der Schwarmtraube auf Video auf. Die Überwachung begann jeweils zu dem Zeitpunkt, zu dem die Bienen erstmals Pfeifsignale abgaben, und sie endete, wenn die Bienen in Richtung der gewählten neuen Heimat abflogen. Clare spielte die Aufnahmen dann in Zeitlupe ab und hielt Ausschau nach Bienen, die hektisch über die Oberfläche des Schwarmes liefen. Aufgrund meiner früheren Untersuchungen an pfeifenden Arbeiterinnen rechneten wir damit, dass einige der laufenden Bienen pfeifen würden, und Lindauers Bericht deutete darauf hin, dass es sich bei den übrigen um Schwirrläuferinnen handeln könnte. Um festzustellen, ob eine bestimmte laufende Biene auch pfiff, verfolgten wir jedes einzelne Tier mehrere Sekunden lang mit einem kleinen Mikrophon und legten die Audioaufnahmen über die Videoaufzeichnung. Dann waren Schwirrläuferinnen aufgrund ihrer auffällig schwirrenden, ausgebreiteten Flügel leicht zu erkennen.

Mit Clares peinlich genauer Auswertung unserer Überwachungsaufnahmen gelangten wir zu zwei wichtigen Befunden. Erstens sah sie, wie während der letzten Stunde vor dem Abflug immer mehr Bienen zu laufen begannen; unmittelbar vor dem Abflug wimmelte es auf dem Schwarm von Bienen, die auf der Traube und in ihrem Inneren hin und her schossen. Noch bemerkenswerter war die zweite Beobachtung: Alle laufenden Bienen erzeugten auch hörbare Signale – ein Pfeifen und/oder ein Schwirren. Anfangs ließen die laufenden Bienen nur das Pfeifen hören. Nach und nach jedoch kombinierten sie das Pfeifen mit dem Schwirrlauf – sie kollidierten mit anderen Bienen und schlugen aufgeregt mit den Flügeln. In den letzten fünf Minuten vor dem Abflug waren mehr als 80 Prozent der laufenden Bienen mit dem Schwirrlauf beschäftigt (Abb. 45). Daran konnten wir ablesen, dass die Schwirrläuferinnen mit den Pfeiferinnen identisch sind, und die sind, wie wir bereits wussten, Kundschafterinnen. Nun war klar, dass die Kundschafterinnen den Schwarm einerseits mit den Pfeifsignalen auf den Abflug vorbereiten und andererseits mit dem Schwirrlauf (offensichtlich) auch den Abflug selbst in Gang setzen.

Welche Belege sprechen dafür, dass das Signal des Schwirrlaufes die Bienen dazu anregt, sich in die Luft zu erheben? Zunächst einmal ist

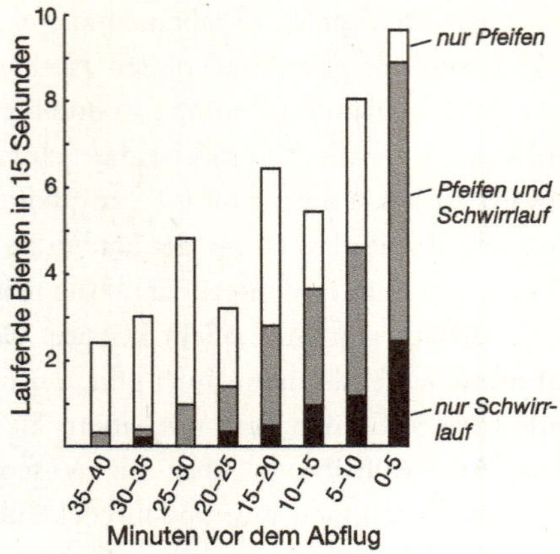

Abb. 45 Zunahme der Zahl von Kundschafterinnen, die während der letzten 40 Minuten vor dem Abflug des Schwarmes in Zeiträumen von 15 Sekunden über eine 10 × 15 Zentimeter große Fläche an der Oberfläche des Schwarmes laufen. Gezeigt ist auch das wechselnde Muster der Signalerzeugung durch die laufenden Bienen, die ausnahmslos pfeifen oder den Schwirrlauf aufführen oder beides tun.

der Schwirrlauf ein seltenes Signal, das man nur in einem einzigen Zusammenhang beobachtet: wenn die untätigen Bienen zum Abflug stimuliert werden. Deshalb sehen wir Schwirrläuferinnen kurz bevor ein Schwarm (wie in Kapitel 2 beschrieben) seinen Stock verlässt, und dann wieder kurz bevor er von seinem vorübergehenden Rastplatz abhebt. Darüber hinaus steigert sich der Schwirrlauf wenige Augenblicke vor dem Abflug des Schwarmes; man kann also vermuten, dass er die Ursache ist. Und die vielleicht aufschlussreichste Beobachtung machte Clare, als sie sich noch einmal die Videoaufnahmen vieler Schwirrläuferinnen ansah, die sich durch einen Haufen träger Bienen drängten: Diese wichen stärker auseinander und waren aktiver, nachdem sie die überzeugende Vorstellung der Schwirrläuferin erlebt hatten.

Am Verhalten der Schwirrläuferinnen ist ein Aspekt besonders auffällig: Manchmal erheben sie sich selbst in die Luft, fliegen einige Sekunden um die Schwarmtraube herum und landen dann wieder auf ihr, um den Schwirrlauf fortzusetzen. Wichtig sind diese Flüge der Schwirrläuferinnen deshalb, weil sie auf den evolutionären Ursprung des lebhaften Signalverhaltens hinweisen. Das Signal des Schwirrlaufes ist mit ziemlicher Sicherheit eine ritualisierte Form des Abflugverhaltens – dieses besteht daraus, dass eine Biene die Flügel ausbreitet, mit ihnen schwirrt, bei Bedarf andere Bienen beiseitestößt und schließlich in die Luft steigt.

In der Biologie spricht man von »Ritualisierung«, wenn eine Tätigkeit eines Tieres in den Zeiträumen der Evolution so abgewandelt wird, dass daraus ein zielgerichtetes Signal entsteht. Bei der anfänglichen Tätigkeit handelt es sich in der Regel um das Nebenprodukt einer Aktivität, die sich in einem bestimmten Umfeld abspielt, so dass sie ein zuverlässiges Anzeichen für diesen Zusammenhang darstellt. Das Prinzip wird am Schwirrlauf sehr deutlich: Wenn eine Biene kurz vor dem Abflug steht, muss sie zwangsläufig mit den Flügeln schlagen; diese Tätigkeit ist also für andere ein zuverlässiges Anzeichen, dass sie gleich abheben wird. Der nächste Schritt in der Evolution eines solchen Signals besteht darin, dass die anderen es wahrnehmen und die Information in ihre eigene Entscheidungsfindung einfließen lassen. Nützt die verbesserte Entscheidungsfindung auch dem Urheber des Signals, ist es für diesen von Vorteil, wenn er das Signal auffälliger gestaltet, so dass es von den anderen noch besser wahrgenommen wird.[9]

Als die Evolution des Schwirrlauf-Signals sich noch im Frühstadium befand, verbesserten die ruhenden Bienen eines Schwarmes ihre Entscheidungsfindung über den Zeitpunkt des Abfluges wahrscheinlich dadurch, dass sie auf das Summen der Flügel abfliegender Bienen reagierten. Dies führte wahrscheinlich zu einem besser koordinierten Abflug, und das wiederum nützte auch den aktiven Bienen; deshalb begünstigte die natürliche Selektion eine Veränderung, durch die das Summen der aktiven Bienen für ihre ruhigen Artgenossen auffälliger wurde. Betrachtet man die heutige Form des Schwirrlaufes, so hat es den Anschein, als sei das Summen der Flügel im Laufe der Zeit immer stärker geworden (wobei es heute schon lange vor dem eigentlichen Abflug beginnt), und gleichzeitig kamen das Laufen und Anstoßen hinzu. Nach meiner Überzeugung zeigt der Schwirrlauf sehr augenscheinlich, wie wir uns manchmal eine Vorstellung von den evolutionären Ursprüngen der großartigen Signale verschaffen können, die in einem Schwarm für die Bindung zwischen den Bienen sorgen.[10]

Eine letzte Frage im Zusammenhang mit dem Schwirrlauf lautet: Warum entwickelte sich dieses Signalsystem in der Evolution der Honigbienenschwärme? Oder mit anderen Worten: Warum senden die Kundschafterinnen überhaupt den anderen Bienen im Schwarm ein Signal, das den Zeitpunkt des Abfluges angibt? Nach meiner Überzeugung ist das Signalsystem in der Evolution entstanden, weil nur die wanderlustigen Kundschafterinnen spüren können, wann alle Bienen in der Schwarmtraube zum Abflug bereit sind; das Schwirrlauf-Signal versetzt diese Kundschafterinnen dann in die Lage, die entscheidende Information an ihre Kolleginnen weiterzugeben. Wie wir bereits erfahren haben, muss sich der Brustkorb aller Bienen auf mindestens 35 °C erwärmt haben, bevor der Schwarm fliegen kann. Aber woher wissen alle Bienen im Schwarm, wann die Körpertemperatur aller anderen ausreichend angestiegen ist? Dies könnten sie erfahren, wenn einige Bienen über die Schwarmtraube wandern und unterwegs jeweils die Temperatur ihrer Artgenossinnen messen; haben sie auf diese Weise in Erfahrung gebracht, dass alle ausreichend warm sind, geben sie das Abflugsignal. Ich vermute, dass die Schwärme so funktionieren: Wie wir heute wissen, wandern die Kundschafterinnen schnell durch die Schwarmtraube, und jede von ihnen hält alle paar Sekunden inne, um den Brustkorb gegen eine andere Biene zu drücken und ein Pfeifsignal auszustoßen. Vielleicht nimmt die Kundschafterin jedes Mal, wenn sie sich an eine andere Biene schmiegt, auch deren Temperatur wahr. Außerdem wissen wir auch, dass gerade die Kundschafterinnen in den Minuten vor dem Abflug ein energisches Schwirrlauf-Signal hervorbringen, also zu dem Zeitpunkt, wenn alle anderen Bienen die erforderliche hohe Körpertemperatur erreicht haben.

Sind die Kundschafterinnen tatsächlich mobile Temperaturmesser, Informationsverteiler und Gruppenanführer? Wenn sich diese Hypothese als richtig erweist, haben wir es bei den Mechanismen, mit denen der Abflug von Honigbienenschwärmen in Gang gesetzt wird, mit einem faszinierenden System der Verhaltenssteuerung in einer großen Gruppe zu tun. Eine kleine Minderheit befragt aktiv die ganze Gruppe und sammelt Informationen über deren Gesamtzustand; hat die Gruppe einen kritischen Zustand erreicht, erzeugen diese Individuen ein Signal, das die ganze Gruppe zu einer angemessenen Aktion veranlasst. Das Staunen über die Koordination von Honigbienenschwärmen wird immer größer.

Konsens oder Quorum?

Der Schwarm wechselt also von der Entscheidungsfindung zur Umsetzung der Entscheidung über seinen zukünftigen Nistplatz, wenn die Kundschafterinnen alle anderen Bienen mit Pfeifsignalen darüber in Kenntnis setzen, dass es an der Zeit ist, die Flugmuskulatur aufzuwärmen. So weit, so gut. Aber woher wissen die Kundschafterinnen, wann sie das Pfeifsignal erzeugen sollen? Angesichts der verblüffenden Tatsache, dass die Tänzerinnen auf einer Schwarmtraube einen Ort bekanntmachen, zu dem der Schwarm sich dann aufmacht, ist es ein verlockender Gedanke, dass die Kundschafterinnen den Konsens bei den Tänzen bemerken und dann wissen, wann sie mit dem Pfeifen beginnen müssen, ganz ähnlich wie Quäker, die diskutieren und auf einen Nenner kommen; wenn sie dann einen »Sinn des Treffens« gefunden haben, schreiten sie zur Tat. Nach dieser Hypothese spricht sich eine Kundschafterin mit ihrem Tanz für eine Stelle aus, und die Kundschafterinnen handeln und interagieren (wie wir in Kapitel 6 erfahren haben) so, dass ihr Stimmverhalten sich allmählich auf eine überlegene Stelle einpendelt; auf irgendeine Weise wird die Stimmenverteilung dabei ständig überwacht, so dass die Bienen wissen, wann sie zur Übereinkunft gelangt sind und ihre Entscheidung in die Tat umsetzen können.

Zwei Tatsachen lassen allerdings an dieser reizvollen Hypothese zweifeln. Erstens beobachtete weder Lindauer noch ich, noch irgendjemand anderes auch nur das geringste Anzeichen dafür, dass die

Kundschafterinnen unter anderen tanzenden Bienen eine »Umfrage« durchführen, was sicher notwendig wäre, damit sie von dem Konsens erfahren. Und zweitens hatte Lindauer beobachtet, dass zwei der von ihm studierten 19 Schwärme abflogen, ohne dass der Konsens erreicht war, das heißt, es gab noch zwei starke Bündnisse von Tänzerinnen, die sich für zwei unterschiedliche Stellen aussprachen (ein Beispiel ist der in Abbildung 20 gezeigte »Balkonschwarm«). Handelte es sich in diesen Fällen um bizarre Anomalien, die man außer Acht lassen kann, oder liefern die Beispiele wertvolle Anhaltspunkte, denen man nachgehen sollte?

Ich entschloss mich, ihnen nachzugehen, und führte zu diesem Zweck zusammen mit meinem guten Freund und früheren Studenten Kirk Visscher eine Reihe gemeinsamer Studien durch. Kirk teilte mein leidenschaftliches Interesse für die Funktionsweise von Honigbienenkolonien. Ich lernte ihn im Herbst 1976 kennen, als er sich an der Harvard University für den von mir geleiteten Kurs über die Biologie sozialer Insekten einschrieb. Die Chemie zwischen uns stimmte sofort. Er hatte bereits jahrelang zusammen mit seinem Vater als Imker gearbeitet und wusste deshalb hervorragend über Honigbienen Bescheid; außerdem verfügte er über eine hohe Intelligenz, ein bescheidenes Auftreten, ein verschmitztes Lächeln und die Liebe zur Biologie. Später erfuhr ich, dass Kirk auch ein Liebhaber technischer Spielereien, ein fachkundiger Statistiker und ein Computerfreak ist – alles Fähigkeiten, die ich nicht besitze. Heute hat er eine feste Stelle an der University of California in Riverside.[11]

Obwohl Kirk und ich an den entgegengesetzten Enden des nordamerikanischen Kontinents wohnen, taten wir uns zusammen, denn wir hatten uns beide schon seit langem gefragt, ob die Kundschafterinnen auf einer Honigbienen-Schwarmtraube wissen, wann sie zu pfeifen beginnen müssen, weil sie ein *Quorum* (eine ausreichende Zahl von Kundschafterinnen) an einem der Nistplätze wahrnehmen, oder ob sie auf den *Konsens* (Übereinstimmung zwischen den tanzenden Kundschafterinnen) auf der Schwarmtraube reagieren. Nach der Quorum-Hypothese »stimmt« eine Kundschafterin für eine Stelle, indem sie dort Zeit verbringt, wobei die Zahl der Kundschafterinnen an besseren Stellen schneller ansteigt; irgendwie beobachten die Bienen an den einzelnen Stellen demnach die Zahl ihrer anwesenden Kolleginnen; irgendwann wissen sie, wann der Schwellenwert (das Quorum) an dieser Stelle erreicht ist, so dass sie den Abflug des Schwarmes an dieser Stelle in Gang setzen können. Mit dieser Hypothese lässt sich erklären, warum Schwärme manchmal abfliegen, obwohl noch Uneinigkeit unter den Tänzerinnen herrscht: Dann wurde an einer Stelle das Quorum erreicht, bevor die Konkurrenz zwischen den Tänzerinnen dazu geführt hatte, dass die Tänze zugunsten anderer Stellen eingestellt wurden.

Die beiden Hypothesen überprüften wir mit Experimenten auf Appledore Island. In dem ersten boten wir vier Schwärmen nacheinander jeweils zwei gleichartige Nistkästen an, die den Bienen hervorragende Voraussetzungen boten. Damit wollten wir in den Schwärmen eine hitzige Diskussion in Gang setzen und dann beobachten, ob die Bienen abflogen, bevor die Tänzerinnen zum Konsens gelangt waren (wie Lindauer es bei zwei seiner Schwärme berichtet hatte). Den Schwarm setzten wir in den Experimenten jeweils in der Mitte der Insel auf einer Veranda des alten Gebäudes der Küstenwache aus, die Nistkästen stellten wir in die Nähe der Felsküste; sie waren jeweils 250 Meter vom Schwarm entfernt, aber in verschiedenen Richtungen – die eine im Nordosten, die andere im Südosten. Da wir außerdem die Kundschafterinnen innerhalb und außerhalb der Nistkästen zählen wollten, wurden die Kisten jeweils vor einem Fenster in der Seitenwand einer lichtdichten Hütte angebracht (siehe Abb. XVIII im Bildteil). Der Plan ging auf! Wie wir beobachten konnten, entdeckten die Schwärme beide Nistkästen ungefähr zur gleichen Zeit, und dann entwickelte sich eine ausgewogene Diskussion über die beiden attraktiven Stellen; am Ende hoben die Bienen regelmäßig ab, während Kundschafterinnen noch mit ihrem Tanz nachdrücklich beide Stellen befürworteten. Am aufschlussreichsten war ein Schauspiel, das wir am 7. Juli 2002 miterlebten. Um 12.04 Uhr wurden beide Nistkästen von mehreren Dutzend Bienen mit energischen Tänzen bekanntgemacht, aber der Schwarm hob ab, und dann teilte sich die große Schwarmwolke in zwei Teile! Zwei Gruppen der fliegenden Bienen sammelten sich auf der nördlichen und südlichen Seite des Küstenwache-Gebäudes, und um 12.09 Uhr setzten sie sich langsam in Richtung der beiden Nistkästen in Bewegung. Beide Gruppen flogen aber nur rund 40 Meter weit, dann hielten sie an; um 12.15 Uhr stellten wir fest, dass die Königin des Schwarmes wieder auf der Terrasse des Küstenwache-Gebäudes saß, und beide Gruppen kehrten zurück und ließen sich um sie herum nieder.

Dieses erste Experiment zeigte, dass kein Konsens zwischen den Tänzerinnen notwendig ist, damit ein Schwarm den Umzug in das neue Zuhause beginnt; die Theorie, dass die Kundschafterinnen mit dem Pfeifen beginnen, nachdem sie einen Konsens wahrgenommen haben, konnten wir also verwerfen. Außerdem sprach das Experiment in gewisser Weise für die Quorumshypothese: Immer wenn 20 bis 30 oder mehr Bienen zur gleichen Zeit an einem der Nistkästen gewesen waren, wobei sich in der Regel 10 bis 15 von ihnen im Inneren und weitere 10 bis 15 außerhalb befanden, bereiteten sich die Schwärme in Form der Pfiffe von Kundschafterinnen auf den Abflug vor. Dies legte die Vermutung nahe, dass eine Zahl von 20 bis 30 Bienen, die sich gleichzeitig an einem der potentiellen Nistplätze aufhalten, im Entscheidungssystem der Honigbienenschwärme ein Quorum darstellt. Eines muss man dabei allerdings bedenken: Da die Kundschafterinnen einen großen Teil ihrer Zeit auf der Schwarmtraube verbringen, bedeutet die Beobachtung von 25 Bienen an einem potentiellen Nistplatz, dass die Gesamtzahl der Bienen, die diese Stelle aufsuchen und ihre Unterstützung für sie zum Ausdruck bringen, bei 50 bis 100 liegt.

Unser zweites Experiment auf Appledore Island fand im Juni und Juli 2003 statt. Dieses Mal wollten wir unmittelbar die Hypothese überprüfen, dass die Kundschafterinnen durch Wahrnehmung des Quorums feststellen, wann sie mit ihren Pfeifsignalen beginnen müssen. Dazu mussten wir wissen, ob eine entscheidende Voraussage dieser Hypothese stimmte: Wir wollten die Entstehung des Quorums am ausgewählten Nistplatz des Schwarmes hinauszögern, den Entscheidungsprozess ansonsten aber ungestört ablaufen lassen; entsprechend sollten sich dann auch der Beginn der Pfeifsignale und der Abflug des Schwarmes verzögern. Damit unterzogen wir die Hypothese dem entscheidenden Test: Wenn die Voraussage falsch war, würde dies für die Hypothese der Quorumswahrnehmung den Todesstoß bedeuten.

Um die Entstehung des Quorums zu verzögern, entwickelten Kirk und ich eine einfache Methode: Wir bauten fünf erstrebenswerte Nistkästen an einer einzigen Stelle auf der Insel dicht nebeneinander auf (siehe Bildteil, Abb. XXXI). Bei ihren Besuchen an dieser Stelle würden die Kundschafterinnen sich also auf fünf genau gleiche Nisthöhlen verteilen, statt sich auf eine einzige zu konzentrieren. Dann beobachteten wir, wie lange es dauerte, bis im Schwarm nach der Entdeckung der Nistkästen die ersten Pfeifsignale gegeben wurden und nach welcher Zeit er in Richtung der Stelle abflog. Zur Kontrolle stellten wir außerdem mit jedem Schwarm ein weiteres Kontrollexperiment mit nur einem Nistkasten an. Die beiden Versuche wurden für jeden Schwarm an zwei verschiedenen Stellen der Insel durchgeführt und begannen auf die gleiche Weise: Eine Kundschafterin entdeckte an einer neuen Stelle einen attraktiven Nistplatz. In dem Versuch mit der einzelnen Kiste konzentrierten sich die Kundschafterinnen aller untersuchten Schwärme auf diese Stelle, und sehr schnell sammelten sich dort zahlreiche Bienen; standen jedoch fünf Kästen zur Verfügung, verteilten sie sich, und die Zahl der Bienen an jeder einzelnen Kiste wuchs langsamer. Und in allen vier Schwärmen setzten sowohl das Pfeifen als auch der Abflug in dem Experiment mit fünf Kisten deutlich später ein, als wenn nur eine Kiste vorhanden war. Mit einer Kiste lagen zwischen der Entdeckung des potentiellen Nistplatzes und dem Beginn der Pfeifsignale beziehungsweise dem Abflug durchschnittlich 162 beziehungsweise 196 Minuten, bei fünf Kisten waren es 416 und 442 Minuten. Man sollte anmerken, dass das Ausmaß der Schwänzeltänze auf der Schwarmtraube in beiden Fällen gleich war. Auch der Konsens wurde in beiden Experimenten im gleichen Umfang erreicht; die Bienen tanzten immer einhellig zugunsten der Stelle mit dem Nistkasten beziehungsweise den Nistkästen. Demnach scheint klar zu sein, dass unser Experiment mit den fünf Nistkästen den Entscheidungsprozess auf der Schwarmtraube als solchen nicht beeinflusste, und doch setzten die Pfeifsignale und der Abflug verspätet ein. Das Experiment sprach also nachdrücklich für die Hypothese, dass ein Quorum wahrgenommen wird.

Aus den Ergebnissen dieser beiden Experimente, die wir 2002 und 2003 auf Appledore Island angestellt hatten, zogen Kirk und ich den Schluss, dass nicht der Konsens unter den Tänzerinnen auf der Schwarmtraube, sondern ein Quorum der Kundschafterinnen an einem der potentiellen Nistplätze den entscheidenden Reiz darstellt, der die Kundschafterinnen zum Pfeifen veranlasst und damit die Vorbereitungen für den Abflug in Gang setzt. Wie bringen wir aber diese Schlussfolgerung mit der Tatsache in Einklang, dass zum Zeitpunkt des Abfluges ein Konsens zwischen den Kundschafterinnen herrschen *muss*, damit sie einheitlich in Richtung einer auserwählten Stelle fliegen? Eine potentielle Antwort lautet: Während der Vorbereitungen für den Abflug, die in der Regel eine Stunde oder mehr in Anspruch nehmen, bleibt ausreichend Zeit für die positiven Rückkopplungsprozesse, durch die immer mehr Befürworter der besten Stelle rekrutiert werden, bis Einigkeit unter den Kundschafterinnen herrscht. Möglicherweise ist das aber noch nicht alles. Man könnte sich beispielsweise vorstellen, dass die Pfeifsignale, die, wie Kirk und ich 2006 feststellten, von den Kundschafterinnen nur nach der Rückkehr von der auserwählten Stelle abgegeben werden, den Kundschafterinnen auch Informationen über die unterlegenen Stellen (die das Quorum nicht erreicht haben) verschaffen und ihnen mitteilen, dass der Wettbewerb vorüber ist und dass sie ihre Werbung für diese Nistplätze einstellen sollen. Dies würde den Kundschafterinnen sicher helfen, vollständige Einigkeit über ihr zukünftiges Zuhause zu erzielen, aber ob Bienen, die unterlegene Stellen befürwortet haben, tatsächlich auf diese Weise auf die Pfeifsignale reagieren, wissen wir nicht.[12]

Unbekannt ist auch, wie die Kundschafterinnen im Einzelnen das Quorum wahrnehmen. Möglicherweise bedienen sie sich dazu visueller Informationen. Für Menschen und vielleicht auch für Bienen sind die Kundschafterinnen mit ihren ständigen Bewegungen außerhalb der Nisthöhle leicht wahrzunehmen; dies gilt teilweise sogar für das Innere der Höhle, zumindest in der Nähe der Eingangsöffnung, die relativ viel Licht einfallen lässt. Es wäre aber auch denkbar, dass die Zahl der Bienen durch die Berührungen wahrgenommen wird. Sobald sich an einer Stelle mehrere Kundschafterinnen sammeln, treten sie seltsamerweise häufig untereinander in Körperkontakt. Viele von ihnen führen sogar innerhalb und außerhalb der potentiellen Nisthöhle etwas Ähnliches wie einen Schwirrlauf auf, wodurch sie mit anderen Bienen zusammenstoßen. Es wäre durchaus möglich, dass eine Biene aus der Häufigkeit der Kontakte insgesamt oder aus den Zusammenstößen mit Schwirrläuferinnen die Zahl ihrer Kolleginnen an einer Stelle ableitet. Eine dritte Möglichkeit wären Geruchswahrnehmungen. Kundschafterinnen, die in der Eingangsöffnung eines potentiellen Zuhauses stehen, schwingen häufig die Flügel und legen ihre Duftorgane frei; damit schütten sie die nach Zitronen duftende Mischung aus Wirkstoffen aus, mit der sie »Kommt her!« sagen – womit sie vermutlich anderen Kundschafterinnen helfen, diesen besonderen Ort zu finden. Die genaue Untersuchung dieser Möglichkeiten ist ein Thema für zukünftige Forschungsarbeiten.

Wozu die Quorums-Wahrnehmung?

Auf den ersten Blick erscheint es seltsam, dass die Kundschafterinnen nicht den Konsens, sondern das Quorum wahrnehmen und daraus ableiten, wann sie den Schwarm auf den Flug zu dem neuen Zuhause vorbereiten müssen. Schließlich ist der Konsens zwischen den Tänzerinnen eine Voraussetzung dafür, dass der Schwarm den Umzug an den ausgewählten Platz erfolgreich vollziehen kann. Aber sowohl Lindauer mit seinem Balkon- und Moosach-Schwarm als auch Kirk und ich mit unseren Schwärmen auf Appledore Island 2002 konnten beobachten, was passiert, wenn ein Schwarm abhebt, während unter seinen Tänzerinnen starke Meinungsverschiedenheiten über zwei Nistplätze herrschen: Die Wolke der Bienen teilt sich in der Luft, beide Hälften halten in ihrer Bewegung inne und lassen sich am Ende gemeinsam wieder an der Stelle nieder, an der ihre erschöpfte Königin gelandet ist. Die Bienen haben also viel zu tun, tun aber nichts.

Warum reagieren die Kundschafterinnen nicht auf den Konsens? Damit würden sie die Gefahr vermeiden, dass ihr Schwarm sich nach dem Abflug aufteilt und nirgendwohin gelangt. Unter anderem liegt es daran, dass die Wahrnehmung einer übereinstimmenden Meinung zwischen den tanzenden Bienen äußerst schwierig wäre. Dazu müsste sich vermutlich jede Kundschafterin über das Werbeverhalten ihrer Kolleginnen informieren, und das würde voraussetzen, dass sie über die Schwarmtraube wandert, Tänze verfolgt und alle diese Wahrnehmungen im Geist addiert. Besonders schwierig wäre das alles auf einem größeren Schwarm, in dem es mehr Kundschafterinnen und damit auch mehr Tänze gibt. Die Wahrnehmung eines Quorums dagegen muss mit zunehmender Größe des Schwarmes nicht schwieriger werden, denn das Quorum bliebe immer gleich groß und wäre damit unabhängig von der Schwarmgröße.

Ein anderer mutmaßlicher Grund dürfte darin zu suchen sein, dass ein Schwarm mit der Wahrnehmung eines Quorums ein gutes Gleichgewicht zwischen Geschwindigkeit und Genauigkeit der Entscheidungsfindung erzielen kann. Betrachten wir als Erstes die Geschwindigkeit. Wenn ein Quorum den Auslöser für die Vorbereitungen des Abfluges bildet, können diese beginnen, sobald genügend Kundschafterinnen sich für einen der potentiellen Nistplätze ausgesprochen haben, selbst wenn andere noch unterwegs sind oder Werbung für andere Stellen machen. Mit anderen Worten: Vermutlich besteht keine Notwendigkeit, auf vollständige Übereinstimmung zu warten, wenn man das Ergebnis im Voraus wahrnehmen kann. Würde der Konsens für die Bienen als Auslöser dienen, müsste sich der Beginn der Abflugvorbereitungen so lange verzögern, bis dieser

Konsens erreicht ist. Einen entsprechend größeren Anteil des kleinen Energievorrates (Honig), den die Bienen mitgebracht haben, würden sie verbrennen. Und wenn die Verzögerung der Flugvorbereitungen einen Schwarm zwingt, den Abflug auf den nächsten Tag zu verschieben – nach 17 Uhr fliegen Schwärme selten ab – und eine weitere kalte Nacht im Freien zu verbringen, würde dieser Energieverbrauch beträchtliche Ausmaße annehmen.

Der zweite Aspekt ist die Genauigkeit. Anscheinend besteht das Quorum aus 20 bis 30 Bienen, die gleichzeitig an einer Stelle anwesend sind (die Hälfte von ihnen drinnen, die andere draußen). Da jede Kundschafterin nur einen Teil ihrer Zeit an der betreffenden Stelle verbringt, setzt dies voraus, dass sich insgesamt rund 75 von ihnen für den fraglichen Nistplatz aussprechen. Ein Quorum von 20 bis 30 Bienen trägt offensichtlich zu einer richtigen Entscheidung bei, denn es gewährleistet, dass die Kundschafterinnen keine Pfeifsignale aussenden, solange nicht eine nennenswerte Zahl von ihnen unabhängig voneinander die Stelle beurteilt und für unterstützenswert befunden hat. Dies macht es äußerst unwahrscheinlich, dass sich ein Schwarm für eine schlechte Stelle entscheidet, wenn eine bessere zur Verfügung steht: Die schlechtere Stelle lockt keine größere Anzahl von Kundschafterinnen an. Stellen wir uns einmal vor, dass eine Kundschafterin einen Fehler macht – sie beurteilt eine schlechte Stelle als gut und rekrutiert entsprechend viele Kolleginnen. Die Nachfolgerinnen prüfen selbst die Stelle, die aber der Prüfung nicht standhält; dann machen die Bienen keine weitere Werbung mehr dafür und korrigieren auf diese Weise den Fehler. Die Zahl der Kundschafterinnen an der Stelle geht zurück, und der Schwarm lehnt die minderwertige Stelle ab. Nach meiner Vermutung wurde die Größe des Quorums als Parameter im Entscheidungsprozess während der Evolution so abgestimmt, dass ein optimales Gleichgewicht zwischen Geschwindigkeit (Bevorzugung durch ein kleines Quorum) und Genauigkeit (Bevorzugung durch ein großes Quorum) erzielt wird. Mit dem Thema werden wir uns in Kapitel 9 noch einmal eingehend befassen.[13]

Der Gedanke, dass eine Gruppe bei der Entscheidung, wann sie handelt, mit einem Quorum ein besseres Gleichgewicht zwischen Geschwindigkeit und Genauigkeit erreichen kann als mit einem Konsens, zeigt sich sehr anschaulich in einer Geschichte, die mir eine Nachbarin, die zu den Quäkern gehört, vor einiger Zeit erzählte.[14] Vor ein paar Jahren schlugen sich die Mitglieder ihrer Gemeinde mit der Frage herum, ob sie ihr Versammlungshaus verlegen sollten. Das Thema wurde während der Zusammenkünfte immer wieder diskutiert, und immer wieder bemühten sich die Freunde um eine einheitliche Meinung, aber die Gespräche endeten jedes Mal mit einer Vertagung, weil man nicht zu einer übereinstimmenden Meinung gelangen konnte. Warum nicht? Weil eine Freundin, eine ältere Dame, den Vorschlag nachdrücklich für einen Fehler hielt, ihre Zustimmung verweigerte und so die Entscheidung blockierte. Hätte die Versammlung ein Quorum gefordert und gehandelt, nachdem ein ausreichend großer Anteil der Mitglieder zugestimmt hatte, wäre die Entscheidung in wenigen Wochen gefallen, aber bis zum Konsens vergingen vier Jahre. Dass die Versammlung am Ende zu einer einheitlichen Ansicht gelangen konnte, lag nur daran, dass die eine Freundin, die eine abweichende Meinung hatte, schließlich starb. Manche Entscheidungen müssen aber schnell getroffen werden, selbst wenn sie deshalb nicht vollkommen sind. Die Geschäftsordnung der Quäker mit ihrer unendlichen, geduldigen Suche nach vollständiger Übereinstimmung wäre für einen heimatlosen Bienenschwarm, der im Freien an einem Ast hängt, äußerst gefährlich.

8. Der fliegende Schwarm wird gesteuert

Oft hab' ich gestaunt, wie du ohne Tadel
Aus deiner Wohnhöhle kommst geflogen.
Schwebst scheinbar mühelos voller Adel
Vom Berg in das Tal, vom Fluss zu den Wogen.[1]

Thomas Smibert,
The Wild Earth-Bee, 1851

Mit seinem Gedicht über Hummeln pries Thomas Smibert die erstaunliche Fähigkeit der Bienen, von weit entfernten Blüten wieder nach Hause zu finden. Sie haben das Lob reichlich verdient. Heute wissen wir, dass eine Honigbienen-Arbeiterin den Weg zu Blüten, die zehn oder mehr Kilometer von ihrem Stock entfernt sind, finden und wieder zurückkehren kann – eine mehr als ansehnliche Entfernung für ein Lebewesen, das nur 14 Millimeter lang ist. Wir wissen auch, dass Hummeln und Honigbienen sich zu diesem Zweck der gleichen Navigationsmethoden bedienen, die schon seit Menschengedenken von Seeleuten genutzt werden, wenn sie über das offene Wasser in einen vertrauten Hafen gelangen wollen: Sie steuern nach einem Kompass – für Bienen ist es die Sonne – und führen Buch über die zurückgelegte Strecke; wenn aber das Ziel in Sicht kommt, orientieren sie sich an Landmarken, die sie im Gedächtnis haben.[2] Wie können einzelne Bienen ein so großes Gebiet abdecken, ohne sich zu verirren? Das war eine der rätselhaften Fragen, denen Karl von Frisch und Martin Lindauer in den 1950er Jahren nachgingen; seither haben andere Biologen weitere Erkenntnisse darüber gewonnen, wie eine Biene den Weg zu den Blüten und wieder zurück zum Stock findet.

Gleichzeitig wurde aber die damit zusammenhängende Frage, wie ein Bienenschwarm sich selbst zu seinem neuen Nistplatz lenkt, außer Acht gelassen. Wahrscheinlich lag es daran, dass dies ein zu verwirrendes Rätsel zu sein schien. Irgendwie gelingt es einer Wolke von der Größe eines Schulbusses, die aus 10 000 fliegenden Insekten besteht, geradewegs von dem vorübergehenden Rastplatz an den neuen Wohnort zu navigieren. Die Flugstrecke ist in der Regel Hunderte oder sogar Tausende von Metern lang und führt über Felder und Wälder, Hügel und Täler, Sümpfe und Seen. Vielleicht am erstaunlichsten ist, dass die fliegende Kolonie sich über der Landschaft auf einen ganz bestimmten Punkt hin orientiert, auf ein einziges Astloch in einem bestimmten Baum in einem bestimmten Waldstück. Und wenn die Gruppe ihrem Bestimmungsort näher kommt, geht die Fluggeschwindigkeit nach und nach immer weiter zurück, bis der Schwarm präzise und elegant vor dem Eingang zu seinem neuen Zuhause zum Stillstand kommt. Wie bewerkstelligen 10 000 Bienen diese großartige Leistung des zielgerichteten, gemeinsamen Fluges? In den letzten Jahren gelang es mit der neuen, digitalen Videotechnologie, die komplizierten Daten zu sammeln und Bilder so zu verarbeiten, dass man einzelne Bienen in einem fliegenden Schwarm verfolgen und damit die Mechanismen ihrer Flugsteuerung aufdecken konnte. In diesem Kapitel wollen wir uns ansehen, wie das funktioniert; wie wir dabei erfahren werden, spielen die Kundschafterinnen für unsere Geschichte erneut die Hauptrolle.

Schwarmjäger

Im Sommer 1979 kehrte ich in das Haus meiner Familie in Ithaca im Bundesstaat New York zurück. Ich wollte wieder mit meinem ersten Mentor und guten Freund Roger »Doc« Morse arbeiten, einem Professor für Bienenforschung an der Cornell University. Ein paar Jahre zuvor hatten Doc und sein Student Alphonse Avitabile, der heute emeritierter Professor an der University of Connecticut ist, eine wichtige Entdeckung gemacht: Wenn ein Bienenschwarm zu seinem neuen Zuhause fliegt, achten die Arbeiterinnen ständig darauf, dass die Königin sich noch innerhalb des Schwarmes aufhält; zu diesem Zweck nehmen sie den Geruch des »Königinnen-Pheromons« wahr, der permanent von ihr ausgeht. Dieses Pheromon, der Hauptbestandteil des Sekrets aus den Speicheldrüsen im Kopf der Königin, ist eine Fettsäure mit zehn Kohlenstoffatomen, die den chemischen Namen (E)-9-oxo-2-Decansäure trägt (ich werde sie einfach als 9-ODA bezeichnen).[3] Wenn die Bienen in einem fliegenden Schwarm diese besondere Substanz riechen, fliegen sie weiter in Richtung ihrer neuen Heimatadresse; nehmen sie dagegen den Duft nicht mehr wahr, weil die Königin sich zum Ausruhen niedergelassen hat, fliegen sie ebenfalls nicht weiter, sondern sie kreisen an Ort und Stelle, bis sie die fehlende Königin gefunden haben, und sammeln sich um sie, ganz gleich, wo sie zu Boden gegangen ist. Früher oder später hebt der Schwarm dann wieder ab und setzt die Reise zu seinem Bestimmungsort fort. Offensichtlich geben sich die Arbeiterinnen in einem fliegenden Schwarm also große Mühe, die überragend wichtige Königin nicht zu verlieren.

Um die Frage zu beantworten, ob 9-ODA der entscheidende Indikator für die Gegenwart der Königin ist, hatten Doc und Al Avitabile sich ein Experiment ausgedacht, das ein wenig bösartig war. Sie hatten künstliche Schwärme aufgebaut, deren Königin jeweils in einem kleinen Käfig eingesperrt war, und wenn der Schwarm dann seine Wohnungssuche beendet hatte und in Richtung der ausgewählten Stelle abfliegen wollte, hatten sie fünf Arbeiterinnen, die sich ebenfalls gerade in die Luft erhoben, 9-ODA auf den Rücken gepinselt. Alle so behandelten Schwärme flogen ab, bis sie nicht mehr zu sehen waren, und … kehrten nie zurück! Schwärme, die sie genau gleich behandelt hatten, ohne aber Arbeiterinnen den Duftstoff 9-ODA auf den Rücken zu streichen, flogen ebenfalls ab, legten aber nur eine Strecke von ungefähr 50 Metern zurück, drehten dann um und ließen sich wieder rund um die eingesperrte Königin nieder. Offensichtlich muss also nur eine Biene den besonderen Duftstoff

9-ODA tragen, damit der fliegende Schwarm überzeugt ist, die Königin sei dabei. Bis heute empfinde ich ein gewisses Mitgefühl mit den Schwärmen, die durch dieses ansonsten hervorragende Experiment verwaisten.

Als Doc zusah, wie seine mit 9-ODA behandelten Schwärme außer Sichtweite gerieten, war er vom Ablauf ihres Fluges fasziniert. Deshalb lud er 1979 sowohl Kirk Visscher (der gerade mit seiner Promotion bei Doc begonnen hatte) als auch mich ein, ihm bei der Untersuchung dieses Vorganges zu helfen. Als Erstes wollten wir einfach beobachten, wie der Flug eines Schwarmes von Anfang bis Ende abläuft. Zu diesem Zweck fuhren wir nach Appledore Island, denn wir wussten, dass wir dort die Flugroute eines Schwarmes genau im Auge behalten konnten.[4] Wir nahmen einen mittelgroßen Schwarm von ungefähr 11 000 Bienen mit und brachten ihn auf der Insel in einem Nistkasten unter, so dass wir während des Fluges unter dem Schwarm mitlaufen konnten. Wegen des vielen Giftefeus auf Appledore Island mussten wir uns allerdings auf die Wege und Pfade der Insel beschränken, die niemals in gerader Linie verlaufen; es gelang uns aber, eine ausreichend geradlinige, 350 Meter lange »Spur« zu finden, auf der wir während der ganzen Reise des Schwarmes in seiner Nähe bleiben konnten. An einem Ende stellten wir den Schwarm auf, am anderen den Nistkasten, und auf dem Weg brachten wir alle 30 Meter einen Pfosten mit einem Fähnchen an. Wenn wir nun festhielten, wann der Mittelpunkt des fliegenden Schwarmes die einzelnen Fähnchen passierte, konnten wir später seine Geschwindigkeit in allen Flugphasen berechnen.

Erwartungsgemäß fand eine Kundschafterin unseres Schwarmes sehr schnell den Nistkasten, und wenig später hatten die Bienen, die ihn mit ihrem Tanz befürworteten, in der Diskussion die Oberhand gewonnen. Während wir warteten, bis die Kundschafterinnen ihre Beratungen abgeschlossen hatten, brachten wir auf jeder Biene, die zugunsten des Nistkastens tanzte, einen blauen Farbfleck an; außerdem notierten wir alle fünf Minuten, welcher Anteil der blau markierten Bienen an dem Nistkasten zu sehen war. Wir hatten

143 Kundschafterinnen markiert und stellten fest, dass im Durchschnitt 29 Prozent der Kundschafterinnen an dem Kasten einen Farbfleck trugen; demnach konnten wir abschätzen, dass rund 495 Bienen (143 = 0,29 × 495) den Nistkasten vor dem Abflug aufgesucht hatten. Somit war klar, dass weniger als fünf Prozent der 11 000 Bienen in unserem Schwarm den Bestimmungsort beim Abflug bereits kannten.

Ebenso interessant war, was wir über die Fluggeschwindigkeit des Schwarmes lernten. Wir konnten beobachten, wie die Wolke der schwärmenden Bienen ungefähr eine halbe Minute lang über dem Rastplatz hing und sich dann langsam in Richtung des Nistkastens in Bewegung setzte. Die ersten 30 Meter legte der Schwarm mit einer Geschwindigkeit von weniger als einem Stundenkilometer zurück, dann aber beschleunigte er stetig, bis er nach 150 Metern eine Spitzengeschwindigkeit von acht Stundenkilometern erreicht hatte. Am erstaunlichsten war, dass der Schwarm es irgendwie schaffte, vor Erreichen des Nistkastens die Bremse zu ziehen. Ungefähr 90 Meter vor dem Kasten ging die Geschwindigkeit allmählich zurück, und knapp fünf Meter vor dem Ziel kam der Mittelpunkt des Schwarmes zum Stillstand. In den nächsten beiden Minuten tauchte eine zunehmende Zahl von Kundschafterinnen an der Eingangsöffnung des Kastens auf – nach 20 Sekunden waren es fünf, nach 50 Sekunden bereits 40 und nach 90 Sekunden über 100. Sie schütteten Pheromone aus ihren Nasonov-Drüsen aus und zeigten damit ihren unwissenden Artgenossinnen den Weg in das neue Heim. Innerhalb von drei Minuten nachdem der Schwarm vor dem Nistkasten angehalten hatte, landeten so viele Bienen darauf, dass die ganze Vorderseite bedeckt war. Wenig später marschierten sie in Massen ins Innere, und um den Eingang herum bildete sich ein rotierender Wirbel aus Bienen (siehe Bildteil, Abb. XXXII). Sechs Minuten später begab sich die Königin ohne viel Aufhebens in den Kasten, und zehn Minuten nach der Ankunft des Schwarmes befanden sich fast alle Bienen in der Sicherheit ihres neuen Zuhauses.

An jenem Tag hatte es mir Spaß gemacht, die Schwärme zu

verfolgen, aber fortsetzen konnte ich unsere Beobachtungen erst 25 Jahre später: Im Sommer 2004 hatte ich das ungeheure Glück, dass die Verhaltensbiologin Madeleine Beekman aus den Niederlanden zu uns stieß. Madeleine hatte zuvor als Postdoc in England bei meinem Freund Francis Ratnieks gearbeitet, einem anerkannten Bienenexperten; seither war sie fasziniert von der rätselhaften Frage, wie der Flug eines Schwarmes gelenkt wird. Einen Sommer lang erforschte sie mit mir an der Cornell University die Bienenschwärme, und dabei erwies sie sich als die beste denkbare Mitarbeiterin: intelligent, fleißig und gutmütig. Heute arbeitet sie an der Universität Sydney in Australien.

Auf Appledore Island hatten wir unsere Beobachtungen unter relativ ungenauen Bedingungen angestellt, und nun suchten wir nach Verbesserungsmöglichkeiten. Wir wollten das Flugverhalten der Schwärme genauer beschreiben und kontrollierte Experimente anstellen. Deshalb entschlossen wir uns, die Schwärme über die große Wiese neben meinem Institut an der Liddell Field Station unmittelbar neben dem Gelände der Cornell University fliegen zu lassen.[5] Mitten auf dieser 26 Hektar großen Grasfläche steht eine große Weiß-Esche (*Fraxinus americana*), die sich ausgezeichnet dazu eignete, an ihr den Nistkasten aufzuhängen, den unsere Schwärme als neues Zuhause auswählen sollten. Natürlich gab es in den Wäldern rund um das Feld und darüber hinaus auch attraktive natürliche Nisthöhlen, aber aus meinen Untersuchungen auf Appledore wusste ich, dass ich einen Schwarm nur mit ausreichender Geduld beobachten und alle Kundschafterinnen, die zugunsten einer anderen Stelle tanzten, absammeln musste, um die Aufmerksamkeit des Schwarmes auf den von mir angebotenen Nistplatz zu lenken. Es klappte gut. Wir ließen viele Schwärme auf einer 270 Meter langen Flugstrecke fliegen, die sich von der Nähe des Labors bis zu der Esche hinzog. Diesen Flugweg unterteilten wir in Abschnitte von 30 Metern, so dass wir die Fluggeschwindigkeit messen konnten. Um genau festzustellen, welche Ausmaße die Schwarmwolke beim Abflug hatte, bauten wir für unsere Schwärme eine 20 × 20 Meter große »Startrampe«: Diese kurz gemähte Fläche war in Abständen von vier Metern mit Pfosten besetzt, und wir errichteten darauf einen sechs Meter hohen Pfahl mit Markierungen im Abstand von jeweils einem Meter. Der Schwarm wurde jeweils auf die Mitte der Startrampe gesetzt, und nach dem Abflug maßen wir die Länge und Breite der Wolke im Verhältnis zu dem Gitternetz; ihre Höhe konnten wir relativ zu dem Pfahl ablesen. Außerdem fotografierten wir die fliegenden Schwärme von der Seite, um die Bewegungsmuster einzelner Bienen später analysieren zu können.

Zunächst beobachteten wir den Flug von drei Schwärmen, die jeweils aus ungefähr 11 500 Bienen bestanden und damit dem Medianwert für die Größe natürlicher Schwärme entsprachen. Als sie abflogen, löste sich jede Schwarmtraube explosionsartig auf und verwandelte sich in eine summende Wolke von Bienen, die ungefähr zehn Meter lang, acht Meter breit und drei Meter hoch war. Die Untergrenze dieser Schwarmwolken schwebte jeweils ungefähr zwei Meter über der Wiese und damit (glücklicherweise) ein wenig über unseren Köpfen. Nachdem wir die Abmessungen kannten, berechneten wir den Abstand der einzelnen Bienen im Schwarm auf durchschnittlich ungefähr 27 Zentimeter, das heißt, ihre Dichte lag bei mehr als 50 Bienen je Kubikmeter (siehe Bildteil, Abb. XXXIII). Dennoch kam es unter den Bienen in der Luft erstaunlicherweise selten oder nie zu Kollisionen.

Die Flugbewegung aller drei Schwärme entsprach dem, was Doc Kirk und ich auch auf Appledore Island beobachtet hatten. Jeder Schwarm bewegte sich anfangs sehr langsam, beschleunigte dann allmählich bis auf eine Spitzengeschwindigkeit von ungefähr sechs Stundenkilometern und bremste schließlich sanft wieder ab, so dass er an dem neuen Zuhause zum Stillstand kam (Abb. 46). Wie zuvor bemerkten wir außerdem eine kurze Verzögerung zwischen der Ankunft an dem Bestimmungsort und dem Augenblick, in dem die Kundschafterinnen sich an der Eingangsöffnung niederließen und die Nasonov-Pheromone abgaben; nachdem der Lockstoff aber ausgeschüttet war, landete auch der übrige Schwarm sehr schnell auf dem

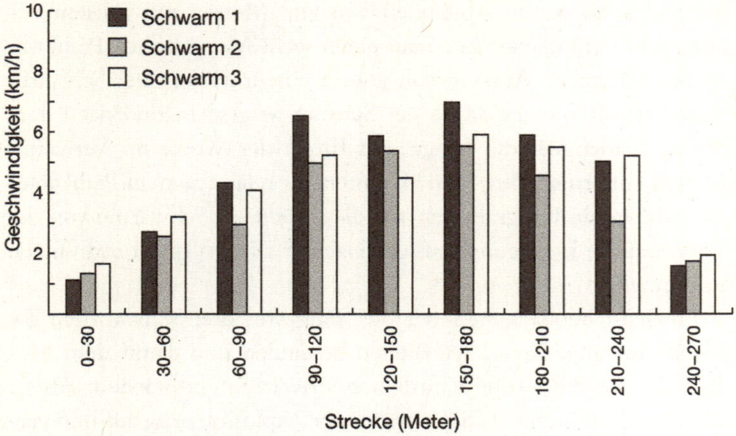

Abb. 46 Fluggeschwindigkeit von drei Schwärmen, die 270 Meter weit zu einem Nistkasten flogen. Die Höchstgeschwindigkeit lag bei 5 bis 7 Stundenkilometern. Bei längeren Flügen können Schwärme auch eine Geschwindigkeit von bis zu 12 Stundenkilometern erreichen.

Nistkasten. Ohne Zögern begaben die Bienen sich ins Innere, und schon nach zehn Minuten waren sie fast alle im Kasten verschwunden. Jeder Schwarm vollzog den gesamten Umzug – Abflug, Flug, Landung und Einzug – so präzise, dass er in weniger als 15 Minuten abgeschlossen war.

Anführer und Nachfolger

Der genau gesteuerte Flug eines Honigbienenschwarmes zu seinem neuen Nistplatz ist vor allem deshalb so erstaunlich, weil nur ein kleiner Prozentsatz der Individuen die Flugroute und den Bestimmungsort kennt. Wie bereits erwähnt, hatten noch nicht einmal fünf Prozent der Bienen aus dem Schwarm, den Doc, Kirk und ich auf Appledore Island studiert hatten, den Nistkasten vorher schon einmal aufgesucht; nur sie kannten seine genaue Lage, bevor der Schwarm den Flug in die neue Heimat antrat. Diesen Befund konnten Susannah Buhrman und ich später in einer weiteren Studie bestätigen. Dazu bereiteten wir Schwärme aus individuell markierten Bienen vor, zeichneten den Tanz der Kundschafterinnen auf Video auf und beobachteten, für welchen potentiellen Nistplatz die einzelnen Kundschafterinnen Werbung machten. In allen drei untersuchten Schwärmen sprachen sich nur 1,5 bis 1,7 Prozent der Bienen mit ihrem Tanz für die letztlich gewählte Stelle aus. Aufgrund dieser Zahl in Verbindung mit einem Anteil von ungefähr 50 Prozent der Kundschafterinnen, die an einer hochwertigen Stelle waren und dafür auch mit ihrem Tanz warben (was Kirk und ich mit unserer in Kapitel 6 beschriebenen Studie zur Codierung der Nestqualität durch die Kundschafterinnen festgestellt hatten), gelangten wir zu der Schätzung, wonach nur 3 bis 4 Prozent der Bienen in jedem Schwarm schon einmal an dem zukünftigen Wohnort des Schwarmes gewesen waren und seine genaue Lage kannten. Wenn sich ein Schwarm in seine neue Heimat aufmacht, verlässt er sich also offensichtlich auf eine relativ geringe Zahl ortskundiger Kundschafterinnen – in einem durchschnittlich großen Schwarm von 10 000 Bienen sind es ungefähr 400, die als Anführer für alle anderen dienen.[6] Wie funktioniert dieses System aus Anführern und Nachfolgern?

Zu der Frage, wie eine ortskundige Minderheit die unwissende Mehrheit eines Schwarms zu dem neuen Zuhause führt, wurden drei Hypothesen formuliert. Die erste geht davon aus, dass die Information von Anführern zu Nachfolgern durch ein chemisches Signal weitergegeben wird. Al Avitabile, Roger Morse und Rolf Boch hatten in ihrem 1975 erschienenen Fachartikel nicht nur beschrieben, wie die Arbeiterinnen in einem Schwarm ihre Königin aufgrund des ausgeschütteten 9-ODA bemerken, sondern sie äußerten auch die Vermutung, dass die Kundschafterinnen mit Pheromonen aus der Nasonov-Drüse, die zu dem Duftorgan an der Spitze des Hinterleibs einer Arbeiterin gehört (siehe Bildteil, Abb. XXXIV), die Flugrichtung vorgeben.[7] Danach geben die Kundschafterinnen die Pheromone am vorderen Ende der Schwarmwolke ab, womit sie alle anderen anlocken und damit in die richtige Richtung lenken.

Nach den anderen beiden Hypothesen wird die Information nicht durch Geruch, sondern durch einen visuellen Reiz übertragen. Die eine wird als »Hypothese der subtilen Lenkung« bezeichnet und wurde 2005 von einem Biologenteam der Princeton University in den Vereinigten Staaten und den britischen Universitäten in Leeds und Bristol vorgeschlagen: Iain Couzin, Jens Krause, Nigel Franks und Simon Levin vertraten die Ansicht, die ortskundigen Bienen würden die richtige Flugrichtung nicht auffällig anzeigen, sondern den Schwarm einfach dadurch steuern, dass sie selbst in die Richtung des neuen Nistplatzes fliegen.[8] Das Prinzip konnten die Autoren mit Computersimulationen fliegender Schwärme nachvollziehen: Wenn eine Biene in einem fliegenden Schwarm (1) Kollisionen vermeidet, indem sie sich von allen Nachbarn, die sich in kritischer Entfernung befinden, wegbewegt, wird sie (2) meist zu Nachbarn außerhalb dieser kritischen Entfernung hingezogen und schließt sich ihnen an; außerdem (3) fliegt sie entweder in einer bevorzugten Richtung (ortskundige Bienen) oder ohne Vorzugsrichtung (unwissende Bienen), und der Schwarm wird auch dann in die Richtung des neuen Nistplatzes gelenkt, wenn der Anteil der ortskundigen Bienen sehr klein ist. Interessanterweise kann dieser Anteil in großen Gruppen, beispielsweise einem Honigbienenschwarm, weniger als 5 Prozent betragen. Diese faszinierende Hypothese zeigt, dass die Bienen in einem fliegenden Schwarm nicht unbedingt wissen müssen, welche ihrer Kollegen die Flugroute kennen und demnach die Anführer sind.

Die zweite auf dem Sehvermögen basierende Vorstellung, »Hypothese der Flitzerbienen« genannt, wurde 1955 von Martin Lindauer skizziert. Ganz am Ende seines großen Werkes über die Wohnungssuche von Honigbienen berichtete Lindauer, er habe gesehen, wie mehrere hundert Bienen in schnellerem Flug vor der Schwarmwolke her in Richtung des Nistplatzes flogen. Während die Schwarmwolke sich langsam in diese Richtung bewegte, flogen die führenden Bienen an der Grenze des Schwarmes entlang und schossen dann in schnellem Flug wieder nach vorn.[9] Die Hypothese der Flitzerbienen geht davon aus, dass die ortskundigen Bienen die Flugrichtung auffällig anzeigen und zu diesem Zweck immer wieder schnell durch die Schwarmwolke fliegen. Nach der Hypothese der subtilen Führung fliegen ortskundige und unwissende Bienen mit der gleichen Geschwindigkeit, nach der Hypothese der Flitzerbienen dagegen verhalten sie sich in einem Punkt anders: Die unwissenden Bienen orientieren sich nicht allgemein an ihren Nachbarn, sondern sie richten sich bevorzugt nach schnell fliegenden Artgenossinnen. Zwischen den Hypothesen der subtilen Führung und der Flitzerbienen bestehen also zwei wichtige Unterschiede: Die ortskundigen Bienen weisen im einen Fall mit schnellem Flug den Weg, im anderen jedoch nicht, und die unwissenden Bienen orientieren sich im einen Fall bevorzugt an allen Nachbarn, im anderen an schnell fliegenden Bienen. Mit ähnlichen Computersimulationen, wie sie für die Hypothese der subtilen Führung angestellt wurden, konnte man auch nachweisen, dass die Hypothese der Flitzerbienen ebenfalls einen plausiblen Mechanismus darstellt.[10] Beide Hypothesen bieten also eine mögliche Erklärung. Nun lautete die drängende Frage: Wie ist es wirklich?

Verschlossene Duftorgane

Nachdem Madeleine Beekman den Flug der Schwärme über die Wiese bei der Liddell Field Station beschrieben hatte, wollten wir als Nächstes die Hypothese überprüfen, dass Kundschafterinnen den Schwarm mit Hilfe der von ihren Duftorganen produzierten Lockstoffe führen.[11] Dazu mussten wir Schwärme vorbereiten, bei denen die Duftorgane aller Arbeiterinnen verschlossen waren; dann konnten wir beobachten, ob solche Schwärme auf unserer Flugstrecke bei der Liddell Station zu einem orientierten Flug mit voller Geschwindigkeit in der Lage waren.

Das Duftorgan einer Bienenarbeiterin liegt auf der Rückenseite des Hinterleibs an der Vorderkante des letzten Bauchsegments. Es be-

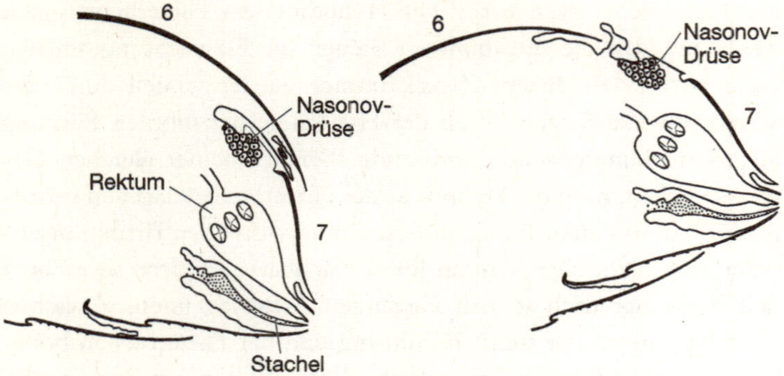

Abb. 47 Im Längsschnitt durch den Hinterleib eine Arbeiterin erkennt man das geschlossene Duftorgan in der Ruheposition (links) und ein Duftorgan, das durch Anheben des Hinterleibs und eine Abwärtsbewegung des letzten Hinterleibssegments freigelegt wird (rechts). Die Zahlen 6 und 7 bezeichnen die harten Teile der Körperhülle (Tergiten) über dem sechsten und siebten Hinterleibssegment.

steht aus mehreren hundert Drüsenzellen (der Nasonov-Drüse, benannt nach dem russischen Wissenschaftler, der sie 1883 zum ersten Mal beschrieb); die Öffnungen ihrer Ausführungsgänge liegen in der Membran, die auf der Oberseite des Hinterleibs die beiden letzten Platten (»Tergiten«) verbindet (Abb. 47).[12] Auf dieser Membran sammelt sich das Sekret, das vorwiegend aus Citral, Geraniol und Nerol besteht. Der fragliche Bereich ist in der Regel durch die beiden überlappenden Tergiten verdeckt, aber wenn eine Arbeiterin das hinterste Segment ihres Hinterleibs nach unten biegt, legt sie die Membran frei und gibt damit den Duftstoff ab. Mit einem feinen Pinsel kann man Farbe über die Verbindung zwischen den letzten beiden Tergiten streichen, und wenn die Farbe trocken ist, kleben die beiden Platten zusammen, so dass die Biene ihr Duftorgan nicht mehr freilegen kann.

Wir probierten verschiedene Farben aus. Die ersten rissen leicht, so dass die Bienen schon nach wenigen Tagen wieder die duftenden

Nasonov-Pheromone abgeben konnten, aber schließlich fanden wir eine Farbe namens *Testor gloss enamel*, die über den Hinterleibssegmenten einer Biene einen dauerhaften Verschluss bildet. Nachdem wir Gruppen von 10 bis 20 Bienen in Plastikbeuteln in einem Kühlschrank unbeweglich gemacht hatten, legten wir eine gekühlte Bienengruppe nach der anderen auf Eis, bestrichen jeweils die Duftorgane und schütteten die immer noch unbeweglichen Bienen schließlich zusammen mit ihrer Königin in einen Gitterkäfig. Dort konnten sie sich aufwärmen und zu einem Teil des von uns geschaffenen künstlichen Schwarmes werden. Das Gleiche taten wir immer wieder, bis wir 4000 Bienen bemalt hatten, was für einen kleinen experimentellen Schwarm reichte. Um irgendwelche Auswirkungen von Kühlung, Bemalung und Handhabung auszuschließen, stellten wir außerdem »Schwärme« von jeweils 4000 Bienen her, die wir genau der gleichen Behandlung unterzogen, außer dass wir den Farbfleck nicht auf den Hinterleib, sondern auf den Brustkorb setzten.

Schließlich ließen wir sechs Schwärme fliegen, davon drei mit verschlossenen Duftorganen und drei weitere zur Kontrolle. Alle bildeten in der Luft Wolken von ähnlicher Größe (acht Meter lang, acht Meter breit, drei Meter hoch). Und was am wichtigsten war: Alle flogen direkt und schnell zum Nistkasten! Die kleinen Schwärme verhielten sich dabei genauso, wie wir es vorher mit den größeren beobachtet hatten: Auf den ersten 90 Metern beschleunigten sie stetig, nach 90 bis 120 Metern hatten sie ihre Höchstgeschwindigkeit erreicht, bei 210 bis 240 Metern bremsten sie ab, auf den letzten 30 Metern bewegten sie sich sehr langsam, und am Nistkasten kamen sie schließlich zum Stillstand. Die Höchstgeschwindigkeiten der drei behandelten Schwärme lag bei 6,8, 3,6 und 6,8 Stundenkilometern, die Kontrollschwärme bewegten sich mit 6,7, 6,4 und 7,2 Stundenkilometern. (Der zweite behandelte Schwarm bewegte sich langsamer als die anderen, weil er gegen heftigen Gegenwind ankämpfte, alle anderen hatten es höchstens mit einer leichten Brise zu tun.) In einem wichtigen Aspekt jedoch verhielten sich die Schwärme der beiden Gruppen unterschiedlich: Nachdem sie den Nistkasten erreicht hatten, brauchten die behandelten Schwärme viel länger als die Kontrollschwärme (durchschnittlich 20 Minuten im Vergleich zu neun Minuten), um in den Kasten einzuziehen. Woran lag das? Mit ziemlicher Sicherheit konnten die Kundschafterinnen der behandelten Schwärme die Öffnung des neuen Zuhauses nicht mit Nasonov-Pheromonen markieren und ihren Kolleginnen demnach nicht helfen, den Eingang zu finden. Sie hatten sich sicher große Mühe gegeben, es zu tun. Die Kundschafterinnen landeten an den drei Eingangslöchern des Nistkastens und blieben dort aufgeregt mit erhobenem Hinterleib und schwirrenden Flügeln stehen, aber es gelang ihnen nicht, das letzte Segment des Hinterleibes abzusenken und das Duftorgan freizulegen (siehe Bildteil, Abb. XXXV). (Um uns zu vergewissern, untersuchten wir 250 Bienen aus jedem Schwarm, kurz nachdem sie in den Nistkasten gelangt waren; dabei stellten wir fest, dass bei einem sehr kleinen Anteil dieser Bienen, nämlich weniger als einem Prozent, der Verschluss aus Farbe gerissen war.) Da unsere behandelten Schwärme ihren Flug ebenso einwandfrei vollzogen wie die Kontrollen und sich nur nach der Landung, wenn das Duftorgan offensichtlich eine wichtige Rolle spielt, abweichend verhielten, konnten wir nur einen Schluss ziehen: Die ortskundigen Kundschafterinnen führen den Flug ihrer unwissenden Schwestern nicht dadurch an, dass sie Informationen in Form von Nasonov-Pheromonen weitergeben.

Die Armee der Flitzer

Als Nächstes wollten Madeleine und ich die Hypothese der Flitzerbienen überprüfen. Als wir beobachteten, wie unsere Schwärme über die Wiese zum Nistkasten flogen, hatten wir nach unserer Überzeugung das Gleiche beobachtet wie Lindauer an seinem fliegenden Schwarm. Die meisten Bienen bewegen sich innerhalb der Schwarmwolke recht langsam und auf schleifenförmigen Bahnen, einige wenige aber schießen geradewegs in Richtung des neuen Nistplatzes durch den Schwarm. Außerdem sah es für uns so aus, als würden diese Flitzerbienen sich vorwiegend im oberen Bereich der Schwarmwolke aufhalten. Wir waren uns unserer Beobachtungen aber nicht hundertprozentig sicher, und natürlich verfügten wir nicht über handfeste Daten; deshalb entschlossen wir uns, mit konventioneller Standbildfotografie stichhaltige Informationen zu gewinnen und unsere Eindrücke zu überprüfen.[13] Mit einer 35-Millimeter-Kamera, einem Farbfilm mit niedriger Empfindlichkeit (DIN 64) und einer mäßig langen Belichtungszeit (eine Dreißigstelsekunde) fotografierten wir einen fliegenden Schwarm bei klarem Himmel von der Seite; damit erhielten wir Fotos, auf denen die gesamte Schwarmwolke »eingefangen« war, wobei einzelne Bienen als kleine dunkle Streifen vor einem hellen Hintergrund erschienen (siehe Abb. XXXIII im Bildteil). Die Länge dieser Streifen war ein Anzeichen für die Fluggeschwindigkeit, und ihre Richtung gab den Flugwinkel relativ zum horizontalen Flug an. Die Fotos zeigten eindeutig, dass eine kleine Minderheit von Bienen mit der Maximalgeschwindigkeit einer Arbeiterin – etwa 34 Stundenkilometer – durch den fliegenden Schwarm schoss, während alle anderen Bienen viel langsamer vorwärtskamen. Wie wir außerdem feststellten, verliefen die Streifen der schnell fliegenden Bienen im Vergleich zu denen langsamerer Individuen eher horizontal, was auf einen geradlinigen Flug in gleichbleibender Höhe hindeutete. Und schließlich konnten wir an den Fotos erkennen, dass die rasenden Bienen – die Flitzer – tatsächlich vorwiegend auf der Oberseite der Schwarmwolke aktiv sind. Das erscheint sinnvoll, wenn man davon ausgeht, dass diese Bienen den anderen Informationen über die Flugrichtung vermitteln: Die schnell fliegenden Bienen sind auf diese Weise vor dem hellen Hintergrund des Himmels leicht zu erkennen.

Computeralgorithmen zur visuellen Verfolgung von Bienen

Die fotografische Studie, die Madeleine und ich 2004 durchgeführt hatten, sprach zwar für die Hypothese von den Flitzerbienen, aber ganz streng genommen erlaubte sie keine Unterscheidung zwischen dieser Hypothese und der von der subtilen Führung. An unseren Fotos, die den fliegenden Schwarm von der Seite zeigten, konnten wir die Flugrichtung der schnell fliegenden Bienen (in Richtung des neuen Nistplatzes, von ihm weg oder in irgendeinem dazwischenliegenden Winkel) nicht ablesen. Der Schlüssel zur Unterscheidung zwischen den beiden Hypothesen ist aber die Klärung der Frage, ob die schnellsten Bienen in einem Schwarm vorwiegend in Richtung des neuen Zuhauses fliegen. In diesem Punkt machen die beiden Hypothesen unterschiedliche Voraussagen. Nach der Hypothese der subtilen Führung schlagen die schnell fliegenden Bienen nicht vorwiegend die Richtung der neuen Heimat ein, weil sie die Flugrichtung nicht mit ihrer schnellen Bewegung durch die Schwarmwolke anzeigen. Die Hypothese von den Flitzerbienen dagegen sagt voraus, dass die schnell fliegenden Bienen vor allem in Richtung des neuen Nistplatzes unterwegs sind, weil sie auf diese Weise den übrigen Schwarm über die richtige Flugrichtung in Kenntnis setzen. Einige dieser schnellen Bienen sind vermutlich ortskundig und zeigen die Richtung an, andere sind unwissend und reagieren auf die ortskundigen Artgenossen.

Seit 2006 wurde es möglich, einzelne Bienen in einem fliegenden Schwarm zu verfolgen und jeweils ihre individuelle Position, Flugrichtung und Fluggeschwindigkeit zu messen. Nun wurde klar, dass die schnell fliegenden Bienen in einem Schwarm tatsächlich in Richtung des neuen Nistplatzes unterwegs sind. Damit scheint bestätigt zu sein, dass die Hypothese der Flitzerbienen korrekt ist. Für die Entwicklung der Hilfsmittel, mit denen sich einzelne Bienen in einem fliegenden Schwarm verfolgen lassen, waren insbesondere zwei Personen verantwortlich: Kevin Passino, Professor für Elektro-

und Computertechnik an der Ohio State University, und sein begabter Doktorand Kevin Schultz.

Es gehört zu den großen Vorteilen des Lebens als Wissenschaftler, dass man immer wieder die Gelegenheit hat, andere Universitäten zu besuchen und mit bemerkenswerten Menschen zusammenzutreffen, von denen manche die eigene intellektuelle Leidenschaft für eine bestimmte Fragestellung teilen. Ich lernte Kevin Passino im Frühjahr 2002 bei einer Reise an die Ohio State University kennen. Ich war nicht an die Hochschule gekommen, um einen Ingenieur für ein Gemeinschaftsprojekt zu rekrutieren, sondern um einen Vortrag zu halten, aber ich spürte sofort, dass Kevin ein großartiger Ingenieur ist und genau die richtige Neigung zu einem gemeinsamen wissenschaftlichen Vorhaben hatte. Er entwickelte automatische Steuerungssysteme für technische Anwendungen, ließ sich aber immer wieder auch gern von biologischen Systemen inspirieren. Später erfuhr ich, dass »Biomimikry« unter Steuerungstechnikern ein hochaktueller Ansatz ist: Die Methoden zur automatischen Steuerung von Lebewesen wurden seit Jahrmillionen von der natürlichen Selektion getestet und abgestimmt, und deshalb sind sie außerordentlich leistungsfähig und robust. Soweit ich mich erinnere, kamen wir bereits bei unserem ersten Zusammentreffen überein, gemeinsam zu arbeiten. Ein gemeinsames Thema hatten wir bereits in der Frage gefunden, wie Nahrungssammlerinnen ihre Kräfte verteilen und wie der Flug von Schwärmen gelenkt wird. Oder, wie Kevin es formulierte: In der Evolution der Honigbienen hat sich »eine kooperative Steuerungsstrategie für Gruppen autonomer Fahrzeuge«[14] entwickelt; er war erpicht darauf, an ihrer Erforschung mitzuarbeiten.

Nachdem Madeleine Beekman und ich die Pheromon-Hypothese widerlegt hatten und die Ergebnisse unserer einfachen fotografischen Analyse veröffentlicht waren, wonach es in den Schwärmen Flitzerbienen gibt, war Kevin klar, was als Nächstes anstand: Wir mussten einen fliegenden Schwarm von unten mit einer Hochleistungs-Videokamera aufnehmen. Sein Gedanke: Wenn wir uns hochmoderner Videotechnik bedienten und insbesondere Algorithmen zum Verfolgen von Punkten anwendeten, die von Ingenieuren aus dem Fachgebiet des Computersehens entwickelt worden waren, müsste man einzelne Bienen während ihres Fluges über die Videokamera verfolgen und ihre Position in der Schwarmwolke sowie die Fluggeschwindigkeit und die Flugrichtung einzeln feststellen können.[15] Also kaufte Kevin die notwendige Kamera und begleitete Kirk Visscher und mich im Sommer 2006 auf unserer Freilandexkursion nach Appledore Island. Wieder setzten wir bei dem alten Gebäude der Küstenwache in der Mitte der Insel einen Schwarm aus, bauten an der Ostküste, etwa 250 Meter entfernt, einen attraktiven Nistkasten auf und luden die Akkus der Kamera. Wir wollten den Flug des Schwarmes oberhalb der Kamera an zwei Punkten der Flugstrecke aufzeichnen: 15 Meter von dem Rastplatz entfernt, wenn der Schwarm gerade abgeflogen war und sich noch langsam bewegte, und nach 60 Metern an einer Stelle, an der der Schwarm sich mitten im Flug befand und beträchtlich an Geschwindigkeit gewonnen hatte. Die Kamera war mit einem Weitwinkelobjektiv ausgestattet, so dass ihr Gesichtsfeld die Breite des Schwarmes zum größten Teil einschloss, allerdings nicht seine gesamte Länge. Außerdem arbeitete die Kamera mit einer äußerst geringen Verschlusszeit von einer zehntausendstel Sekunde, so dass eine einzelne Biene in jedem Einzelbild des Films nicht als Strich, sondern als Fleck auftauchte. Das größte Hindernis für unsere Arbeit war in jenem Sommer der Wind: Er fegte über Appledore Island hinweg und sorgte dafür, dass der Schwarm kaum einmal unmittelbar über unsere Kamera hinwegflog. In stehender Luft bewegt sich ein Schwarm auf einer vorhersagbaren Route zu seinem neuen Zuhause, bei Wind jedoch ist die Flugbahn weitgehend unberechenbar, weil Böen die fliegenden Bienen von ihrer direkten Flugrichtung abbringen. Und auf Appledore Island, das ungefähr zehn Kilometer vor der Südküste des US-Bundesstaates Maine im Atlantik liegt, ist es sehr windig. Das Shoals Marine Laboratory errichtete dort 2007 sogar ein 27,50 Meter hohes Windrad, um die Windenergie zu nutzen. Heute bezieht das Labor einen beträchtlichen Teil seines Stroms aus dieser unerschöpflichen Quelle. Am 29. Juni und am 2. Juli 2006 jedoch hatten wir das Glück, dass die Luft außerordentlich ruhig war, und zweimal schafften wir es, dass ein Schwarm sowohl bei der 15-Meter- als auch bei der 60-Meter-Marke in gerader Linie in Richtung des neuen Nistplatzes über unsere Videokamera hinwegflog.

Nachdem wir diese beiden Aufnahmen von vorüberfliegenden Schwärmen »im Kasten« hatten, stand für Kevin Passinos Doktorand Kevin Schultz genügend Material zur Verfügung. Im Laufe der nächsten beiden Jahre entwickelte Kevin S. einen Computeralgorithmus, der eine halbautomatische Datensammlung ermöglichte. Das Verfahren besteht im Wesentlichen darin, dass jeder ovale Fleck (Bild einer Biene) in einem Video-Einzelbild überprüft wird. Man stellt seine Orientierung (den Winkel zwischen der langen Achse der Ellipse und der Unterkante des Videobildes) fest und setzt sie in Beziehung zu dem Fleck auf dem nächsten Videobild, das dieselbe Biene darstellt. Im Rahmen dieser paarweisen Gruppierung wird zu jedem Fleck im ersten Bild der entsprechende Fleck im zweiten Bild gesucht, der in Position und Orientierung am besten passt. Diesen Prozess wiederholt man mit den Flecken des zweiten und dritten Einzelbildes, und so weiter; so wird Bild für Bild eine detaillierte Flugbahn einzelner Bienen rekonstruiert, die im Schwarm durch das Blickfeld der Videokamera geflogen sind. Die Größe eines Flecks – das heißt die Länge seiner Längsachse – entspricht der Höhe der Biene über der Kamera. Man konnte also zwischen Bienen im oberen und unteren Teil der Schwarmwolke unterscheiden, und es war sogar möglich, die Flugbahn der Bienen dreidimensional wiederzugeben. Was für ein Fortschritt!

Wie es sich anfühlt, wenn man zuerst Tausende und Abertausende von Bienen im Schwarm in zufälliger Bewegung in der Luft wirbeln sieht und dann den Übergang zu Grafiken vollzieht, die großartige, klare Gesetzmäßigkeiten dieser Bewegungen zeigen, lässt sich mit Worten kaum vermitteln. Jedes Detail der kollektiven Bewegung der Bienen im Schwarm war eine völlige Offenbarung: Bevor Kevin P. und Kevin S. ihr Verfahren zum Verfolgen der Flecken auf digitalen

Videoaufnahmen entwickelt hatten, konnte niemand diese Gesetzmäßigkeiten auch nur in Ansätzen erkennen. Das Sehsystem des Menschen ist ein großartiger biologischer Computer – es ist, was die Informationsverarbeitung angeht, zu verblüffenden Leistungen in der Lage und erkennt beispielsweise ein Gesicht, das es jahrelang nicht gesehen hat, sofort wieder; aber wenn viele Bienen sich schnell und hektisch bewegen, ist sogar dieses System überfordert.

Vor allem eine wichtige Gesetzmäßigkeit kristallisierte sich durch die Analyse der Videoaufnahmen heraus: Die schnell fliegenden Bienen sind tatsächlich in Richtung des gewählten neuen Nistplatzes unterwegs. Abbildung 48 zeigt die Fluggeschwindigkeit der einzelnen Bienen im Verhältnis zur Flugrichtung; wie man an dem Diagramm erkennt, fliegen die schnellsten Bienen direkt in Richtung des neuen Nistplatzes, die langsamsten dagegen orientieren sich in die umgekehrte Richtung. Vergleicht man die Kurven für den oberen und unteren Teil der Schwarmwolke, so erkennt man außerdem, dass die schnellsten Bienen sich vorwiegend im oberen Bereich aufhalten; damit war bestätigt, was Madeleine und ich bereits an unseren seitlichen Aufnahmen fliegender Schwärme beobachtet hatten. Als drittes wichtiges Merkmal zeigen die Diagramme in Abbildung 48, dass die höchsten Fluggeschwindigkeiten im vorderen Teil der länglichen Schwarmwolke höher sind als weiter hinten (dies gilt sowohl für den oberen als auch für den unteren Teil der Schwarmwolke). Die schnellsten Bienen hielten sich also meist im vorderen Teil des Schwarmes auf. Als Kevin S. die Geschwindigkeit einzelner Bienen genau analysierte, stellte sich heraus, dass Bienen, die in Richtung des Nistplatzes unterwegs sind, nicht nur meist mit der höchsten Geschwindigkeit fliegen, sondern auch beschleunigen, wenn sie sich vom hinteren zum vorderen Teil des Schwarmes bewegen. Wahrscheinlich ergibt sich diese Zunahme der Fluggeschwindigkeit zum Teil dadurch, dass die unwissenden, nachfolgenden Bienen sich an die ortskundigen Anführer »anhängen«, die Flitzerbienen verfolgen und sie so zum Beschleunigen veranlassen. Wenn das stimmt, verbreiten sich die Informationen über die Flugrichtung (die sich in der Flugrichtung der

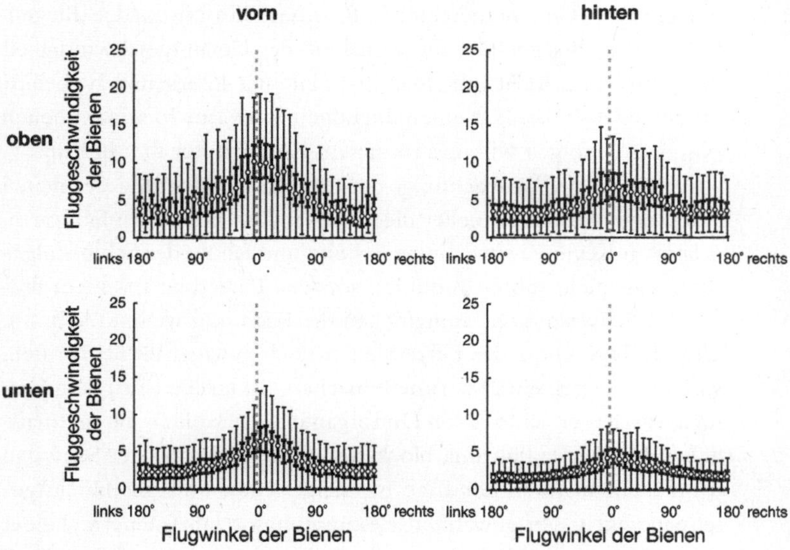

Abb. 48 Fluggeschwindigkeit und Flugwinkel der Bienen in einem Schwarm, der von seinem Rastplatz bereits 15 Meter zurückgelegt hat. Bienen mit einem Flugwinkel von 0° fliegen auf geradem Wege zu dem neuen Zuhause; alle anderen bewegen sich in einem Winkel rechts und links im Verhältnis zur Richtung des neuen Nistplatzes. Die Messungen an den fliegenden Bienen wurden in vier Regionen vorgenommen: im vorderen und hinteren sowie im oberen und unteren Bereich der Schwarmwolke. Der dick gezeichnete Teil der einzelnen senkrechten Linien gibt den Bereich der 50 Prozent aller Messungen an, die am dichtesten am Medianwert (angegeben als weißer Kreis in den einzelnen Linien) liegen, der dünne Teil zeigt, welche 50 Prozent der Messungen am weitesten vom Medianwert entfernt sind. Die Einheiten der Fluggeschwindigkeit sind Bienen-Körperlängen je Video-Einzelbild.

schnell fliegenden Bienen ausdrückt) und die Zunahme der Fluggeschwindigkeit von den ortskundigen Bienen zu einigen ihrer unwissenden Artgenossen, die nun selbst schneller fliegen und dadurch wiederum andere unwissende Bienen beeinflussen. Diese Kettenreaktion kann dazu führen, dass schon nach kurzer Zeit alle Bienen mit größerer Geschwindigkeit in Richtung des Nistkastens fliegen. Damit ist wahrscheinlich die Zunahme der Gesamtgeschwindigkeit des Schwarmes erklärt, die man in Abbildung 46 erkennt; sie beeindruckt jeden Imker, der einen flüchtigen Schwarm zu seinem neuen Nistplatz verfolgen will und zu diesem Zweck unter ihm herläuft.

Aufgrund der Beobachtung, dass Bienen in Richtung des neuen Nistplatzes weitaus schneller fliegen als andere Bienen im Schwarm, gelangten Kevin Passino, Kevin Schultz und ich zu der Schlussfolgerung, dass nicht subtile Anführer, sondern Flitzerbienen einem fliegenden Schwarm von Honigbienen die Richtung weisen (Abb. 49). Um die Hypothese der Flitzerbienen noch genauer zu überprüfen, wollten wir gern ein Experiment machen, das analog ist zu dem Versuch mit den verschlossenen Duftorganen: Wir wollten die mutmaßlichen Mittel der Führung blockieren und prüfen, ob der Schwarm dann nicht mehr in der Lage ist, zielgerichtet und mit Höchstgeschwindigkeit den gewählten Bestimmungsort anzusteuern. Leider hatte bisher aber niemand eine Idee, wie man die ortskundigen Bienen davon abhalten kann, mit hoher Geschwindigkeit zu fliegen. Madeleine Beekman versuchte, die Flügelspitzen der Kundschafterinnen um ungefähr einen Millimeter zu kürzen – ein Eingriff, der bekanntermaßen die maximale Fluggeschwindigkeit von Bienen verringert; sie musste aber feststellen, dass die so behandelten Bienen auch nicht mehr als Kundschafterinnen tätig waren. Vielleicht wird es mit einer anderen Methode gelingen. Könnte man den Kundschafterinnen kleine Folienstücke oder Fäden ankleben, damit sie während des Fluges gegen einen stärkeren Luftwiderstand ankämpfen müssen? Oder kann man Bienen finden, die aufgrund einer genetischen Mutation langsamer fliegen? Wer einen Weg findet, die Kundschafterinnen am Flitzen zu hindern, schafft damit die Voraussetzung für ein wunderschönes Experiment.

Vorerst ist es Madeleine Beekman sowie den beiden Studierenden Tanya Latty und Michael Duncan mit einem anderen Verfahren gelungen, die Flitzerbienen-Hypothese zu überprüfen.[16] In ihrem scharfsinnigen Experiment sorgten sie dafür, dass zahlreiche schnell

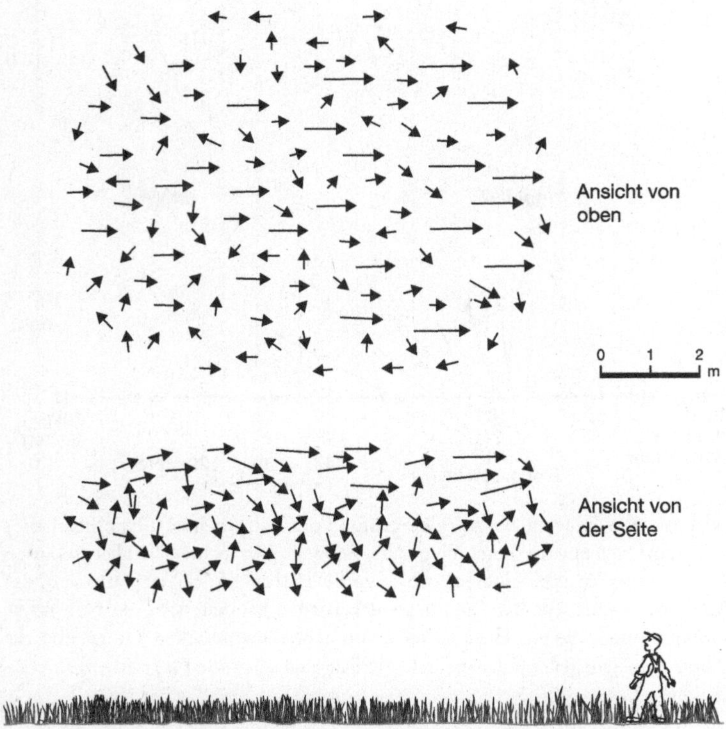

Abb. 49 Geschwindigkeitsvektoren der Bienen in einem Schwarm, der von links nach rechts fliegt, in schematischer Darstellung. Die Flitzerbienen befinden sich vorwiegend im oberen Teil der Schwarmwolke. Die Geschwindigkeitsvektoren sind hier nur für einen kleinen Anteil der Bienen im Schwarm wiedergegeben.

fliegende Kundschafterinnen in einer Richtung, die im rechten Winkel zur vorgesehenen Flugroute verlief, durch den Schwarm schossen (Abb. 50). Wenn die Flitzerbienen-Hypothese stimmt, sollten Kundschafterinnen, die von der Seite hinzukommen, widersprüchliche Richtungsangaben in den Schwarm tragen und damit die Orientierung beeinträchtigen. Genau das wurde beobachtet. Von sechs

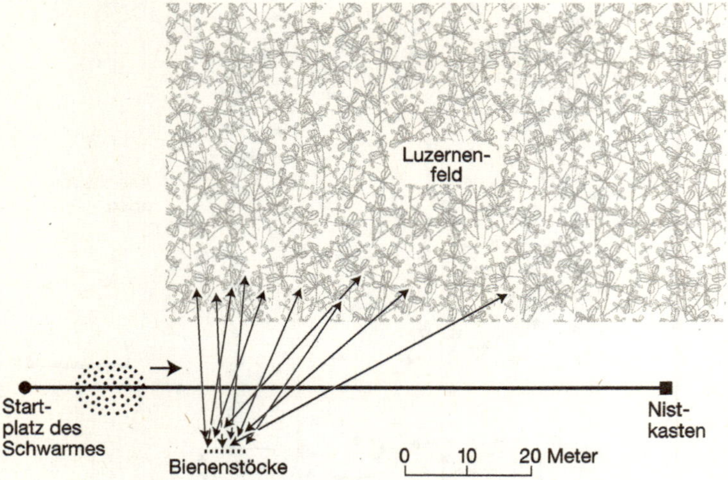

Abb. 50 Ein Experiment zur Überprüfung der Flitzerbienen-Hypothese: Bienen wurden veranlasst, einen fliegenden Schwarm im rechten Winkel zu dessen Flugrichtung zu durchqueren; dabei wurde beobachtet, ob dies den Flug des Schwarmes stört. Bei den querfliegenden Bienen handelte sich um Nahrungssammlerinnen, die aus einer Batterie von acht Bienenstöcken kamen und auf einem nahe gelegenen Luzernenfeld (*Medicago sativa*) große Nektarmengen sammelten.

Schwärmen, die zu einem 100 Meter entfernten Nistkasten fliegen sollten, erreichte nur einer unversehrt den Kasten, wenn Kundschafterinnen auf dem Flugweg hin und her schossen, und selbst dieser Schwarm wurde hin und wieder vom Kurs abgebracht. Die anderen fünf flogen anfangs wie gewöhnlich geradewegs in Richtung des Nistkastens, aber als sie die »Autobahn der Kundschafterinnen« kreuzten, zerfielen sie entweder in Bruchstücke, oder sie kamen völlig vom Kurs ab. Ließen die Wissenschaftler dagegen zur Kontrolle vier weitere Schwärme fliegen – wobei einer mit einem der Schwärme aus dem Experiment identisch war, aber nicht auf querfliegende Kundschafterinnen traf –, konnten sie beobachten, wie die Bienen zusammenblieben und unmittelbar in Richtung des Nistkastens flogen. Offensichtlich wurde ihr Mechanismus der Richtungsangabe durch die große Zahl der im rechten Winkel fliegenden Kundschafterinnen gestört, und das lag wohl daran, dass irreführende visuelle Informationen in die Wolke aus Bienen getragen wurden.

Zusammentreffen der Lotsen

Im Zusammenhang mit dem bemerkenswerten Flug der Honigbienenschwärme bleiben noch viele unbeantwortete Fragen. Wie zieht die fliegende Gruppe bereits ungefähr 100 Meter vor dem neuen Nistplatz die Bremse? Und wie kommt es, dass die ortskundigen Bienen immer wieder durch die Schwarmwolke hin und her flitzen? Halten sie an, wenn sie das vordere Ende erreichen, und lassen sie dann die anderen Bienen vorüberfliegen, oder fliegen sie unauffällig im unteren Bereich des Schwarmes, wo sie vor dem Hintergrund der Vegetation fast unsichtbar sind, in entgegengesetzter Richtung? Außerdem bleibt die Frage, wie ein Schwarm vor dem Flug zu dem neuen Zuhause sicherstellt, dass eine ausreichend große Zahl von Bienen die Flugroute kennt.

Auffälligerweise verlassen praktisch alle Kundschafterinnen, die den ausgewählten neuen Nistplatz besucht haben und den Schwarm dorthin führen können, vor dem Abflug das zukünftige Zuhause und sammeln sich auf der Schwarmtraube. Dieses Phänomen erlebte ich erstmals im August 1974 mit, kurz bevor ich mit meiner Doktorarbeit begann. Damals sah ich einem Schwarm bei der gesamten Wohnungssuche zu. Ich hatte einen künstlichen Schwarm und einen Nistkasten hinter meinem Elternhaus aufgebaut. Dort befand sich ein aufgegebenes Feld, auf dem vorwiegend Goldruten (*Solidago* spp.) und junge Weymouth-Kiefern (*Pinus strobus*) wuchsen. Einer der Bäume trug meinen Kasten für die Bienen. Zu meinem großen Glück wählten die Kundschafterinnen meine bescheidene Sperrholzkiste als ihr zukünftiges Zuhause. Schon bald lief ich hektisch den 150 Meter langen Weg zwischen Schwarmtraube und Nistkasten hin und her. Ich gab mir alle Mühe, sowohl die wachsende Gruppe der aufgeregten Tänzerinnen auf dem Schwarm als auch die immer zahlreicheren Kundschafterinnen an dem Nistkasten zu beobachten. Als der Nachmittag ungefähr zur Hälfte vorüber war, beobachtete ich zu meinem Entsetzen plötzlich immer weniger Bienen an meinem Kasten. Bei meinem letzten Besuch, ungefähr 15 Minuten zuvor, hatte ich dort noch 25 Bienen gezählt, jetzt sah ich nur noch zwei oder drei, und nach einigen weiteren Minuten war die Stelle völlig verlassen. Dieses nachlassende Interesse der Bienen verblüffte mich, bis ich wieder an dem Rastplatz meines Schwarmes war: Dort hatte sich die Schwarmtraube in eine Wolke aus wirbelnden, glänzenden Bienen verwandelt, die über dem sonnigen Feld unmittelbar auf mich zu»rollte«. Offenbar hatten die Kundschafterinnen den Nistkasten verlassen, um im Augenblick des Abfluges beim Schwarm zu sein.

Seit damals ist das auffällige Verschwinden der Kundschafterinnen am Nistkasten für mich immer ein zuverlässiger Anhaltspunkt dafür, dass der Schwarm seine Entscheidungsfindung abgeschlossen hat und demnächst abfliegen wird (siehe Abb. 27 und 28). Dass die Kundschafterinnen sich kurz vor dem Abflug auf dem Schwarm sammeln, ist sicher sinnvoll: Wie wir erfahren haben, kennen nur 3 bis 4 Prozent der Bienen in einem Schwarm die Flugroute, und bei einer solch kleinen Minderheit von Lotsen ist es vermutlich wichtig, dass möglichst viele von ihnen an Bord sind. Wie dies aber im Einzelnen bewerkstelligt wird, bleibt ein Rätsel. Kehren die Kundschafterinnen einfach wie gewöhnlich zum Schwarm zurück und bleiben dann dort, wenn sie eines der Auslösesignale für den Flug – Pfeifen oder Schwirrlauf – bemerken? Oder wird ihre Versammlung auf dem Schwarm ausgelöst, weil sie ein unbekanntes Signal für den bevorstehenden Abflug, das an dem Nistkasten erzeugt wird, hören, fühlen, sehen oder riechen? Es würde mich nicht wundern, wenn die Bienen über irgendwelche geheimen Vorrichtungen verfügen, mit denen sie sicherstellen, dass ein Schwarm, der demnächst abfliegen wird, gut mit ortskundigen Bienen ausgestattet ist und von ihnen wohlbehalten zu seinem neuen Zuhause geleitet wird.

9. Der Schwarm als kognitives Ganzes

Ich bin System-Neurobiologe und gehe der Frage nach, wie die drei Pfund Glibber, die wir als menschliches Gehirn bezeichnen, Entscheidungen treffen.[1]

William Newsome, 2008

In den vorangegangenen sechs Kapiteln war davon die Rede, wie die drei Pfund Bienen, die wir als Schwarm bezeichnen, nach unserer heutigen Kenntnis ihre Entscheidung über ihren neuen Wohnort treffen. Dabei sind wir von der Frage ausgegangen, wie eine Gruppe von Bienen, die ein winziges Gehirn haben und an einem Ast hängen, im Hinblick auf ihren zukünftigen Nistplatz eine gute Wahl treffen und die Entscheidung rechtzeitig in die Tat umsetzen kann. Dann haben wir uns einen Überblick über Beobachtungen und Experimente verschafft, mit denen man die Mechanismen der Wohnungssuche aufgeklärt hat – ein raffiniertes, hochentwickeltes Gewirr von Verhaltensweisen, Kommunikationssystemen und Rückkopplungsschleifen. Dabei haben wir immer wieder erfahren, dass ein Bienenschwarm ein demokratisches Entscheidungsgremium ist, das man bemerkenswert gut analysieren kann: Wir können ohne weiteres beobachten, was die einzelnen Bienen tun, während der ganze Schwarm seine Entscheidungen trifft. Es ist ein erstaunlich glücklicher Umstand, dass alle wichtigen Verhaltensweisen, die sich auf der Ebene des Individuums abspielen, in unserem Blickfeld liegen, weil sie entweder auf der Oberfläche der Schwarmtraube oder an dem potentiellen neuen Nistplatz stattfinden, nicht aber tief im Inneren der Masse aus eng aneinandergeklammerten Bienen. Dass wir uns zuerst Klarheit über die Haken und Ösen der Wohnungssuche von Bienen verschafften, war wichtig, um diesen Prozess wirklich kennenzulernen; jetzt aber ist es an der Zeit, die detaillierten Analysen ein wenig aus der Distanz zu betrachten und zusammenzufassen, was wir über die allgemeinen Merkmale des Schwarmes als System zur Entscheidungsfindung wissen.

Zu diesem Zweck ist es nützlich, die Erkenntnisse über die Mechanismen der Entscheidungsfindung in Bienenschwärmen und im Primatengehirn zu vergleichen.[2] Dies mag sich nach einer bizarren Gegenüberstellung anhören; immerhin sind ein Bienenschwarm und ein Gehirn ganz unterschiedliche biologische Systeme aus unterschiedlichen Bausteinen – im einen Fall Bienen, im anderen Neuronen. Aber beide haben auch grundlegende Ähnlichkeiten: Sie sind kognitive Einheiten, die von der natürlichen Selektion so gestaltet wurden, dass sie gut Informationen sammeln und verarbeiten können, um so zu Entscheidungen zu gelangen. Außerdem handelt es sich in beiden Fällen um demokratische Entscheidungsfindungssysteme, das heißt, es gibt keinen zentralen Entscheidungsträger, der über eine Gesamtschau aller Kenntnisse oder außergewöhnliche Intelligenz verfügt und dann alle anderen zu der besten Handlungsweise veranlasst. Vielmehr verteilt sich der Entscheidungsprozess sowohl im Bienenschwarm als auch im Gehirn auf ein breites Spektrum relativ einfacher Informationsverarbeitungseinheiten, und jede davon verfügt nur über einen winzigen Bruchteil der Gesamt-Informationsmenge, die in das kollektive Urteil einfließt. Wie wir noch genauer erfahren werden, hat die natürliche Selektion sowohl die Honigbienenschwärme als auch das Gehirn der Primaten auf verblüffend ähnliche Weise so organisiert, dass aus einer Ansammlung recht schlecht informierter Individuen mit begrenzter Kognitionsfähigkeit eine erstklassige Gruppe von Entscheidungsträgern wird. Diese Ähnlichkeiten weisen auf allgemeine Gesetzmäßigkeiten hin, nach denen eine raffinierte Einheit der Kognition aus weit einfacheren Teilen entsteht.

Der begriffliche Rahmen der Entscheidungsfindung

Letztlich ist Entscheidungsfindung ein Prozess, in dessen Verlauf Information gewonnen und so verarbeitet wird, dass am Ende die Entscheidung zwischen mindestens zwei Alternativen steht. Ein Honigbienenschwarm trifft Entscheidungen, wenn er Informationen über die Qualität von vielleicht einem Dutzend potentiellen Nistplätzen erhält und weiterverarbeitet, bis er schließlich die wünschenswerteste Stelle als neues Zuhause auswählt. Ein gutes Beispiel dafür, wie das Primatengehirn eine Entscheidung trifft, liefert ein Kleinaffe, dem man auf einem Bildschirm eine Wolke weißer Punkte zeigt, die sich vor einem dunklen Hintergrund bewegen (Abb. 51).[3] Die meisten Punkte bewegen sich nach dem Zufallsprinzip, ein kleiner Bruchteil von ihnen wandert aber einheitlich entweder nach links oder nach rechts. Der Affe ist so trainiert, dass er entscheiden kann, ob die einheitlich wandernden Punkte sich nach links oder nach rechts bewegen, und seine Entscheidung gibt er mit einer Augenbewegung in Richtung eines links oder rechts angebrachten Ziels bekannt. Der Anteil der einheitlich wandernden Flecken lässt sich variieren, so dass die Information eine höhere oder geringere Qualität hat und die Entscheidung entsprechend einfacher oder schwieriger wird.

Während andere Verhaltensforscher und ich uns darum bemühen, die Mechanismen der Entscheidungsfindung in einem Honigbienenschwarm auf der Ebene einzelner Bienen zu verstehen, arbeitet die Neurowissenschaft auf der Ebene einzelner Zellen an der Aufklärung der Mechanismen, nach denen das Gehirn eines Menschen seine Entscheidungen trifft. Die größten Fortschritte hat man in dieser Hinsicht durch die Untersuchung von Kleinaffen erzielt (die als Ersatz für Menschen dienen): Sie vollziehen die gerade beschriebene Entscheidung in einem Versuch, in dem der Affe einen »verrauschten« visuellen Reiz sieht, eine Entscheidung zwischen zwei Alternativen (links oder rechts) trifft und diese mit einer Augenbewegung mitteilt. Neurophysiologen konnten die Neuronentätigkeit in den Gehirnarealen aufzeichnen, die an der Gewinnung und Weiterverar-

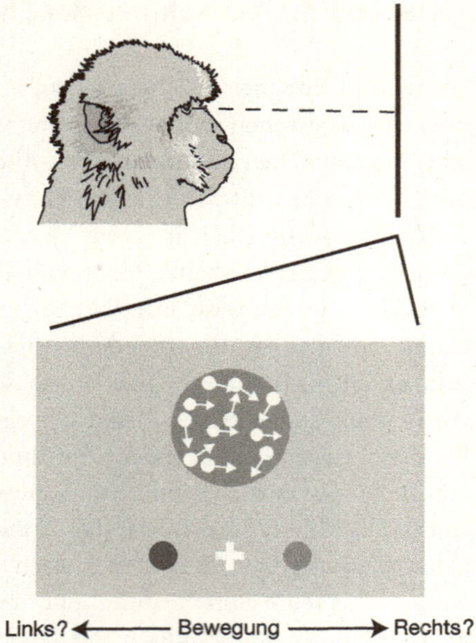

Abb. 51 Eine Wahrnehmungs-Unterscheidungs-Aufgabe: Der Affe zeigt, wie er die Richtung der einheitlichen Bewegung in einer Anzeige mit wandernden Punkten beurteilt, in dem er die Augen von einem Fixpunkt (weißes Kreuz) in Richtung eines von zwei Zielen (graue Kreise) bewegt, die parallel zur Achse der einheitlichen Bewegung angeordnet sind.

beitung visueller Informationen sowie an der Steuerung der Augenbewegungen beteiligt sind, und haben so die Gehirnprozesse identifiziert, die in diesem besonderen Fall der Entscheidungsfindung zugrunde liegen.

Der Ausgangspunkt ist das Areal im mittleren Bereich des Schläfenlappens des Gehirns, nach dem englischen *middle temporal area* auch MT-Areal genannt. Dort werden die Sinnesinformationen über die Bewegungen verarbeitet, die der Affe sieht (Abb. 52 A., B.). Jedes Neuron im MT-Areal verfügt über ein Wahrnehmungsfeld, das einem bestimmten Teil des Gesichtsfelds entspricht. Außerdem reagiert jedes MT-Neuron auf eine bestimmte Bewegungsrichtung, das heißt, es wird aktiviert und gibt Impulse ab, wenn ein Reiz sich über sein Wahrnehmungsfeld in die bevorzugte Richtung bewegt, und die Impulse werden gehemmt, wenn der bewegliche Reiz in die entgegengesetzte Richtung wandert. Die Neuronenpopulation des MT-Areals

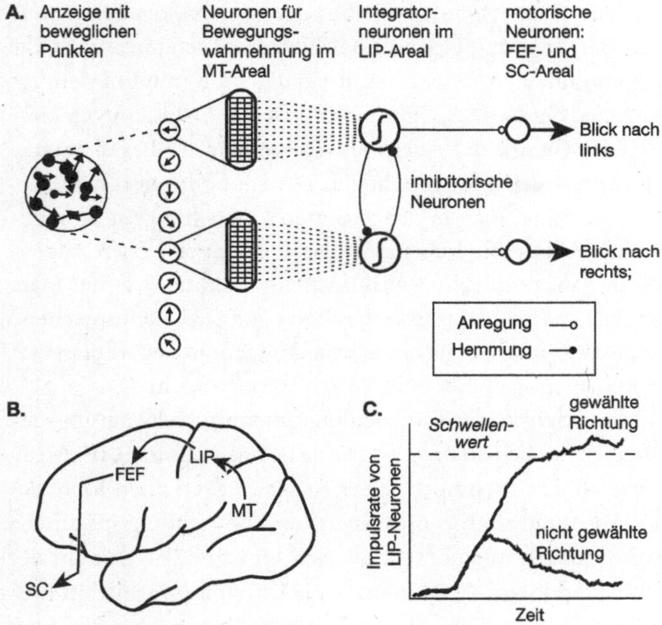

Abb. 52 A: Die neurobiologischen Prozesse, die nach der Wahrnehmung der Bewegungsrichtung eines visuellen Reizes die Entscheidung über die Bewegungsrichtung der Augen auslösen. Neuronengruppen im Areal MT entnehmen der Anzeige mit den beweglichen Punkten die augenblickliche Stärke der visuellen Bewegung in die einzelnen Richtungen. Die von Augenblick zu Augenblick zusammengefassten Schätzungen der Bewegungsstärke in zwei mögliche Richtungen werden an die Integratorneuronen im LIP-Areal weitergeleitet; dort wird über längere Zeit der Input der MT-Neuronen summiert, und es entsteht eine Abschätzung der durchschnittlichen Bewegungsstärke in die einzelnen Richtungen. Die Integratorneuronen, die verschiedenen Bewegungsrichtungen entsprechen, hemmen sich gegenseitig und sind mit Neuronen verknüpft, die Augenbewegungen erzeugen. B: Einige Stellen im Primatengehirn, an denen man im Zusammenhang mit Entscheidungen neuronale Aktivität aufzeichnen konnte: der mittlere Schläfenlappenbereich (MT), der seitliche intraparietale Bereich (LIP), das frontale Sehfeld FEF) und der Colliculus superior (SC). C: Neuronenaktivität in Verbindung mit der Entscheidungstransformation wurde im LIP-Areal aufgezeichnet. Anfangs unterscheidet die Aktivität nicht zwischen den beiden Richtungen, aber später steigt die Impulsrate der mit der ausgewählten Richtung assoziierten Neuronen an, während diejenigen, die mit der anderen Richtung assoziiert sind, Impulse mit geringerer Häufigkeit abgeben.

ist also auf die Wahrnehmung von Bewegungsrichtungen eingestellt und liefert mit seiner Impulshäufigkeit Informationen über die Stärke der wahrgenommenen Bewegung in der Richtung und in dem jeweiligen Anteil des Gesichtsfelds. In ihrer Gesamtheit versorgen diese Neuronen das Gehirn des Affen mit Informationen über die Stärke der nach rechts oder links gerichteten Bewegung im gesamten Gesichtsfeld und damit auch in der gesamten Darstellung der beweglichen Punkte. Aber diese Information ist in jedem einzelnen Augenblick nicht ganz eindeutig, weil manche Punkte sich auf dem Monitor nach dem Zufallsprinzip bewegen und weil es entsprechend zu einem »Rauschen« (zufälligen Schwankungen) in der Repräsentation der Informationen durch die MT-Neuronen kommt.

Der nächste Schritt der Entscheidungsfindung spielt sich im seitlichen Bereich des Scheitellappens (*lateral intraparietal area*, LIP-Areal) des Gehirns ab. Die Neuronen dieses Areals erhalten ihren Input aus dem MT-Areal und sind so organisiert, dass sie richtungsspezifische Informationen zusammenführen, die sich im Laufe der Zeit aus der verrauschten, von den MIT-Neuronen gelieferten Information herauskristallisieren (Abb. 52 A., B.). Im Laufe der Entscheidungsfindung sammeln sich in den LIP-Neuronen also Anhaltspunkte für das an, was der Affe sieht. Beobachtet er beispielsweise einen Monitor, auf dem sich Punkte nach rechts bewegen, steigt allmählich die Impulshäufigkeit jener LIP-Neuronen, die nach rechts gerichtete Bewegungen integrieren. Wie stark die Impulshäufigkeit ansteigt, hängt von der Stärke des Reizes ab, das heißt von der Zahl der Flecken, die sich nach rechts bewegen. Außerdem hemmen die verschiedenen Indikatoren, die unterschiedlichen Bewegungsrichtungen entsprechen, sich gegenseitig. Diese gegenseitige Hemmung hat unter anderem eine wichtige Folge: Selbst wenn die Impulshäufigkeit der LIP-Neuronen, die mit nach rechts und nach links gerichteten Bewegungen assoziiert sind, anfangs ungefähr gleich stark ansteigt, wächst sie später nur bei jenen Neuronen weiter, die mit dem stärkeren Reiz (der nach rechts gerichteten Bewegung) assoziiert sind; Neuronen, die sich mit dem schwächeren Reiz (der Bewegung nach links) verbinden, senken ihre Impulshäufigkeit (Abb. 52 C.). Jede Population der LIP-Neuronen hemmt alle anderen in einem Ausmaß, das proportional zu ihrer eigenen Aktivität ist, so dass am Ende nur die Neuronen einer einzigen LIP-Population häufige Impulse abgeben. Durch diese gegenseitige Hemmung steigt die Unterscheidungsfähigkeit: Sie sorgt dafür, dass ein größerer Unterschied zwischen den nach rechts und nach links gerichteten Reizen wahrgenommen wird, und damit bewahren sie den Affen vor dem Versuch, die Augen gleichzeitig nach rechts und nach links zu bewegen.

Übersteigt die Aktivität eines solchen Integrators einen Schwellenwert, wird die Entscheidung getroffen, und die Augenbewegung in die entsprechende Richtung wird in Gang gesetzt. Angetrieben wird sie von den motorischen Neuronen im letzten Abschnitt des Entscheidungs-Schaltkreises. Solche Neuronen befinden sich im frontalen Sehfeld (*frontal eye field,* FEF) und im *Colliculus superior* (SC), zwei Gehirnarealen, die ihren Input aus dem LIP-Areal erhalten. Auch die Neuronen von FEF und SC sind richtungsspezifisch; jedes von ihnen setzt nur die Augenbewegung in eine Richtung in Gang.

Die Neurowissenschaftler Leo Sugrue, Greg Corrado und William Newsome von der Stanford University entwickelten einen nützlichen begrifflichen Rahmen für die Stadien der Informationsverarbeitung, die hinter einfachen, auf Wahrnehmung basierenden Entscheidungen wie der gerade beschriebenen stehen (Abb. 53).[4] Danach gibt es drei Stadien der Umwandlung. Zuerst findet eine »sensorische Transformation« statt: Die Informationen über die Außenwelt, die von den Sinnesorganen aufgenommen wurden, werden in eine »sensorische Repräsentation« umgewandelt, die dann für die weitere Verarbeitung im Gehirn zur Verfügung steht. Wenn der Kleinaffe Bewegungen wahrnimmt, erfüllen die MT-Neuronen diese Aufgabe. Als Nächstes verwandelt eine »Entscheidungstransformation« die sensorische Repräsentation in eine Reihe von Wahrscheinlichkeiten für verschiedene weitere Handlungsverläufe. Diese Umwandlung wird im Gehirn des Affen von den LIP-Neuronen vollzogen: Sie verwandeln die sensorische Repräsentation der beobachteten Bewegung in eine

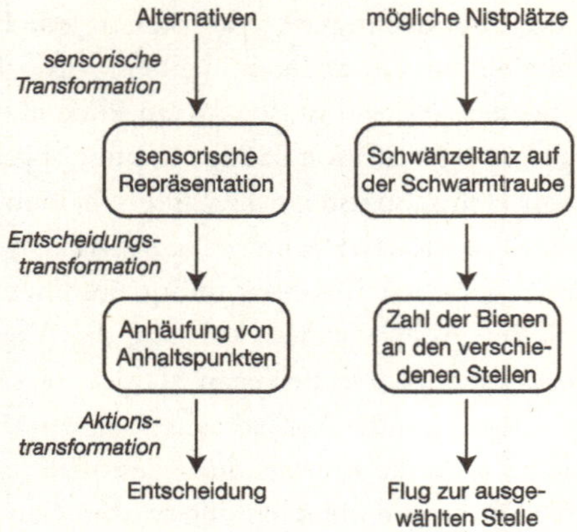

Abb. 53 Der begriffliche Rahmen für die Entscheidungsfindung verdeutlicht die Verarbeitungsstadien während der Entstehung einer Entscheidung (links) und seiner Anwendung auf die Mechanismen der Nistplatz-Wahl durch einen Honigbienenschwarm (rechts).

Reihe von »Anhaltspunkt-Anhäufungen«, insbesondere in die Impulshäufigkeiten der Integratoren, die verschiedene Bewegungsrichtungen repräsentieren. Die Impulshäufigkeit einer bestimmten Population von Integratoren bestimmt darüber, mit welcher relativen Wahrscheinlichkeit sich das Tier für die von dieser Population repräsentierte Alternative entscheidet. Und drittens werden diese Wahrscheinlichkeiten durch eine »Aktionstransformation« in ein bestimmtes Verhalten umgewandelt. Für diesen letzten Prozess, mit dem die Entscheidung in die Tat umgesetzt wird, sorgen motorische Neuronen in den Regionen FEF und SC, nachdem sie durch die Population der LIP-Neuronen, deren Impulshäufigkeit eine gewisse Grenze überschritten hat, aktiviert werden.

Was dabei bemerkenswert ist: Dieser begriffliche Rahmen wurde zwar entwickelt, damit wir die Entscheidungsprozesse im Gehirn von Primaten (einschließlich des Menschen) besser verstehen können, er hilft aber auch, die Entscheidungsprozesse in Honigbienenschwärmen in Begriffe zu fassen. In beiden Fällen schaffen sensorische Einheiten innerhalb des Systems eine Repräsentation der Außenwelt. Und in beiden Systemen erfolgt die Informationsverarbeitung in der sensorischen Repräsentation in Form eines Wettbewerbs zwischen

Integratoren, die sich gegenseitig hemmen und die in das System einfließenden Informationen zusammenführen. Und schließlich fällt die Entscheidung sowohl im Gehirn als auch in einem Bienenschwarm, wenn die in einem solchen Integrator angesammelten Anhaltspunkte eine ausreichende Stärke (das heißt einen Schwellenwert) erreicht haben.

Sensorische Transformation in einem Schwarm

Wenn ich mir die parallelen Strukturen von Bienenschwärmen und Gehirnen vor Augen führe, stelle ich mir den Schwarm gern als eine Art nacktes Gehirn vor, das in aller Stille an einem Ast hängt, aber viele potentielle Nistplätze »sieht«, die sich über eine große Fläche der umgebenden Landschaft verteilen. Wie wir bereits erfahren haben, verschafft sich der Schwarm ein derart großes »Gesichtsfeld« durch seine Kompanie aus mehreren hundert Kundschafterinnen, die mehrere Kilometer in alle Richtungen fliegen und die Umwelt nach potentiellen Nistplätzen absuchen. Wie wir heute wissen, fliegt eine Kundschafterin, die eine ausreichend attraktive Stelle gefunden hat und die anderen darauf aufmerksam machen will, zum Schwarm zurück und berichtet in Form eines Schwänzeltanzes auf der Oberfläche der Schwarmtraube über ihre Entdeckung. Außerdem wissen wir, dass die Intensität des Tanzes – die Zahl der aufgeführten Tanzrunden – zur Qualität der gefundenen Stelle proportional ist. Die Kundschafterin ist also eine Art Sinnesorgan des Schwarmes: Sie übersetzt die Qualität eines Nistplatzes in die Stärke des Tanzsignals. Man sollte außerdem anmerken, dass jede Kundschafterin spezifisch eine einzelne Stelle wahrnimmt: Jede Biene berichtet nur über einen Nistplatz in der Umgebung, ganz ähnlich wie ein MT-Neuron, das nur einen kleinen Teil des Gesichtsfeldes wiedergibt. Wenn nach und nach Dutzende von Kundschafterinnen zum Schwarm zurückkehren und ihren Tanz aufführen, schaffen sie damit einen Bestand an Sinnesinformationen über Lage und Qualität der potentiellen, von ihnen gefundenen Nistplätze (Abb. 54). In dieser Tanzaufführung kann man die Sinnesrepräsentation der Landschaft möglicher Nistplätze sehen. Sie ist analog zum Impulsmuster der MT-Neuronen, das beim Affen die sensorische Repräsentation der sein Gesichtsfeld passierenden Reize darstellt.

An dem Weg, auf dem Bienenschwärme ihre sensorische Repräsentation aufbauen, sind mehrere Aspekte besonders bemerkenswert; jeder davon leistet einen wichtigen Beitrag zum Erfolg des Schwarmes als System zur Entscheidungsfindung.

1. *Der sensorische Apparat eines Schwarmes besteht aus einer beträchtlichen Population von Kundschafterinnen.* Indem der Schwarm mehrere hundert Kundschafterinnen ausschickt, kann er sich eine Fülle von Informationen über potentielle Nistplätze verschaffen, und das in der Regel innerhalb weniger Stunden. Wie wir beispielsweise in Abbildung 21 gesehen haben, können die Kundschafterinnen eines Schwarmes an einem Nachmittag ein Dutzend potentielle Nistplätze lokalisieren, untersuchen und darüber berichten. Und da sich die Informationsgewinnung auf zahlreiche Bienen verteilt, bildet sich ein Durchschnittswert für die individuellen Schwankungen, was die Stärke des Tanzes zugunsten einzelner Nistplätze angeht; damit steigt der Wahrheitsgehalt der gesammelten Informationen.

2. *Kundschafterinnen sammeln mehrere Stunden oder mehrere Tage lang Sinnesinformationen.* Es ist wichtig, dass Schwärme sich mit ihren Entscheidungen auf eine längere Abfolge einzeln gesammelter Sinnesinformationen stützen, denn insbesondere zu Beginn werden nur bruchstückhafte Informationen zusammengetragen. Wie wir bereits erfahren haben, vergehen selbst dann, wenn mehrere hundert Kundschafterinnen gleichzeitig auf Erkundung gehen, unter Umständen mehrere Stunden, bis eine von ihnen mit der Nachricht über eine hervorragende Entdeckung zurückkehrt. Und auch nachdem die Nachrichten über alle Alternativen eingetroffen sind, erfolgt die weitere Berichterstattung über sie meist nur mit Unterbrechungen (Abb. 31). Eine längere Phase der Informationsgewinnung versetzt einen Schwarm in die Lage, sich in der Summe eine beträchtliche und

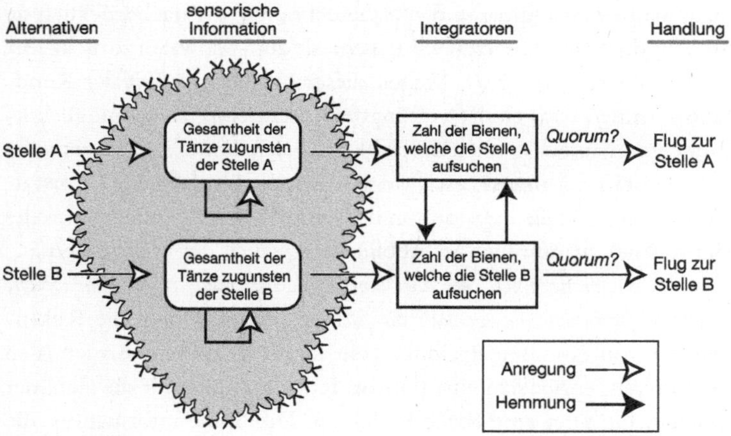

Abb. 54 Verhaltensprozesse im Honigbienenschwarm, durch die aufgrund der Qualität potentieller Nistplätze die Entscheidung für einen davon getroffen wird. Gruppen von Kundschafterinnen untersuchen die einzelnen Stellen und berichten mit Tänzen auf der Schwarmtraube über ihr Qualitätsurteil. Da jede tanzende Biene weitere Bienen für den Tanz zugunsten ihrer Stelle rekrutiert, kommt es im Bericht zu einer Selbstverstärkung (positive Rückkopplung). Die von Augenblick zu Augenblick zusammengefassten Qualitätsurteile für die einzelnen Stellen regen weitere Bienen dazu an, die Stellen zu besuchen. Die Zahl der Bienen, die solche Stellen aufsuchen, integriert über mehrere Stunden hinweg die Gesamtheit aller kurzfristigen Qualitätseinschätzungen und liefert damit eine Einschätzung der Qualitätsunterschiede verschiedener Stellen. Die Bienenzahlen an den einzelnen Stellen hemmen sich gegenseitig. Erreicht die Zahl der Bienen an einer Stelle ein Quorum (einen Schwellenwert), fliegt der Schwarm in Richtung dieser Stelle ab.

damit zuverlässige Menge von Sinnesinformationen über die einzelnen Stellen zu beschaffen.

3. *Jede Kundschafterin nimmt eine unabhängige Bewertung einer Stelle vor.* Die meisten Kundschafterinnen, die über eine Stelle berichten, werden zwar rekrutiert, dies führt aber nur dazu, dass sie eine Stelle aufsuchen. Es veranlasst sie nicht, einen vorteilhaften Bericht über die Stelle abzugeben. Jede Kundschafterin nimmt vielmehr eine unab-

hängige Bewertung vor und entscheidet selbst, wie nachdrücklich sie sich für die Stelle einsetzen wird, wenn sie zum Schwarm zurückkehrt und einen Tanz aufführt. Wegen dieser Unabhängigkeit der Kundschafterinnen wird ein Bewertungsfehler, der einer Biene möglicherweise unterlaufen ist, nicht durch blinde Nachahmung weitergetragen oder verstärkt; damit ist gewährleistet, dass der Umfang der Tänze zugunsten einer Stelle insgesamt in der sensorischen Repräsentation des Schwarmes ein zutreffendes Abbild der Qualität der Stelle liefert.

4. *Kundschafterinnen, die über eine Stelle berichten, rekrutieren weitere Kundschafterinnen, die ebenfalls die Stelle aufsuchen.* Durch die Rekrutierung von Kundschafterinnen, die ihrerseits weitere Artgenossen rekrutieren, ergibt sich eine positive Rückkopplung für die Zahl der Bienen, die über eine Stelle berichten. Die Sinnesinformation, die eine bestimmte Stelle repräsentiert, kann sich also selbst verstärken. Da die Intensität des Tanzes jeweils von der Qualität der Stelle abhängt, ergibt sich für qualitativ hochwertigere Stellen eine stärkere positive Rückkopplung, und am Ende werden im Schwarm sogar nur noch die besseren Stellen durch Tänze befürwortet. Der Input oder die Aufmerksamkeit eines Schwarmes konzentriert sich also im Laufe der Zeit immer stärker auf die überlegenen Stellen (siehe Abb. 18, 19, 21 und 22).

5. *Die Intensität der Tänze lässt allmählich nach.* Obwohl sich die Qualität eines Nistplatzes in der Regel nicht ändert, werden die Tänze, die einzelne Kundschafterinnen zu seinen Gunsten aufführen, im Laufe der Zeit schwächer (siehe Abb. 34, 35 und XXVII im Bildteil). Diese Abschwächung der Tänze beseitigt im Schwarm nach und nach die sensorische Repräsentation von Informationen über minderwertige Stellen. Zu dieser Reinigung kommt es, weil Kundschafterinnen, die mit schwachen Tänzen über schlechte Stellen berichten, in der Regel keinen Ersatz heranbilden, so dass die schwachen Berichte über schlechte Stellen allmählich im Sand verlaufen. Damit trägt auch die Abschwächung der Tänze dazu bei, dass der Schwarm im Laufe der Zeit seine Aufmerksamkeit zunehmend auf bessere Stellen konzentriert.

6. *Kundschafterinnen können anpassungsbedingt zwischen Erkundung und Ausbeutung wählen.* Es ist noch nicht nachgewiesen, wäre aber durchaus denkbar, dass die Kundschafterinnen sich entweder für die Erkundung unbekannter (und potentiell besserer) Stellen oder für die Ausbeutung bereits bekannter Stellen entscheiden und zu diesem Zweck die Häufigkeit der Tänze auf der Schwarmtraube wahrnehmen. Wenn das stimmt, hätte der Schwarm ein Mittel, um die Menge der aufgenommenen Sinnesinformationen zu steuern: Sie würde dann vergrößert, wenn die sensorische Repräsentation noch schlecht ausgebildet ist, und später wieder begrenzt, wenn der Schwarm gut mit Sinnesinformationen versorgt ist.

Neben diesen sechs Eigenschaften der Kundschafterinnen als Sinneseinheiten, die im Schwarm die Entscheidungsfindung begünstigen, gibt es auch zwei weitere Aspekte, die eine solche erfolgreiche Entscheidungsfindung mit ziemlicher Sicherheit hemmen. Erstens liefern die Kundschafterinnen ihren Bericht häufig nicht gleichzeitig, das heißt, ihr Tanz ist zu jedem einzelnen Zeitpunkt ein schlechter Indikator für die tatsächliche Qualität der verschiedenen Stellen. Wie man beispielsweise in Abbildung 31 erkennt, wurde von 10 Uhr bis 10.15 Uhr durch die Tänze auf dieser Schwarmtraube ausschließlich der mittelmäßig gute 15-Liter-Nistkasten befürwortet, als wäre er der einzige und damit auch der beste. Und zweitens hat diese Form der Berichterstattung den Nachteil, dass jede Kundschafterin hinsichtlich der Qualität einer Stelle nur unscharfe Informationen liefert. Abbildung 32 zeigt, wie die einzelnen Kundschafterinnen zugunsten derselben Stelle eine deutlich unterschiedliche Zahl von Tanzrunden zeigen. Um solche zeitlichen und individuellen Schwankungen der Berichte auszugleichen, integriert der Schwarm seine Sinnesinformation über mehrere Stunden und Hunderte von Bienen hinweg. Diese entscheidend wichtige Integration der Sinnesinformation spielt sich im nächsten Stadium der Entscheidungsfindung ab.

Entscheidungstransformation im Schwarm

Das zweite Stadium der Entscheidungsfindung besteht sowohl im Affengehirn als auch in einem Bienenschwarm in einer Transformation der Entscheidung. Die sensorische Repräsentation wird in eine Reihe von Wahrscheinlichkeiten für die Umsetzung der verschiedenen Alternativen umgewandelt. Diese zweite Umwandlung hat vor allem die Funktion, verrauschte sensorische Informationen so zusammenzuführen, dass das Entscheidungssystem (Gehirn oder Schwarm) weiß, wie viele Belege zugunsten der verschiedenen Alternativen es erhalten hat. Die Gesamtsumme dieser Belege entscheidet über die relative Wahrscheinlichkeit, dass einer der verschiedenen möglichen Handlungswege eingeschlagen wird.

Im Affengehirn werden die Sinnesinformationen, die von den Neuronen des MT-Areals geliefert werden, von Neuronen im LIP-Bereich integriert. Wie zuvor erläutert, werden verschiedene Populationen von LIP-Neuronen, die verschiedene Bewegungsrichtungen repräsentieren, durch ihre zugehörigen MT-Neuronen stimuliert; jede LIP-Neuronenpopulation summiert über eine gewisse Zeit hinweg ihren Input (die Stimulation), und stellt ihren Output (die Impulsgeschwindigkeit) entsprechend darauf ein. Letztlich fungiert jede LIP-Neuronenpopulation als Integrator: Sie sammelt Anhaltspunkte, die für eine mögliche Bewegungsrichtung der Augen sprechen, und teilt mit, wie viele solche Anhaltspunkte sie summiert hat. Je stärker also die beobachtete Bewegung in eine bestimmte Richtung ist, desto stärker sind auch die Impulse der zugehörigen MT-Neuronen, und entsprechend schneller sammeln sich die Anhaltspunkte in den assoziierten LIP-Neuronen an; auf diese Weise wächst die Wahrscheinlichkeit, dass der Affe die Augen in die jeweilige Richtung bewegt.

Im Honigbienenschwarm läuft die Entscheidungstransformation grundsätzlich genauso ab wie im Affengehirn. Wie das Affengehirn, das die Sinnesinformationen für die Augenbewegungen in verschiedene Richtungen integriert, so ist auch der Honigbienenschwarm ein Integrator für Sinnesinformationen über die verschiedenen Nistplätze. Integriert wird dabei die Zahl der Bienen, die die verschiedenen Stellen aufsuchen (Abb. 54). Wie wir in Kapitel 6 erfahren haben, werden noch unentschiedene Kundschafterinnen durch die Tänze, die sie auf der Oberfläche der Schwarmtraube miterleben, zum Besuch der durch diese Tänze repräsentierten Stellen angeregt. Die Tänze für jede einzelne Stelle beginnen und enden, wenn die Kundschafterinnen, die sich für die jeweilige Stelle aussprechen, auf den Schwarm kommen und gehen; einzelne, von derselben Stelle kommende Kundschafterinnen führen unterschiedlich energische Tänze auf, das heißt, die Stärke der Signale, die weitere Kundschafterinnen zum Besuch einer bestimmten Stelle anregen, schwankt von Minute zu Minute. In der Zahl der Bienen, die eine Stelle aufsuchen, spiegelt sich jedoch die Gesamtzahl der Tanzrunden wider, die im Laufe der letzten Stunden zugunsten dieser Stelle aufgeführt wurden; die Zahl der Bienen an einer Stelle führt also die verrauschten Sinnes- und Tanzinformationen über diese Stelle zusammen. Und je besser die Stelle ist, desto größer ist die Zahl der Tänze zu ihren Gunsten, und entsprechend größer ist auch die Zahl der Bienen, die zusätzlich an diese Stelle kommen. Die »Argumente« für eine bestimmte Stelle – die Zahl der Bienen, die sie aufsuchen – sammeln sich also am schnellsten zugunsten der besten Stelle. Auf diese Weise spricht die größte Wahrscheinlichkeit dafür, dass auch die beste Stelle ausgewählt wird.

Die Integratoren im Affengehirn haben ein wichtiges Konstruktionsmerkmal: Sie hemmen sich gegenseitig. Wenn sich in einem Integrator immer mehr Anhaltspunkte sammeln, wird die Ansammlung von Anhaltspunkten in allen anderen unterdrückt. Die gleiche Eigenschaft ist auch im Bienenschwarm zu erkennen. Wie Abbildung 28 beispielsweise zeigt, war die Zahl der Bienen an der ausgewählten Stelle in allen Fällen der Entscheidungsfindung von einem auffälligen Rückgang der Bienenzahl an allen abgelehnten Stellen begleitet. Das Ganze ähnelt dem in Abbildung 52 C. gezeigten Prinzip der steigenden oder sinkenden Impulshäufigkeit von LIP-Neuronen. Die gegenseitige Hemmung der Bienenpopulationen an den verschiedenen potentiellen Stellen ist die Folge der Konkurrenz um eine begrenzte Zahl unentschlossener Kundschafterinnen. Wenn immer mehr dieser Bienen zugunsten einer Stelle rekrutiert werden, stehen weniger von ihnen für die Rekrutierung zugunsten anderer Stellen zur Verfügung. Wenn also insgesamt der Nachdruck der Tänze zugunsten einer überlegenen Stelle steigt und damit auch immer mehr Bienen diese Stelle besuchen, wird die Rekrutierung zugunsten unterlegener Stellen gehemmt. Am Ende sinkt die Zahl der Bienen, die schlechtere Stellen aufsuchen, denn die von diesen Stellen zurückkehrenden Bienen ziehen sich zurück und treten als unentschlossene Kundschafterinnen wieder in den Prozess ein (siehe Kapitel 6); dann werden sie mit hoher Wahrscheinlichkeit zugunsten einer besseren Stelle rekrutiert, weil die Zahl der Tänze für diese Stelle schneller gewachsen ist und einen größeren Anteil aller Tänze auf der Schwarmtraube ausmacht (Abb. XXVI im Bildteil). In der gegenseitigen Hemmung der Integratoren kann man ein Mittel sehen, mit dem verhindert wird, dass leere Reservoire wieder aufgefüllt werden.

Tatsächlich haben die Indikatoren im Affengehirn und im Honigbienenschwarm noch ein weiteres gemeinsames Konstruktionsmerkmal: Sie sind »undicht«. Oder anders gesagt: In beiden Systemen lässt die Anhäufung von Anhaltspunkten in jedem einzelnen Integrator nach, wenn nicht weitere Anhaltspunkte einfließen. Wie wir in Kapitel 6 erfahren haben, schwächt sich das Engagement jeder Kundschafterin in Form der Werbung für »ihre« Stelle und weitere Besuche dort nach mehreren Ausflügen zu der Stelle ab (Abb. 31 und 34). Entsprechend trägt jede Kundschafterin immer weniger zur Anhäufung der Anhaltspunkte zugunsten der betreffenden Stelle bei. Ein solches Nachlassen bei der Anhäufung von Anhaltspunkten ist ein entscheidendes Merkmal mehrerer Modelle, mit denen mathematisch orientierte Psychologen die Informationsverarbeitung im Vorfeld der Entscheidungsfindung im Primatengehirn nachvollziehen wollen. (Ein Beispiel ist das »Modell der undichten, konkurrierenden Akkumulatoren«, das Marius Usher von der University of London und James

McClelland von der Stanford University entwickelten.)[5] In diesen Modellen verbessert sich durch die »Undichtigkeit« offensichtlich die Entscheidungsfindung, weil sich die verrauschten Anhaltspunkte über längere Zeit summieren müssen, bevor die Informationen für eine Entscheidung ausreichen. Die Undichtigkeit versetzt ein Entscheidungsfindungssystem auch in die Lage, sich bei gewandelten Umständen zu aktualisieren, beispielsweise wenn eine überlegene Alternative entdeckt wird. Mit anderen Worten: Undichte Integratoren tragen dazu bei, dass ein System nicht schnell und fehlerhaft arbeitet.

Die gleiche Erklärung für die Funktion der Undichtigkeit trifft offensichtlich auch auf Honigbienenschwärme zu. Diese Behauptung stützt sich auf mathematische Modelle, mit denen Kevin Passino und ich die Entscheidungsfindung bei der Nistplatzauswahl von Bienenschwärmen nachvollziehen wollten.[6] Wir simulierten die Aktivität von 100 Kundschafterinnen, denen eine Landschaft mit sechs potentiellen Nistplätzen unterschiedlicher Qualität angeboten wurde. Jede Kundschafterin war mit allen bekannten Verhaltensregeln solcher Bienen ausgestattet: Unentschlossene Bienen suchen nach neuen Stellen oder werden durch Tänze zugunsten bekannter Stellen rekrutiert, engagierte Kundschafterinnen untersuchen ihre Stellen und geben sie mit Tänzen bekannt, deren Stärke von der Qualität der Stelle abhängt und so weiter. Um unser Modell zu validieren, untersuchten wir zuerst, ob man mit seiner Hilfe tatsächliche Fälle der Nistplatzauswahl wie die in Abbildung 28 nachvollziehen kann. Dies gelang hervorragend. Dann erzeugten wir mit unserem Modell »pseudomutierte« Schwärme, deren Kundschafterinnen sich ein wenig anders verhielten als ihr natürliches Gegenstück; damit wollten wir herausfinden, wie sich kleine Veränderungen in den Verhaltensregeln auf die Entscheidungsleistung des Schwarmes auswirken. So ließen wir beispielsweise die Intensität der Tänze in abweichendem Tempo zurückgehen und beobachteten dann, wie sich dies auf Geschwindigkeit und Qualität der Entscheidungsfindung auswirkte. In der Natur verringert sich der Nachdruck der Tänze einer Kundschafterin durchschnittlich mit jedem Rückflug zum Schwarm um 15 Tanzrunden (siehe Abb. XXVII im Bildteil und Abb. 35); diesen Wert erhöhten wir auf bis zu 35 Tanzrunden je Flug, oder wir verringerten ihn auf bis zu fünf Tanzrunden. Mit dieser Veränderung verändert sich auch die »Undichtigkeit« des Integrators, denn kurz nachdem eine Biene die Tänze zugunsten einer Stelle eingestellt hat, sucht sie diese auch nicht mehr auf – womit sie aus dem Integrator verschwindet.

Wenn wir die Zahl der Tanzrunden langsamer sinken ließen, so dass die Bienen länger tanzten und nicht so schnell aus der Gruppe der Befürworter für einen Nistplatz verschwanden, trafen unsere Modellschwärme schnellere, aber weniger präzise Entscheidungen. Die Entscheidungsfindung verschlechterte sich, weil sich die Anhaltspunkte zugunsten aller Stellen durch das langsamere Verschwinden der Befürworter schneller ansammelten, und wenn die beste Stelle zufällig erst spät entdeckt wurde, konnten sich die Anhaltspunkte zugunsten einer der schlechteren Stellen unter Umständen bis zum Schwellenwert anreichern, so dass diese den Wettbewerb unter den potentiellen Nistplätzen gewann. Ließen wir die Befürworter schneller verschwinden, geschah das Umgekehrte: Der Modellschwarm traf die Entscheidungen langsamer, aber präziser. Der Grund: Da die Kundschafterinnen ihre Besuche an den jeweiligen Stellen so schnell einstellten, konnte sich der Schwellenwert der Anhaltspunkte selbst im Integrator der besten Stelle kaum aufbauen. Zu unserer großen Freude entdeckten wir, dass das in der Natur gemessene Verhältnis von Tanzmüdigkeit und Verschwinden von Befürwortern gerade groß genug war, damit die Schwärme ein gutes Gleichgewicht zwischen Schnelligkeit und Präzision der Nistplatzauswahl finden konnten.

Aktionstransformation im Schwarm

Im letzten Stadium der Informationsverarbeitung, die zur Entscheidungsfindung führt, kristallisiert sich aus den vielen Beiträgen aller Integratoren eine einzige Reaktion heraus. Wie wir heute wissen, ergibt sich diese Reaktion sowohl im Affengehirn, das über Augenbewegungen entscheidet, als auch im Honigbienenschwarm, der sich einen Nistplatz sucht, wenn sich die Anhaltspunkte in einem der Indikatoren über einen Schwellenwert hinaus anreichern. In beiden Systemen fällt die Entscheidung für eine Reaktion einfach dadurch, dass eine Alternative in ihrem Integrator zuerst einen kritischen Schwellenwert an Anhaltspunkten erreicht. In der Regel führt dies zu einer guten Entscheidung, weil sich in den Mengenverhältnissen der Anhaltspunkte in den Integratoren der verschiedenen Alternativen im Normalfall deren relative Stärke oder Qualität widerspiegelt. Je besser beispielsweise ein potentieller Nistplatz geeignet ist, desto energischer sind die Tänze, mit denen darüber berichtet wird, und entsprechend schneller wächst die Zahl der Kundschafterinnen an der betreffenden Stelle. Außerdem tragen sowohl die Selbstverstärkung des sensorischen Inputs für die Alternativen (Rekrutierte werden zu Rekrutierern) als auch die gegenseitige Hemmung der Integratoren für die Alternativen (Konkurrenz um die noch unentschlossenen Kundschafterinnen) dazu bei, dass der beste Nistplatz in der Konkurrenz die Oberhand gewinnt und als Erster die kritische Zahl an Anhaltspunkten erreicht; das gilt selbst dann, wenn der beste Kandidat erst spät in den Wettbewerb eintritt, was häufig vorkommt (siehe Abb. 21 und 28).

Wie wir in Kapitel 7 erfahren haben, nimmt das Entscheidungsfindungssystem eines Bienenschwarmes wahr, wenn eine der Alternativen auf dem Weg des *quorum sensing* den Schwellenwert für die Menge der notwendigen Anhaltspunkte überschritten hat. Die Kundschafterinnen an den einzelnen potentiellen Nistplätzen nehmen also auf irgendeine Weise wahr, wie viele ihrer Kolleginnen an der Stelle anwesend sind, und sie bemerken auch, wenn der Schwellenwert (das Quorum) erreicht ist und die Handlung ansteht. Wie wir außerdem erfahren haben, regen Kundschafterinnen, die an der ausgewählten Stelle das Quorum bemerkt haben, den Schwarm zur Vorbereitung der Aktion an: Sie kehren zurück und erzeugen die Pfeifsignale, mit denen alle anderen Bienen dazu stimuliert werden, ihre Flugmuskulatur aufzuwärmen. Auch alle Kundschafterinnen, die sich noch für eine der unterlegenen Stellen aussprechen, werden wahrscheinlich durch die Pfeifsignale dazu angeregt, sich von dieser Stelle abzuwenden. Während also alle anderen Bienen im Schwarm sich auf den Flug vorbereiten, verfestigen die Kundschafterinnen den Konsens, damit beim Abflug keine widersprüchlichen Richtungssignale auftreten. Wenn schließlich alle Bienen in der Schwarmtraube ihre Flugmuskulatur bis auf eine flugfähige Temperatur von 35 °C aufgewärmt haben, sorgen die Kundschafterinnen, die den Schwarm auch mit ihren Pfeifsignalen auf den Abflug vorbereitet haben, mit dem Schwirrlauf dafür, dass der Schwarm tatsächlich abfliegt (siehe Abb. 45). Und schließlich lenken die Kundschafterinnen, die den Weg zu der ausgewählten Stelle kennen, den Schwarm auf die entsprechende Flugroute.

Ein entscheidendes Konstruktionselement des Entscheidungsfindungssystems ist die Größe des Quorums; diese hat starken Einfluss auf die Geschwindigkeit und Genauigkeit, mit der ein Schwarm sein neues Zuhause auswählt. Das zeigte sich, als Kevin Passino und ich die Größe des Quorums in unserem mathematischen Modell niedriger und höher einstellten. Wie sich dabei herausstellte, sorgt eine Zahl unterhalb des Normalwertes – rund 15 Bienen, die gleichzeitig außerhalb des Nistplatzes anwesend sind – dafür, dass die Schwärme schnelle, aber fehleranfällige Entscheidungen treffen, liegt sie dagegen höher, fallen die Entscheidungen langsamer, aber sie sind geringfügig präziser. Offensichtlich ist das Quorum bei den Bienen also gerade so hoch eingestellt, dass die Schwärme eher zutreffende, nicht aber übermäßig schnelle Entscheidungen treffen. Das ist auch sinnvoll: Ein Schwarm kann nur einmal die lebenswichtige Entscheidung über den Nistplatz treffen, und deshalb sollte er dabei nicht schnell, sondern sorgfältig vorgehen. Das hohe Quorum dürfte auch dazu beigetragen haben, dass ein Schwarm eine beträchtliche Anzahl von Kundschafterinnen braucht, die bereits an der ausgewählten Stelle waren und den Schwarm dorthin führen können. Es besteht aber auch die Möglichkeit, dass die Bienen das Quorum im Notfall herabsetzen, beispielsweise wenn ein gefährlicher Wetterwechsel eintritt oder wenn der Schwarm zu hungern beginnt. In solchen Fällen der Todesgefahr könnte sich der Schwarm unter Umständen ohne weitere Verzögerung einen Unterschlupf suchen. Ob so etwas tatsächlich geschieht, müssen weitere Forschungsarbeiten zeigen.

Konvergenz zur optimalen Konstruktion?

Vor 30 Jahren präsentierte der Informatiker Douglas Hofstadter in seinem Buch *Gödel, Escher, Bach: Ein Endloses Geflochtenes Band* eine faszinierende Idee: Danach unterscheidet sich eine Ameisenkolonie in vielerlei Hinsicht nicht von einem Gehirn.[7] Er machte darauf aufmerksam, dass in beiden Systemen aus einer Gruppe »dummer« Wesen eine höhere Intelligenz erwächst: aus Gruppen von Ameisen, die sich in bestimmter Weise verhalten, und aus Gruppen von Neuronen, die Impulse abgeben. Zu der Zeit, als Hofstadters Buch erschien, waren die Ähnlichkeiten zwischen den Entscheidungssystemen der sozialen Insekten und der Neuronen im Gehirn nur ansatzweise zu erkennen; beispielsweise fiel auf, dass beide Systeme Informationen über die Außenwelt im Aktivitätsmuster ihrer Elemente codieren. Heute wissen wir über die Entscheidungsprozesse sowohl in Insektengesellschaften als auch im Primatengehirn viel mehr, und was wir in den letzten drei Jahrzehnten in Erfahrung gebracht haben, spricht auf verblüffende Weise für Hofstadters Idee, dass die Evolution den Ameisen-(oder Bienen-)Völkern und dem Primatengehirn intellektuelle Kraft in Form grundsätzlich ähnlicher Informationsverarbeitungsmechanismen eingepflanzt hat.

Wie wir heute wissen, stehen das Primatengehirn und ein Honigbienenschwarm vor dem gleichen grundsätzlichen Problem: Sie müssen auf der Grundlage verrauschter Informationen, die von vielen Einzelquellen stammen, zwischen verschiedenen möglichen Handlungsweisen wählen, wobei kein Einzelelement alle Alternativen kennt. Und wie wir erfahren haben, bedienen sich beide zu diesem

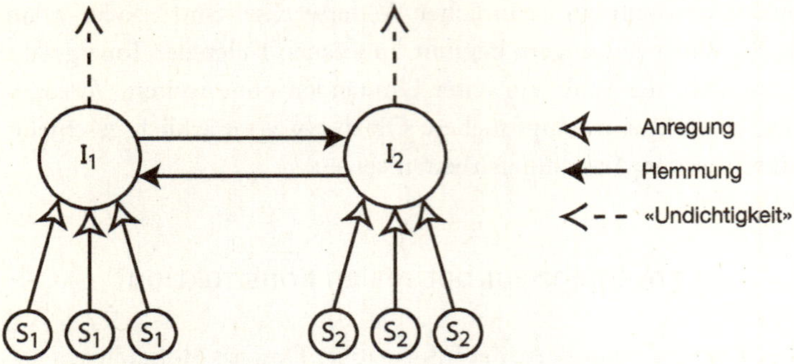

Abb. 55 Ein Modell für die Entscheidungsfindung im Primatengehirn und im Honigbienenschwarm. Populationen von Neuronen beziehungsweise Bienen repräsentieren die gesammelten Anhaltspunkte für die verschiedenen Alternativen. Diese Populationen (I_1 und I_2) integrieren den verrauschten Import von den sensorischen Einheiten (S_1 und S_2), und die angesammelten Anhaltspunkte gehen langsam wieder verloren. Außerdem hemmt jede Population die andere proportional zu ihrem eigenen Aktivitätsniveau (Neuronen) oder ihrer Größe (Bienen).

Zweck einer Form der Informationsverarbeitung, die dem Schema in Abbildung 55 entspricht. Die Konstruktion besteht aus fünf Schlüsselelementen:

1. Eine Population von Sinneseinheiten (S_i) liefert den Input über die Alternativen. Jeder dieser Sensoren berichtet (unscharf) über nur eine Alternative, wobei die Stärke des Inputs jeweils proportional zu der Qualität der betreffenden Alternative ist.

2. Eine Population von Integratoreinheiten (I_i) führt über längere Zeit die Informationen aus mehreren Sinneseinheiten zusammen. Jeder Integrator sammelt Anhaltspunkte zugunsten einer einzigen Alternative.

3. Die Integratoren hemmen sich gegenseitig, so dass die Anhäufung von Anhaltspunkten in einem von ihnen immer stärker die Anhäufung von Anhaltspunkten in den anderen unterdrückt.

4. Die Integratoren sind »undicht«, so dass die Anhäufung von An-

haltspunkten in einem von ihnen den ständigen Input sensorischer Informationen erfordert, die für die betreffende Alternative sprechen.

5. Die Integratoren nehmen einen Schwellenwert wahr, so dass die Entscheidung zugunsten jener Alternative fällt, deren Integrator zuerst den Schwellenwert für die Menge der Anhaltspunkte erreicht hat.

Was ist der Grund für diese verblüffende Übereinstimmung in der Konstruktion der Entscheidungssysteme aus Neuronen und Bienen? (Und auch aus Ameisen; eine sehr schöne Versuchsreihe zur kollektiven Entscheidungsfindung von Felsameisen der Spezies *Temnothorax albipennis* deckte einen Informationsverarbeitungsmechanismus auf, der bemerkenswert stark dem hier für Honigbienen beschriebenen ähnelt, obwohl er in der Evolution unabhängig davon entstanden ist.[8]) Einem naheliegenden Gedanken zufolge existiert diese auffällige Ähnlichkeit, weil die betreffende Konstruktion eine robuste, leistungsfähige und möglicherweise sogar optimale Entscheidungsfindung ermöglicht. Wie man mathematisch nachweisen konnte, lässt sich mit dem in Abb. 55 gezeigten Schema die statistisch optimale Strategie zur Entscheidung zwischen zwei Alternativen umsetzen. Es handelt sich um einen *Sequential Probability Ratio Test* (SPRT), der darüber bestimmt, wann man keine weiteren Anhaltspunkte mehr integrieren muss, um eine bestimmte Fehlerquote zu erreichen. Unter allen möglichen Tests führte dieser für jede gewünschte Entscheidungsgenauigkeit zur kürzestmöglichen Entscheidungszeit. Mit anderen Worten: Mit diesem Test erreicht man das optimale Gleichgewicht zwischen Entscheidungsgenauigkeit und Entscheidungsgeschwindigkeit.

In jüngster Zeit gingen der Informatiker James Marshall von der Universität im englischen Bristol und eine Gruppe seiner Kollegen mit theoretischen Methoden der Frage nach, wie Honigbienenschwärme in der einfachen Situation einer Auswahl zwischen zwei möglichen Nistplätzen zu einer optimalen Entscheidung gelangen.[9] Sie weisen darauf hin, dass man in einem Wettbewerb zwischen zwei Summen von Anhaltspunkten die Belege für eine Alternative als Be-

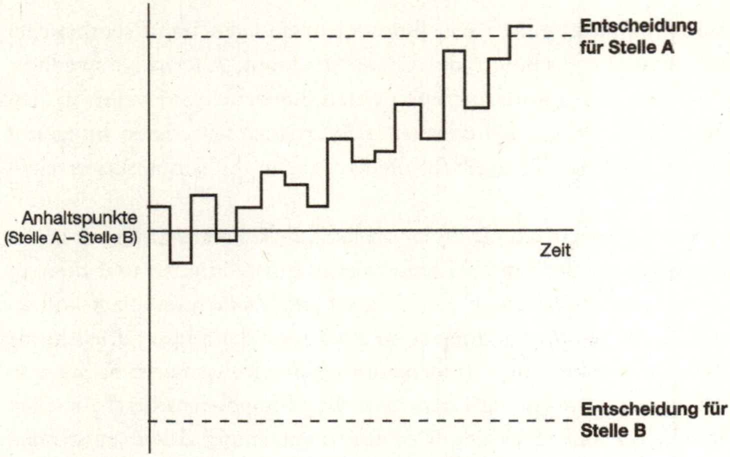

Abb. 56 Modell einer Irrfahrt, in der sich die Anhaltspunkte für zwei Stellen in Form einer einzigen Summe ansammeln. Anhaltspunkte für die Stelle A lassen die Gesamtsumme steigen, solche für die Stelle B verringern sie. Die Entscheidung wird getroffen, wenn der Zuwachs der Anhaltspunkte für eine Stelle unter dem Strich über einen Schwellenwert steigt.

leg gegen die andere betrachten kann; letztlich kann man also die Anhaltspunkte in Form einer einzigen Summe formulieren. Wenn also die Zeit verstreicht und das Entscheidungssystem Anhaltspunkte für beide Alternativen gewinnt, haben sich zu jedem Zeitpunkt nur zugunsten einer Alternative mehr als null Anhaltspunkte angesammelt. Mit anderen Worten: Man kann sich die Anhäufung von Anhaltspunkten als Irrfahrt entlang einer Zeitachse vorstellen, auf der die positive Richtung eine zunehmende Zahl von Anhaltspunkten für eine der Alternativen darstellt, die negative dagegen eine zunehmende Zahl von Anhaltspunkten für die andere (Abbildung 56). Die Verschiebung entlang dieser Achse entspricht der Tendenz, sich in Richtung der besseren Alternative zu bewegen, und die gezackte Form der Linie entspricht dem Rauschen oder der Unsicherheit der eintreffenden Informationen. Wie sich herausstellte, stellt dieses Irrfahrt- oder

Diffusionsmodell der Entscheidungsfindung die statistisch optimale SPRT dar.

Wenn ein Schwarm die Entscheidung zwischen zwei potentiellen Nistplätzen trifft, wird es durch die starke gegenseitige Hemmung der beiden Integratoren – der beiden Gruppen von Kundschafterinnen, welche die Stellen aufsuchen – möglich, dass die Anhaltspunkte für eine Stelle und gleichzeitig gegen die andere sprechen. Eine starke gegenseitige Hemmung tritt aber vermutlich nur dann ein, wenn es im Schwarm nur wenige unentschlossene Bienen gibt, denn dann ist jede zusätzliche Unterstützerin einer Stelle gleichzeitig eine Unterstützerin weniger für die andere. Eine solche Situation oder zumindest eine ähnliche tritt meist erst in einem relativ späten Stadium des Entscheidungsprozesses ein, wenn die meisten Kundschafterinnen sich bereits an der Entscheidung beteiligen und sich auf eine Stelle festgelegt haben. Zu diesem Zeitpunkt sind wahrscheinlich auch die weniger attraktiven Stellen bereits aus der Konkurrenz ausgeschieden, und neue Stellen werden nur noch gelegentlich entdeckt. Zu einer optimalen Entscheidungsfindung kommt es nach dem SPRT-Modell also wahrscheinlich erst gegen Ende des Entscheidungsprozesses. Gerade in diesem Augenblick wird aber auch die größte Entscheidungsfähigkeit gebraucht, weil nur noch relativ wenige, qualitativ hochwertige Stellen in Betracht kommen, so dass es schwierig ist, die beste davon zu erkennen. In weiteren Untersuchungen wird man genau der Frage nachgehen müssen, ob alle Kundschafterinnen eines Schwarmes sich angesichts einer Entscheidung zwischen zwei Alternativen am Ende auf eine davon festlegen und ob man dann mit einer optimalen Entscheidung zwischen den beiden Stellen rechnen kann.

In der Natur stehen die Bienen natürlich nur selten vor einer einfachen Entscheidung zwischen zwei Möglichkeiten, für die das SPRT-Modell nachweislich die optimale Lösung bietet. Wie wir vielmehr erfahren haben, müssen die meisten Honigbienenschwärme zwischen einem Dutzend oder mehr potentiellen Nistplätzen wählen, und selbst wenn die Beratungen im Schwarm dem Ende entgegengehen, spielen in dem Wettbewerb um den Schwellenwert der

Anhaltspunkte häufig noch mehr als zwei Stellen eine Rolle. Aber da das SPRT auch in Situationen mit mehreren Alternativen leistungsfähig ist, sofern einige von ihnen besser sind als andere, hat sich in der Evolution von Primatengehirn und Honigbienenschwarm möglicherweise unabhängig voneinander der gleiche grundlegende Entscheidungsmechanismus entwickelt, weil er eine gute Annäherung an eine optimale Entscheidungsfindung darstellt. Wenn sich diese Vermutung als richtig erweist, haben wir es mit einer erstaunlichen Konvergenz in der anpassungsorientierten Konstruktion zweier physisch ganz unterschiedlicher »Denkapparate« zu tun – auf der einen Seite ein Gehirn aus Neuronen, auf der anderen ein Schwarm aus Bienen.

10. Der kluge Schwarm

So tun die Honigbienen, Kreaturen,
Die durch die Regel der Natur uns lehren,
Zur Ordnung fügen ein bevölkert Reich.[1]

William Shakespeare,
Heinrich V.

Sehen wir uns nun einmal an, was wir Menschen von den Honigbienen lernen können. Wie strukturiert man eine Gruppe angesichts einer anstehenden Entscheidung so, dass Wissen und Intelligenz ihrer Mitglieder effizient zugunsten einer guten, kollektiven Entscheidung eingesetzt werden? Dies ist ein wichtiges Thema: Die Gesellschaft der Menschen muss sich darauf verlassen können, dass Gruppen verlässlicher sind als Einzelne, wenn es um gewichtige Entscheidungen geht. Aus diesem Grund haben wir Geschworene, Aufsichtsräte, Expertenkommissionen und neun Richter im obersten US-Gerichtshof.[2] Aber wie wir alle wissen, treffen auch Gruppen nicht immer kluge Entscheidungen. Wenn eine Gruppe nicht so organisiert ist, dass die persönlichen Beratungen ihrer Mitglieder zu kollektiven Überlegungen führen, die alle verfügbaren Informationen und die Gedanken aller Mitglieder berücksichtigen, funktioniert die Gruppe als Entscheidungsgremium nicht. In solchen Fällen kann das Urteil der Gruppe für die betroffene Gemeinschaft eine Katastrophe darstellen. Glücklicherweise geben uns die Bienen mit ihrer Wohnungssuche eine großartige Antwort auf die schwierige Frage, welche Voraussetzungen für eine gute Gruppenentscheidung gegeben sein müssen. Es ist eine Antwort, die seit vielen Jahrmillionen von der natürlichen Selektion immer feiner abgestimmt wurde – Fossilien aus dem Oligozän deuten darauf hin, dass es Honigbienen bereits seit mindestens 30 Millionen Jahren gibt. Mit Sicherheit handelt es sich also um eine altbewährte Methode, um zu kollektiver Klugheit zu gelangen.[3]

Der Einsatz von Insekten als kluge Manager hat natürlich seine Grenzen, und wir sollten ihre Methoden nicht blind nachahmen. Dennoch behaupte ich: Die Bienen führen uns mehrere Prinzipien einer effizienten kollektiven Entscheidungsfindung vor Augen, und wenn wir sie umsetzen würden, könnten wir auch die Zuverlässigkeit der Entscheidungsprozesse in Menschengruppen steigern. Der zweite Teil dieser Behauptung ist durchaus nicht nur hypothetischer Natur – ich habe das, was ich von den Bienen gelernt hatte, auch bei Menschen angewandt, insbesondere bei meinen Kollegen an der Cornell University. Im Jahr 2005, als die Entscheidungsprozesse der Bienen gerade in Umrissen geklärt waren, wurde ich Leiter des Instituts für Neurobiologie und Verhaltensforschung. Zum Spaß und als Experiment entschloss ich mich, einige Methoden, mit denen Bienen-Kundschafterinnen ihr neues Zuhause auswählen, auch unter meinen Professorenkollegen einzuführen, und entsprechend ließ ich sie bei unseren monatlichen Fakultätssitzungen beraten. Anders als die Bienen im Schwarm standen wir nicht vor Entscheidungen, in denen es um Leben oder Tod ging, aber sie waren dennoch schwierig genug: Es ging um Einstellungen, Promotionen und andere Themen, die auf die kleine Akademikergemeinde langfristige Auswirkungen haben würden. Zu meinem Glück weiß ich nicht, was meine Kollegen wirklich über unsere gemeinsamen Entscheidungsprozesse dachten, aber nach meinem Eindruck waren sie mit unseren harten Entscheidungen auch dann zufrieden, wenn die Dinge nicht immer so liefen, wie jeder einzelne Professor es sich gewünscht hätte. Und ich möchte auch gern glauben, dass ihre offenkundige Zufriedenheit dadurch entstand, dass unsere Entscheidungen sich auf eine offene, faire Diskussion stützten. Jedenfalls möchte ich im weiteren Verlauf erklären, wie ich mich bemüht habe, die »fünf Wege zur Effektivität«, die ich bei den Bienen erlebt hatte, auf das Umfeld einer Universität zu übertragen.[4]

Um meine Aussage, dass unsere Befunde von den Bienen auch für Menschen von Bedeutung sind, weiter zu untermauern, möchte ich einige faszinierende Ähnlichkeiten zwischen Honigbienenschwärmen und Bürgerversammlungen in Neuengland erörtern: Beide sind so organisiert, dass gute Entscheidungen herauskommen.[5] Warum verwende ich zum Vergleich gerade Bürgerversammlungen aus Neuengland? Die Antwort: Diese besondere Form der Verwaltung in kleinen Ortschaften gibt es schon seit mehr als 300 Jahren, und man kann mit Fug und Recht behaupten, dass sie die authentischste Form der Demokratie unter Menschen ist; dort laufen kollektive Entscheidungsprozesse ganz ähnlich ab wie bei den Bienen im Schwarm. Einmal im Jahr, traditionell am Dienstag nach dem ersten Montag im März, findet der »Town Meeting Day« statt: Die Bürger einer Ortschaft versammeln sich im Freien und fassen gemeinsam bindende Beschlüsse, die für alle in ihrer Ortschaft gelten. Jede derartige Bürgerversammlung ist wie ein Honigbienenschwarm eine faszinierende Mischung aus Gemeinschaftsgefühl und individuellen Interessen. Wie wir noch genauer erfahren werden, bestehen in der inneren Funktionsweise dieser beiden bewährten Formen von Demokratie auffällige Ähnlichkeiten. Ich halte es nicht für einen Zufall, dass sowohl im Honigbienenschwarm als auch bei einer Bürgerversammlung die gleichen Prinzipien gut funktionieren.

Lektion 1: Stelle die Gruppe der Entscheidungsträger aus Individuen mit gemeinsamen Interessen und gegenseitigem Respekt zusammen

Damit die Mitglieder einer Gruppe bei einer Entscheidung produktiv zusammenarbeiten können, müssen sie ein gewisses Maß an übereinstimmenden Interessen haben. Nur dann sind sie geneigt, eine von Kooperation und Zusammenhalt geprägte Einheit zu bilden. Dabei ist es hilfreich, wenn die Gruppenmitglieder gegenseitig Respekt voreinander haben, so dass sie die von einem unter ihnen geäußerten

Vorschläge konstruktiv diskutieren, die Sichtweisen der anderen berücksichtigen und sowohl auf Selbstdarstellung als auch auf Verärgerung verzichten, wenn der Zeitpunkt gekommen ist, die Gedanken eines anderen kritisch zu bewerten. Ein Entscheidungsgremium aus streitlustigen Miesepetern verfügt wahrscheinlich weder über die Moral noch über die Arbeitseinstellung, die für das Funktionieren der Gruppe notwendig sind.

Die wohnungssuchenden Bienen sind das Musterbeispiel für eine Gruppe, deren Mitglieder gemeinsame Interessen haben und sich gegenseitig respektieren. Wie die Biologen heute wissen, hängt der genetische Erfolg jeder Arbeiterin in einem Bienenvolk vom Schicksal der gesamten Kolonie ab; eine einzelne Biene kann niemals Erfolg haben, wenn nicht das ganze Volk überlebt und sich fortpflanzt. Außerdem weiß man heute, welche Folgen es hat, dass sich die Arbeiterinnen in einem Bienenvolk praktisch überhaupt nicht fortpflanzen: Alle diese Bienen geben ihre Gene nur auf einem gemeinsamen Weg weiter, nämlich durch die Nachkommen ihrer Königinmutter. Und da diese Nachkommen – die im Frühjahr produzierten Königinnen und Drohnen – eine unverfälschte Stichprobe der Gene aus der Kolonie enthalten, pflanzt die Kolonie auch die Gene der Arbeiterinnen höchst ausgewogen fort. Da die Arbeiterinnen also gemeinsam darauf angewiesen sind, dass es ihrem Volk gutgeht, und da eine gedeihende Kolonie die Gene der Arbeiterinnen nahezu vollkommen unparteiisch in die Zukunft weiterreicht, ist es nicht verwunderlich, dass die Arbeiterinnen eines Bienenvolkes mit starker Kooperation dem Wohle des Ganzen dienen.

Im Gegensatz zu den Bienen in einem Schwarm haben die Menschen in einer Gemeinschaft nur selten ein einziges, gemeinsames Ziel; deshalb neigen sie auch weniger als Bienen zu enger Kooperation, wenn sie gemeinsam ein Problem angehen müssen. Dennoch können wir einiges tun, um uns selbst zur Zusammenarbeit zu veranlassen. So kann der Gruppenleiter alle anderen von vornherein daran erinnern, dass sie eine große Verantwortung für das Wohlergehen der Gruppe tragen. In Bradford in Vermont zum Beispiel eröffnet der

Moderator – Larry Coffin, der diese Aufgabe bereits seit 38 Jahren wahrnimmt und vermutlich mehr darüber weiß als jeder andere in dem Bundesstaat – die alljährliche Bürgerversammlung traditionell damit, dass er »aus Respekt für den demokratischen Prozess, den wir jetzt unternehmen wollen«, um einen Augenblick der Ruhe bittet. Damit werden alle im Publikum sanft daran erinnert, dass sie sich versammelt haben, um *für ihre Gemeinschaft* Entscheidungen zu treffen und Gesetze zu verabschieden. Ganz ähnlich mache auch ich es zu Beginn der monatlichen Fakultätssitzungen in meiner Abteilung an der Cornell University: Mit einigen Bemerkungen erinnere ich alle daran, dass wir das übergeordnete Ziel haben, mit unseren Entscheidungen das Institut zu stärken und letztlich uns allen damit einen Dienst zu erweisen.

Zweitens kann man gute Arbeitsbeziehungen in einer Gruppe menschlicher Entscheidungsträger dadurch fördern, dass man sie mit wirklich vernünftigen Menschen besetzt, die bekanntermaßen respektvoll mit anderen umgehen, konstruktive Kommentare abgeben und gleichzeitig versteckte Probleme aufspüren und sich an einer lebhaften Diskussion beteiligen können. In vielen Fällen kann man sich allerdings die Mitglieder einer Gruppe, die Entscheidungen treffen muss, nicht aussuchen. Aber selbst wenn man die personelle Besetzung einer Arbeitsgruppe nicht beeinflussen kann, lassen sich Verhaltensnormen und Vorgehensweisen fördern, die einer guten Moral dienen. In Bradford beispielsweise erinnert Larry Coffin alle Bürger zu Beginn ihrer jährlichen Versammlung daran, dass sie ihre Kommentare und Meinungen nicht gegenüber anderen Bürgern, sondern gegenüber ihm, dem Moderator, äußern sollen. Dies trägt dazu bei, dass Temperamentsausbrüche unterbleiben und die Diskussion vorankommt. Auch in den Fakultätssitzungen meiner Abteilung schneide ich ein der Moral abträgliches Patt manchmal ab, indem ich erkläre, widersprüchliche Ansichten müssten nicht unnötig wiederholt werden. Zweimal musste ich sogar überhitzte Meinungsverschiedenheiten zwischen zwei Fakultätsmitgliedern abkühlen, indem ich sie von einer handgreiflichen Auseinandersetzung abhielt. Solche

Vorfälle stärken immer wieder meine Wertschätzung dafür, dass zwischen diskutierenden Bienen keine destruktiven Beziehungen existieren.

Lektion 2: Halte den Einfluss des Anführers auf das Denken der Gruppe so gering wie möglich

Es gehört zu den erstaunlichsten Aspekten am Entscheidungsprozess der Bienenschwärme, dass er ein vollkommen demokratischer Vorgang ist: Die Macht ist unter allen Kundschafterinnen im Schwarm gleichmäßig verteilt. Mit anderen Worten: Die Bienen wählen ihr neues Zuhause, ohne dass ein Anführer Informationen aus verschiedenen Quellen zusammenführt oder den anderen sagt, was sie zu tun haben. Selbst die lebenswichtige Königin, die mit Sicherheit das genetische Kernstück eines Schwarmes darstellt, ist nur ein Zaungast. In vielen Experimenten, die zuvor in diesem Buch beschrieben wurden, war die Königin sogar in einem kleinen Käfig gefangen (um den die anderen Bienen sich sammelten), das heißt, sie war körperlich von den Entscheidungsprozessen der Kundschafterinnen getrennt, und doch wählte der Schwarm geschickt seinen neuen Nistplatz. Indem die Kundschafterinnen eines Schwarmes ohne Anführer zurechtkommen, vermeiden sie auf sehr angenehme Weise eine der größten Gefahren, die einer guten Entscheidungsfindung in Gruppen drohen: einen dominierenden Anführer. Durch ein solches Individuum verringert sich insgesamt die Fähigkeit der Gruppe, vielfältige Lösungsmöglichkeiten für ein Problem zu benennen, kritisch zu bewerten und schließlich alle mit Ausnahme der besten zu verwerfen.

Im Gegensatz zu Honigbienenschwärmen haben Menschengruppen meist einen Anführer. Deshalb müssen wir natürlich eine naheliegende Frage stellen: Wie sollte sich der Anführer eines Entscheidungsgremiums verhalten, um in der Gruppe stichhaltige Überlegungen zu fördern? Nach meiner Vermutung sollte der Anführer der Gruppe zu diesem Zweck so unparteiisch wie möglich sein, so dass er (oder sie) nur einen möglichst geringen Einfluss auf das Ergebnis des Entscheidungsprozesses hat.[6] Nur dann kann die Gruppe die Leistungsfähigkeit einer gemeinsamen Entscheidung in vollem Umfang nutzen. Demnach sollte der Anführer seine Kommentare zu Beginn der Beratungen auf neutrale Informationen beschränken, die beispielsweise die Reichweite des Problems, die zu seiner Lösung verfügbaren Ressourcen und die Verfahrensregeln betreffen. Außerdem sollte der Anführer darauf verzichten, sich für Lösungen auszusprechen, zu denen die Gruppe nach seiner Ansicht gelangen sollte; stattdessen sollte er einen aufgeschlossenen Wunsch nach neuen Ideen erkennen lassen. Wenn der Anführer auf diese Weise nicht als belehrender Chef auftritt, sondern als Unparteiischer, der nach Informationen strebt, schafft er eine Atmosphäre der ergebnisoffenen Untersuchung, in der die Gruppe auf die Summe ihres Wissens zurückgreifen und ein breites Spektrum möglicher Vorgehensweisen erörtern kann. Neben diesem Bestreben, die Richtung der Besprechung nicht vorzugeben, sollte der Anführer die anderen auch auffordern, Zweifel und abweichende Meinungen auch dann zu äußern, wenn dadurch der Anführer kritisiert wird. Dies begünstigt ein freimütiges Gespräch und eine eingehende Diskussion, in deren Verlauf die Gruppe ihre Alternativen gründlich bewerten kann.

Wenn ein Anführer sich schon zu Beginn der Beratungen parteiisch zeigt oder sein Missfallen darüber zum Ausdruck bringt, dass die Diskussion sich nicht in einer bestimmten Richtung entwickelt, wird er eine gute Entscheidungsfindung der Gruppe wahrscheinlich erschweren. Diese beiden Formen der Führungspraxis werfen nämlich das Problem auf, dass die Gruppe vorschnell zu einem Konsens gelangt, weil ihre Mitglieder bewusst oder unbewusst dem Anführer einen Gefallen tun wollen. Ein Beispiel für dieses Phänomen ist die Entscheidung des Präsidenten George W. Bush und seiner außenpolitischen Berater, 2003 im Irak einzumarschieren. Wie sie fiel, erklärte Scott McClellan, der damalige stellvertretende Pressesprecher des Weißen Hauses: Bush hatte einen eigenwilligen Führungsstil. Er erklärte seinen außenpolitischen Beratern, er sei felsenfest überzeugt, dass Saddam Hussein international isoliert sei, Massenvernichtungswaffen besitze und deshalb beseitigt werden müsse. Bushs außenpolitische Berater, unter ihnen die Nationale Sicherheitsberaterin Condoleezza Rice, stimmten diesem Gedanken sofort zu, weil sie dem Präsidenten gefallen wollten. Sie stellten seine Denkweise kaum in Frage, führten keine längeren Diskussionen über die politischen Möglichkeiten und dachten auch nicht genau über die Folgen eines Krieges nach. Kurz gesagt, ließen sie die Gelegenheit, ihre Gruppenintelligenz anzuwenden, ungenutzt vorübergehen. Wie wir heute wissen, stützte sich die übereilte, falsche Entscheidung einer Invasion im Irak vor allem auf das Bauchgefühl eines einzigen Mannes namens George W. Bush.[7]

Wie ein unparteiischer Anführer dazu beitragen kann, dass die kollektive Klugheit einer Gruppe zum Tragen kommt, sieht man an Larry Coffin, der seit fast vier Jahrzehnten in Bradford in Vermont als Moderator der Bürgerversammlungen tätig ist. Ein solcher Moderator ist zwar als Einziger befugt, die jährliche Bürgerversammlung zu leiten, er muss aber immer daran denken, dass der Wille des Volkes an erster Stelle steht. Um den Willen der Stadtbewohner nicht zu beeinflussen, eröffnet Coffin die Diskussion über jede Frage und jeden Punkt der zuvor veröffentlichten Tagesordnung auf eine ganz bestimmte Weise. Nachdem er den Tagesordnungspunkt vorgelesen hat – beispielsweise »Soll die Stadt Bradford ein Feuerwehrfahrzeug zu einem Preis von höchstens 306 000 Dollar kaufen?« –, fragt er die Versammelten: »Was möchten Sie sagen?« Kurz darauf hebt einer der Stadtbewohner die Hand, Coffin erteilt der betreffenden Person das Wort, und die offene Diskussion über den Tagesordnungspunkt läuft.

Bei einer solchen Bürgerversammlung in Neuengland muss der Moderator dafür sorgen, dass jeder registrierte Wähler zu Wort kommen kann, dass zwischen verschiedenen Ansichten ein fairer Wettbewerb ausgetragen wird und dass die Gruppe ihre Entscheidungen in angemessener Zeit fällt. Die Moderatoren sind angewiesen, sich zur Erfüllung dieser Pflichten nicht auf ihre persönliche Autorität zu verlassen, sondern sich an *Robert's Rules of Order* zu halten, die der Major

Henry M. Robert, ein Ingenieur der US-Armee, 1876 als »Leitfaden für einen fairen, geordneten Ablauf von Versammlungen« veröffentlichte.[8] Wenn sich der Moderator einer Versammlung an diese Regeln hält und sich in gewisser Bescheidenheit übt, kristallisiert sich in jeder behandelten Frage der allgemeine Wille der Bürgerschaft heraus.

Lektion 3: Bemühe dich um mehrere Lösungsmöglichkeiten für das Problem

Manchmal sind Lösungsmöglichkeiten schon durch die Struktur des Problems vorgegeben: wenn wir eine Tür öffnen wollen, wissen wir, dass unsere Auswahlmöglichkeiten sich auf Ziehen oder Drücken beschränken. Bei anderen Gelegenheiten jedoch sind die Möglichkeiten nicht so deutlich definiert. Dann besteht der logische erste Schritt zur Problemlösung darin, dass man eine möglichst große Zahl von Lösungsmöglichkeiten formuliert und dabei hofft, dass eine davon sich als gut erweisen wird. An diesem Punkt kann eine demokratische Gruppe ungeheuer viel bessere Leistungen erbringen als ein herrschsüchtiger Einzelner, denn eine Gruppe kann verschiedene Möglichkeiten bei weitem besser untersuchen.[9] Das gilt insbesondere dann, wenn die Gruppenmitglieder zahlreich, unterschiedlich und selbständig sind. Wenn viele Einzelne ihre einzigartigen Erfahrungen in die Problemlösung einbringen und unabhängig voneinander nach Lösungsmöglichkeiten suchen, bestehen gute Aussichten, dass irgendjemand auf eine radikal neue Idee kommt, und die ist vielleicht genau das, was gebraucht wird.

Wie leistungsfähig eine große, vielgestaltige Findungskommission ist, deren Mitglieder selbständige Untersuchungen anstellen, wird an den wohnungsuchenden Bienen auf wunderschöne Weise deutlich. Wie wir erfahren haben, schickt ein Schwarm Hunderte von Kundschafterinnen aus, die in einem Umkreis von mindestens fünf Kilometern um den Rastplatz potentielle Nistplätze erkunden. Jede dieser unermüdlichen Kundschafterinnen arbeitet dabei allein, umkreist Baumstämme und Felsvorsprünge und sucht nach kleinen, dunklen Öffnungen, die in eine ausreichend geräumige, schützende Nisthöhle führen könnten. Sobald eine Kundschafterin auf einen solchen möglichen Wohnort stößt, untersucht sie ihn, und wenn er sich als annehmbar erweist, kehrt sie zum Schwarm zurück, um dort ihre Entdeckung freimütig mit einem Schwänzeltanz bekanntzumachen. Damit liegt eine Möglichkeit zur weiteren Erörterung auf dem Tisch. Es ist, als würde jede Kundschafterin nach der Rückkehr von einer neuen Stelle zu ihren Kolleginnen sagen: »Wir sollten über diese Möglichkeit nachdenken – sie liegt x Grad rechts (oder links) von der Sonne und y Meter weit weg.« Der dezentrale Erkundungsprozess der Kundschafterinnen erstreckt sich oft über Stunden oder sogar Tage; deshalb ist es nicht verwunderlich, dass ein Schwarm in der Regel 10 bis 20 oder sogar noch mehr mögliche zukünftige Wohnorte entdeckt. Damit eröffnet sich in der Wohnungssuche des Honigbienenschwarmes das größtmögliche Spektrum von Alternativen, und die Bienen verfügen über gute Voraussetzungen, um den besten verfügbaren Wohnraum auszuwählen.

Was können wir Menschen tun, damit sich in unseren Entscheidungsgremien angesichts komplexer Fragestellungen ebenfalls ein breites Spektrum von Alternativen entwickelt, zwischen denen wir dann wählen können? Angesichts meiner Beobachtungen an den Bienen mache ich vier Vorschläge. Erstens sollten wir dafür sorgen, dass die Gruppe groß genug für die anstehende Fragestellung ist. Zweitens sollte die Gruppe aus Personen mit unterschiedlichen Vorkenntnissen und Ansichten bestehen. Drittens sollte die unabhängige Bewertung der Fragestellung durch die Gruppenmitglieder gefördert werden. Und viertens schafft man am besten ein soziales Umfeld, in dem die Gruppenmitglieder sich wohl fühlen, wenn sie Vorschläge unterbreiten. Eine Gruppe, die alle vier Anregungen umsetzt, wird wahrscheinlich alle Alternativen gründlich durchdenken.

Oft kann man in einer Gruppe, die nach Lösungsalternativen sucht, nicht alle vier Elemente verwirklichen, aber auch wenn nur einige von ihnen verstärkt werden, hilft es bereits. Wenn ich beispielsweise in meiner Abteilung an der Cornell University eine Fakultätssitzung organisiere, habe ich keinen Einfluss auf Größe oder Zusammensetzung des Gremiums. Ich kann aber zu kreativem Nachdenken über Lösungsmöglichkeiten auffordern und dafür sorgen, dass solche Gedanken der Gruppe vorgetragen werden. Um neue Ideen voranzubringen, beschreibe ich das Problem meinen Kollegen bereits einige Zeit vor der Sitzung. Auf diese Weise kann jeder von ihnen sich bereits allein darüber Gedanken machen. Und damit alle ihre Ideen auch beisteuern, schlage ich zu Beginn der Sitzung vor, ein breites Spektrum von Alternativen auf den Tisch zu legen. Meine Kollegen sind stets gute »Kundschafterinnen« und teilen, was sie wissen, nahezu ebenso ungehemmt mit wie eine tanzende Biene; deshalb führt diese Phase des Ideensammelns sehr schnell zu einem breiten Spektrum verschiedener Vorschläge. Um sicherzugehen, dass wir alle denkbaren Alternativen berücksichtigt haben, frage ich jeden, der noch nichts gesagt hat, ob er oder sie etwas beitragen möchte. Oft erweitern dann auch zurückhaltendere Charaktere die Liste der Alternativen mit gut durchdachten Vorschlägen.

Da es so wichtig ist, ein Entscheidungsgremium mit vielseitigen Kenntnissen auszustatten, lohnt eine weitere Anmerkung: Zu *Robert's Rules of Order*, das die genauen Verfahrensregeln für Bürgerversammlungen in Neuengland enthält, gehört auch eine prägnante Regel, mit der gewährleistet wird, dass jeder Versammlungsteilnehmer die Gelegenheit erhält, seine Gedanken zu jedem Thema auszusprechen: Niemand darf zu einem Thema mehr als zweimal sprechen, solange nicht alle, die sich zu dem Thema äußern wollen, mindestens einmal dazu die Gelegenheit hatten. Solange der Moderator der Versammlung diese Regel strikt durchsetzt, kann niemand die Diskussion für sich vereinnahmen, und das trägt sicher zu einer fairen Debatte bei. Es macht die Diskussion auch effektiver, denn die Regel trägt dazu bei, dass die Bürgerversammlung bei ihrer Entscheidungsfindung vom gesamten Spektrum aller Tatsachen und der Meinungen ihrer Teilnehmer profitieren kann. Offensichtlich hatte der Major

Henry M. Robert begriffen, wie wichtig es ist, bei den Beratungen in einer Gemeinschaft das kollektive Wissen aller Beteiligten zu nutzen.

Lektion 4: Bereichere die Kenntnisse der Gruppe durch Diskussionen

Wenn eine Gruppe demokratische Entscheidungen fällen will, besteht die vielleicht größte Schwierigkeit darin, dass Wissen und die Meinungen der vielen Mitglieder in eine einzige Entscheidung der gesamten Gruppe umzumünzen. Dieses Problem beschäftigt Gesellschaftsphilosophen und Politikwissenschaftler schon seit Jahrhunderten. Wir Menschen haben eine Reihe von Abstimmungsverfahren entwickelt, mit denen wir eine einzige Möglichkeit aus einer Liste von Alternativen herausgreifen: Mehrheitswahl, Pluralität, gewichtete Abstimmungen und andere.[10] Gesellschaftliche Entscheidungen zu treffen ist aber nicht nur für Menschen ein Problem. Auch bei vielen anderen Tierarten taucht das gleiche Problem auf: Wie sollen die Mitglieder in einer demokratischen Gruppe zu einer Entscheidung gelangen, wenn sie sehr unterschiedliche Ansichten haben?

Auf diese Frage gibt die Wohnungssuche der Honigbienen eine faszinierende Antwort, die von der natürlichen Selektion über Jahrmillionen geformt wurde. Wie wir erfahren haben, ist das Kernstück des Entscheidungsprozesses bei den Bienen eine turbulente Diskussion unter Gruppen von Kundschafterinnen, die sich für verschiedene Alternativen (potentielle Nistplätze) aussprechen. Diese Gruppen treten in Wettbewerb um zusätzliche Mitglieder aus der Gruppe derer, die sich bisher nicht festgelegt haben. Die Gruppe, die zuerst ein Quorum an Unterstützern erreicht, gewinnt die Konkurrenz. Diese siegreiche Gruppe baut anschließend einen Konsens unter den Kundschafterinnen auf, und wenn es an der Zeit ist, den Schwarm zu seinem neuen Zuhause zu dirigieren, sind sich alle über die Flugroute völlig einig.[11]

Der vielleicht beeindruckendste Aspekt an diesem System der gesellschaftlichen Entscheidungsfindung von Bienen ist ihre Fähigkeit, gute Alternativen von schlechten zu unterscheiden, so dass der Schwarm unter dem Dutzend oder mehr potentiellen Nistplätzen, die von den Kundschafterinnen entdeckt wurden, fast immer den besten auswählt. Für mich ist diese Fähigkeit zu guten Entscheidungen vor allem deshalb bemerkenswert, weil sie sich aus einem wahrhaft genialen Gleichgewicht zwischen gegenseitiger Abhängigkeit und Unabhängigkeit der diskutierenden Kundschafterinnen ergibt.

Einerseits sind die Kundschafterinnen voneinander abhängig, denn sie verständigen sich über die Alternativen, die dem Schwarm zur Verfügung stehen.[12] Diese Kommunikation ist von entscheidender Bedeutung, denn erst sie schafft die Möglichkeit, dass die Nachricht einer Kundschafterin über eine Traumwohnung sich unter den mehreren hundert Kundschafterinnen des Schwarmes verbreitet. Wie wir erfahren haben, kann eine begeisterte Kundschafterin unter den unentschlossenen Artgenossinnen mit einem Schwänzeltanz Werbung für »ihre« Stelle machen. Die unentschlossenen Kundschafterinnen, die den Tanz einer Kollegin verfolgen, werden zu der betreffenden Stelle gelockt und machen dann unter Umständen ebenfalls Werbung für die Stelle, womit sie weitere Kundschafterinnen rekrutieren. Die Zahl der Kundschafterinnen, die die einzelnen Stellen besuchen, kann also durch positive Rückkopplung exponentiell wachsen. Wie wir außerdem erfahren haben, sind die Werbetänze umso nachdrücklicher, je besser die Stelle ist, und entsprechend stärker fällt auch die positive Rückkopplung für diese Stelle aus. Indem die Kundschafterinnen also die Werbewirkung ihrer Tänze je nach der Qualität einer Stelle abstufen, verschieben sie den Wettbewerb so, dass die überlegenen Stellen eine größere Zahl von Unterstützerinnen finden. Und wenn sich ein Übergewicht zugunsten einer der besseren Stellen gebildet hat, wächst es immer weiter – die Reichen werden reicher –, weil das anfängliche Übergewicht sich durch die positive Rückkopplung verstärkt. Früher oder später sind kaum noch unentschlossene Kundschafterinnen vorhanden, der Wettbewerb zwischen den Gruppen der Kundschafterinnen verstärkt sich weiter, und am Ende steigt das Interesse der Bienen an einer Stelle stark an, während es für alle anderen dahinschwindet. In diesem Alles-oder-nichts-Wettbewerb trägt die beste Stelle fast immer den Sieg davon. Das System funktioniert so gut, dass die beste Stelle selbst dann im Wettbewerb die Oberhand gewinnt, wenn sie erst mehrere Stunden nach allen anderen entdeckt wird. Ein solcher später Erfolg wird dadurch möglich, dass von der Gruppe, die sich für die beste Stelle einsetzt, die stärkste Werbung und damit auch die stärkste positive Rückkopplung ausgeht.

Die gegenseitige Abhängigkeit unter den kommunizierenden Kundschafterinnen ist sicher ein unentbehrlicher Teil des sozialen Apparats, mit dem sie ihre vielen Einzelinformationen über potentielle Nistplätze zusammentragen. Ihre Fähigkeit, durch Kommunikation weitere Artgenossen zu rekrutieren und damit eine positive Rückkopplung in Gang zu setzen, hat einen wichtigen Effekt: Die Aufmerksamkeit des Entscheidungssystems – die zunehmende Zahl von Kundschafterinnen – konzentriert sich auf eine einzige Stelle. Dass die Kundschafterinnen sich aber auf die beste Stelle konzentrieren, wird durch ein kleines, aber ganz und gar entscheidendes Stück Unabhängigkeit gewährleistet: Jede Biene entscheidet aufgrund ihrer eigenen, unabhängigen Bewertung selbst, ob sie Werbung für eine Stelle macht, und wenn ja, wie stark. Eine Kundschafterin wird sich selbst dann, wenn sie es mit einer begeisterten Tänzerin zu tun bekommt, niemals blind der Meinung einer anderen Kundschafterin anschließen und sich für eine Stelle einsetzen, die sie nicht selbst besichtigt hat. Das ist entscheidend. Würden die Kundschafterinnen nur blind die Tänzerinnen nachahmen, würde ihr Entscheidungssystem (wiederum durch positive Rückkopplung) einer Verstärkung zum Opfer fallen, die katastrophale Folgen haben kann, wenn die ersten Kundschafterinnen nach der Entdeckung potentieller Nistplätze falsche Berichte abliefern. Das Ganze erinnert stark an die Aktienblase Ende der 1990er Jahre, als Anleger die Aktien von Telekommunikations- und Technologieunternehmen nur deshalb kauften, weil andere sie bereits gekauft hatten – womit sie dem »Herdentrieb« folgten, statt selbst sorgfältig die Fundamentalwerte dieser Unternehmen zu überprüfen. Indem die Investoren blind der davonstürmenden Meute folgten, steckten sie Milliarden in Unternehmen, die keinen inneren Wert hatten und am Ende Konkurs machten.[13]

Die Kundschafterinnen ahmen also ihre tanzenden Artgenossinnen nicht sklavisch nach, sondern sie praktizieren eine *überlegte Nachahmung*. Eine Kundschafterin kopiert zwar den Tanz, durch den sie über eine Stelle in Kenntnis gesetzt wurde, aber das tut sie erst, nachdem sie die Stelle selbst überprüft hat und zu dem Schluss gelangt ist, dass sie die Werbung verdient hat. Die Kundschafterinnen verbreiten also mit Hilfe ihrer Kommunikationsfähigkeit gute Ideen, vermeiden aber gleichzeitig die Gefahr, eine Lawine von Informationen über eine minderwertige Stelle loszutreten. Indem sie die Stellen unabhängig voneinander bewerten, setzen sie ihre Aufmerksamkeit klug ein.

Wie können wir Menschen die Methode der Bienen nutzen und die Kenntnisse und Meinungen aller Gruppenmitglieder so bündeln, dass am Ende eine gute Entscheidung für die ganze Gruppe steht? Ich schlage dazu dreierlei vor. Erstens sollten wir die Möglichkeit eines offenen, fairen Ideenwettbewerbs in Form einer freimütigen Debatte nutzen, um die auf die verschiedenen Gruppenmitglieder verteilten Informationen zusammenzuführen. Zweitens sollten wir eine gute Kommunikation innerhalb der Gruppe fördern, weil wir wissen, dass auf diese Weise wertvolle Informationen, auf die ein Mitglied stößt, schnell zu allen anderen gelangen. Und drittens sollten wir erkennen, dass es für Gruppenmitglieder nicht nur wichtig ist, allen anderen zuzuhören, sondern dass sie auch kritisch zuhören, sich ihre eigenen Meinungen über die erörterten Alternativen bilden und ihre Ansichten selbständig äußern müssen.

Diese drei Prinzipien dürften den Bewohnern der kleineren Ortschaften in Neuengland geläufig sein: Dort wird die alljährliche Bürgerversammlung auf altmodische Weise abgehalten – die Bürger kommen an einem festgelegten Tag zusammen und treffen nach persönlicher Diskussion ihre Entscheidungen. Wie die Bienen, die höfliche, aber freimütige Debatten führen, so engagieren sich auch die Bürger in einem höflichen, aber leidenschaftlichen Meinungsaustausch. Wie die Bienen, die ihre Kenntnisse und Ansichten über Nistplätze mit prägnanten Tänzen mitteilen, so äußern auch die Bewohner der Kleinstädte in kurzen Ansprachen ihre Erkenntnisse und Gefühle über Feuerwehrautos, Brückenreparaturen und Steuersätze. Und wie die Bienen, die sich (durch Tänze und Besuche) aufgrund ihrer eigenständigen Beurteilung für einzelne Stellen einsetzen, so bekunden die Kleinstadtbewohner auf der Grundlage ihres eigenen Urteils ihre Unterstützung (durch Ja- oder Nein-Rufe, Aufstehen oder handgeschriebene Stimmzettel) für bestimmte Beschlüsse. Sowohl im Bienenschwarm als auch bei den Bürgerversammlungen ist das Kernstück des Entscheidungsprozesses ein offener Wettbewerb von Ideen, die öffentlich geäußert, aber privat beurteilt werden.

Wie nutzen wir in den Fakultätskonferenzen meiner Abteilung an der Cornell University unsere Erkenntnisse über die Bienen, die durch Beratung zu klugen Entscheidungen gelangen? Zunächst einmal machen wir es zu Anfang wie die Kundschafterinnen, deren harte Arbeit mit einer umfassenden Suche nach möglichen Nistplätzen beginnt: Wir diskutieren eine schwierige Frage, indem wir (wie zuvor beschrieben) umfassend alle Alternativen betrachten. Als Nächstes nutzen wir die vielfältigen Informationen in den einzelnen Köpfen im Sinne einer einzigen Vorgehensweise: Wir veranstalten einen freundlichen Wettbewerb der Ideen. Um das Geben und Nehmen der Beratungen in Gang zu bringen, sage ich in der Regel so etwas wie: »So, Leute, lasst uns ein bisschen mit diesen Ideen spielen.« Das klappt. Die meisten meiner Kollegen äußern gern ihre Gedanken, und die ruhigeren Charaktere werden in die Diskussion einbezogen, wenn ich durch den Raum gehe und sie bitte, uns ihre Ansichten mitzuteilen. Zu den besten Aspekten an dieser Methode gehört, dass verschiedene Personen unterschiedliche Puzzlesteine beisteuern können. Der eine erwähnt vielleicht im Zusammenhang mit einem der Vorschläge einen Aspekt, den wir bisher übersehen haben. Ein anderer sagt vielleicht, er verstehe den Sinn einer Äußerung nicht, und wieder ein anderer liefert die Klärung. Irgendjemand sagt, dieses oder jenes störe ihn an einem der Vorschläge, andere sind damit einverstanden oder auch nicht und erklären, warum. Wenn das Gespräch gut läuft, kommt die Diskussion bemerkenswert schnell voran.

Herrscht dann irgendwann der Eindruck, dass alles Notwendige gesagt ist, erklären meine Kollegen, sie verfügten jetzt über alle Informationen, die sie für ihre Entscheidung brauchen, und wir stimmen ab. Früher erfolgte die Abstimmung in der Regel durch Handzeichen, heute schreiben wir geheime Stimmzettel. Einige Kollegen rebellierten anfangs dagegen. »So etwas haben wir noch nie gemacht außer bei Personalentscheidungen!« Nachdem ich aber erklärt hatte, jeder solle wirklich unabhängig seine Meinung äußern und nicht dem Druck der Kollegen ausgesetzt sein, der zu Anpassung führen könne, wurde es ihnen klar: Eine geheime Abstimmung ist die beste Methode, um ein echtes kollektives Urteil zu fällen.

Lektion 5: Sichere Einheitlichkeit, Genauigkeit und Geschwindigkeit durch Quoren

Wenn eine demokratische Gruppe eine Entscheidung treffen muss, die alle Gruppenmitglieder betrifft, könnte man meinen, man solle die Diskussion ungehindert so lange laufen lassen, bis die Beteiligten sich auf eine einzige Alternative geeinigt haben. Wenn es für ein Problem eine richtige Lösung gibt, zahlt es sich möglicherweise aus, Dinge so lange durchzudiskutieren, bis alle diese Lösung anerkennen. Damit wäre einerseits gewährleistet, dass die richtige Entscheidung getroffen wird, und andererseits würde diese Entscheidung auch allgemein akzeptiert. Manchmal gibt es aber nicht die eine Lösung, die dem Interesse aller dient; in solchen Fällen wird es auch durch weitere Diskussionen wahrscheinlich nicht zur Übereinstimmung kommen, und dann setzt man einer verbitterten Debatte unter Umständen am besten mit einer Abstimmung ein Ende. Aber selbst wenn es eine optimale Lösung gibt – was in Gruppen, deren Mitglieder gemeinsame

Interessen haben, wahrscheinlich ist –, lohnt es sich unter Umständen nicht, allein durch Diskussionen zu einer vollständigen Übereinstimmung zu gelangen. Meist hat der größere Zeitaufwand seinen Preis, und die Kosten, die sich durch weitere Debatten summieren, überwiegen möglicherweise am Ende sogar gegenüber dem Nutzen.

Die wohnungssuchenden Honigbienen zeigen uns einen klugen Weg, wie Gremien im Konsens gute Entscheidungen treffen und dabei Zeit sparen können. Der Trick besteht darin, dass die Kundschafterinnen ein Quorum herstellen, das heißt, diese Bienen verändern sehr drastisch ihr Verhalten, wenn eine der Alternativen von einer Mindestzahl von Individuen (dem Quorum) befürwortet wird. Sehen wir uns noch einmal an, wie das funktioniert. Wie wir bereits erfahren haben, müssen die Bienen eines Schwarmes bei ihrer Entscheidung sorgfältig vorgehen, damit sie überleben; außerdem überleben sie nur, wenn sie zusammenbleiben. Sie müssen also im Konsens die richtige Entscheidung über ihren neuen Nistplatz treffen. Weiterhin haben wir erfahren, dass diese Bienen viel Zeit – manchmal mehrere Tage – investieren, um nach möglichen Nistplätzen zu suchen und öffentlich zu diskutieren, welcher davon der beste ist. Und wir haben erfahren, was geschieht, wenn die Population der Kundschafterinnen an einem der potentiellen Nistplätze eine gewisse Größe (Quorum) überschreitet: Dann ändern die Kundschafterinnen, die diese Stelle besucht haben, abrupt ihr Verhalten, kehren zum Schwarm zurück und senden Pfeifsignale aus.[14] Das Pfeifen veranlasst die vielen tausend Bienen, die keine Kundschafterinnen sind, ihre Flugmuskulatur aufzuwärmen und sich damit auf den Flug zu der ausgewählten Stelle vorzubereiten. Das Pfeifen signalisiert außerdem vermutlich auch den Kundschafterinnen, die sich für andere Stellen (ohne Quorum) ausgesprochen hatten, dass sie die Werbung für diese Stellen und die Besuche dort einstellen sollen, was wiederum die Konsensbildung unter den Kundschafterinnen beschleunigt. Da also ein Quorum von Kundschafterinnen an der siegreichen Stelle bei den Bienen, die sich an dieser Stelle aufhalten, entscheidende Verhaltensänderungen in Gang setzt, verfügt das Entscheidungssystem der Honigbienenschwärme über ein Mittel, um die Konsensbildung zu beschleunigen, sobald ausreichend viele Anhaltspunkte dafür sprechen, dass die richtige Entscheidung getroffen wird. Genial! Zusätzlich hat die Reaktion der Kundschafterinnen auf das Quorum den Vorteil, dass die vielen tausend anderen Bienen im Schwarm bereits mit ihren Flugvorbereitungen beginnen können, lange bevor die Kundschafterinnen zum endgültigen Konsens gelangt sind; damit verkürzt sich wiederum die Zeit, in der ein Schwarm der Gefahr an einem schwankenden Ast ausgesetzt ist.

Die Reaktion auf ein Quorum kann auch Entscheidungsgremien aus Menschen helfen, möglichst schnell zu einer Einigung über das bestmögliche Ergebnis zu gelangen. Wenn wir beispielsweise in den Fakultätssitzungen meiner Abteilung vor einer wichtigen Entscheidung stehen, die auf diese oder jene Weise einstimmig fallen soll – beispielsweise wenn es darum geht, ob ein Assistenzprofessor von einem Zeitvertrag auf eine Dauerstelle befördert wird –, führen wir im Laufe der Diskussion immer wieder geheime Probeabstimmungen durch, mit denen wir feststellen können, wie nahe wir dem Konsens bereits sind. Zeigt sich dabei, dass wir noch weit von der Einstimmigkeit entfernt sind, wissen alle, dass weitere gründliche Diskussionen notwendig sind. Zeigt sich aber in der Probeabstimmung, dass wir bereits kurz vor einer Einigung stehen, wird den wenigen Personen mit einer abweichenden Meinung in der Regel klar, dass eigentlich bereits eine kollektive Entscheidung gefallen ist, dass es keinen Sinn hat, die Diskussion länger hinauszuziehen, und dass man sich am besten der Mehrheitsmeinung anschließt, um so den notwendigen Konsens zu erzielen. Das Hilfsmittel der Probeabstimmung kann also den Mitgliedern eines Entscheidungsgremiums die notwendigen Informationen für eine Quorum-Reaktion verschaffen, durch die sich die Konsensbildung beschleunigt. Natürlich sollte in einer Gruppe von Menschen wie im Bienenschwarm ein hoher Wert als Quorum gelten, damit die Gründlichkeit der Entscheidung nicht der Geschwindigkeit geopfert wird. Nach meinem Eindruck funktioniert dies in unseren Fakultätssitzungen gut. Ich weiß es zwar nicht sicher, aber ich schätze, dass meine Kollegen erst dann ihr Stimmverhalten (und ihre Ansichten?) im Sinne der Konsensbildung ändern, wenn mindestens 80 Prozent – ungefähr 16 von 20 Personen – zu einer übereinstimmenden Meinung gelangt sind. *E pluribus unum* durch Quorum-Reaktionen? Ja, aber man muss dabei sorgfältig vorgehen und ein so großes Quorum ansetzen, dass die Gemeinschaft eine gründliche Entscheidung fällen kann.

Epilog

Vor 60 Jahren stieß Martin Lindauer zufällig auf einen Honigbienenschwarm, der aussah wie ein Bart und an einem Busch hing. Dabei fiel ihm etwas Seltsames auf: Die wenigen Bienen auf dem Schwarm, die den Schwänzeltanz aufführten, waren schwarz von Ruß, rot von Ziegelstaub und grau von der Erde. Warum waren sie so schmutzig? Könnte es sein, so fragte er sich, dass diese schmutzigen Tänzerinnen unterwegs waren und nach Nistplätzen gesucht hatten, während die meisten Schwarmbienen in aller Stille an dem Busch Rast machten? Mit seiner zufälligen Beobachtung und den Erkenntnissen, die daraus erwuchsen, begann für Lindauer »das schönste Erlebnis«[1] seines Lebens, wie er es später nannte: die Erforschung der Frage, wie ein Honigbienenschwarm sein neues Zuhause findet.

In diesem Buch haben wir uns einen Überblick darüber verschafft, wie Lindauer und seine wissenschaftlichen Nachfolger die rätselhafte Frage, wie ein Schwarm Bienen eine kluge Entscheidung für einen neuen Nistplatz treffen kann, beantwortet haben. Wir haben erfahren, dass die Entscheidung von einer Findungskommission gefällt wird, die aus wenigen hundert Kundschafterinnen besteht. Sie alle haben Erfahrung als Nahrungssammlerinnen, erkunden nun aber keine leuchtend bunten Blüten, sondern düstere Hohlräume. Und wir haben erfahren, wie die Wohnungssucherinnen nach potentiellen Nistplätzen fahnden, ihre Entdeckungen durch Tänze mitteilen, langwierig darüber diskutieren, welcher Ort der beste ist, und schließlich zu einer einheitlichen Ansicht gelangen. Fast immer wird durch die kollektive Klugheit der Kundschafterinnen die beste Alternative ausgewählt: Der Schwarm besetzt dann eine Nisthöhle, die Schutz bietet und ausreichend Platz für die großen Honigvorräte hat, die von der Kolonie während des Winters verzehrt werden und sie warm halten.

Wie wir heute wissen, können wir von der erstaunlichen Leistung der Kundschafterinnen, die eine demokratische Entscheidung treffen, viel darüber lernen, wie Individuen *mit gemeinsamen Interessen* ihre Gruppe so strukturieren können, dass sie zu einem leistungsfähigen Entscheidungsgremium wird.[2] Es lohnt sich, genau zur Kenntnis zu nehmen, dass die Kundschafterinnen alle drei entscheidenden Aspekte einer guten kollektiven Entscheidungsfindung hervorragend meistern: Sie erkennen mehrere Alternativen, tauschen die Informationen darüber freimütig aus und sammeln alle diese Informationen, um sich dann für die beste Möglichkeit zu entscheiden.

Interessanterweise tun die Kundschafterinnen all das, ohne dass ein Anführer ihnen Richtlinien vorgibt. Damit umgehen die Bienen offensichtlich einen der größten Fallstricke, die bei kollektiven Entscheidungen lauern: die Dominanz eines Anführers, der ein bestimmtes Ergebnis herbeiführen will und damit die Gruppe daran hindert, alle Möglichkeiten umfassend und eingehend in Erwägung zu ziehen. Aber da die Kundschafterinnen keinen Anführer haben, fehlt ihnen auch der Vorteil, dass ein Verantwortlicher die Ziele der Gruppe formuliert, ihre Entscheidungsmethoden definiert, die Gruppe während der Besprechung auf Kurs hält, für eine ausgewogene Diskussion zwischen allen Gruppenmitgliedern sorgt und erkennt, wann eine Entscheidung erzielt wurde. Die Kundschafterinnen im Bienenschwarm können unter anderem deshalb ohne Aufsicht zusammenarbeiten, weil für jede Biene ein starker Anreiz besteht, eine gute Entscheidung zu treffen; der Schwarm überlebt nur dann, wenn die Kundschafterinnen einen ausreichend sicheren und geräumigen Wohnort finden. Dem Erfolg der führerlosen Kundschafterinnen dient es auch, dass sie nur ein Problem lösen müssen (so dass es nicht zu Verwirrung um die Ziele kommt und keine Tendenz besteht, dass die Diskussion sich vom Thema entfernt). Außerdem sind die Verfahrensregeln fest in ihrem Nervensystem verdrahtet (so dass niemand die Vorgehensweise definieren oder durchsetzen muss). Deshalb erinnern uns die wohnungssuchenden Bienen daran, dass der Anführer in einer demokratischen Gruppe vor allem die Aufgabe hat, das Verfahren der Beratungen zu steuern, nicht aber ihr Ergebnis. Die Bienen zeigen uns auch, dass eine demokratische Gruppe ohne Anführer hervorragend funktionieren kann, wenn alle Gruppenmitglieder sich darüber einig sind, mit welchem Problem sie es zu tun haben und nach welcher Verfahrensweise sie ihre Entscheidungen treffen werden.

Als Erstes steht jedes Entscheidungsgremium vor der Aufgabe, die verfügbaren Alternativen zu erkennen. Im Idealfall finden ihre Mitglieder alle einschlägigen Möglichkeiten. Wie wir erfahren haben, nähern sich die wohnungssuchenden Kundschafterinnen diesem Ideal an, indem sie in weitem Umkreis nach potentiellen Nistplätzen suchen und einige Dutzend Orte entdecken, die in Frage kommen. Dass es den Bienen gelingt, ein breites Spektrum der Möglichkeiten zu finden, zeigt zweierlei: Erstens sind sie eine große Gruppe, die in der Regel aus mehreren hundert Individuen besteht; sie gehen also die Suche nach möglichen Wohnorten mit großer Leistungsfähigkeit an. Zweitens erkunden nie zwei Individuen genau die gleiche Region der umgebenden Landschaft. Vielmehr fliegt beispielsweise eine Biene in einer Richtung, in der sie in den Bäumen an einem Hügel dunkle Astlöcher findet, und andere erkunden in anderen Richtungen vielleicht Risse in Mauern, aufgegebene Nester von Spechten und weitere Möglichkeiten, auf die sie treffen. In der Tatsache, dass die Kundschafterinnen an unterschiedlichen Orten nach zukünftigen Wohnorten suchen, dürfte sich ihr unterschiedliches früheres Arbeitsgebiet als Nahrungssammlerinnen widerspiegeln, aber auch Unterschiede in ihrer »Persönlichkeit« (manche suchen vielleicht lieber in größerer Entfernung, andere in der Nähe) oder auch unterschiedliche Kombinationen dieser und anderer Faktoren. Was auch im Einzelnen die Ursache dafür sein mag, dass die Kundschafterinnen ihre Aufklärung in unterschiedlichen Regionen betreiben, das Ergebnis ist klar: Sie entdecken ein breites Spektrum möglicher Wohnorte. Wegen dieser Vielfalt wird sehr wahrscheinlich mindestens einer der gefundenen Orte den Bienen ein hervorragendes Zuhause bieten.

Die Mitglieder eines Entscheidungsgremiums müssen aber nicht nur Alternativen finden, sondern sie müssen die Informationen über ihre Funde auch austauschen. Wenn ein Individuum die Nachricht über seine Entdeckung nicht öffentlich macht, sondern für sich behält, bleibt die Information ungenutzt, und das kann zu einer schlechteren Entscheidung der Gruppe führen. Stellen wir uns beispielsweise vor, ein Mitglied einer Gruppe stößt auf eine erstklassige Möglichkeit, macht sie den anderen aber nicht bekannt; dann kann diese Information nicht in die Diskussionen der Gruppe einfließen. Es ist also von entscheidender Bedeutung, dass alle persönlichen Informationen, die für die Entscheidung der Gruppe von Bedeutung sind, offengelegt werden; deshalb kann es nicht verwundern, dass eine Bienenkundschafterin, die einen potentiellen Nistplatz gefunden, untersucht und für wertvoll befunden hat, schnell zur Schwarmtraube zurückfliegt und ihre Entdeckung aufgeregt bekanntmacht. Wie wir erfahren haben, zeigt sie zu diesem Zweck einen Schwänzeltanz, der Richtung, Entfernung und Qualität der Entdeckung angibt. Je höher die kleine Kundschafterin selbst ihre Entdeckung einschätzt, desto mehr Tanzrunden führt sie auf, und entsprechend mehr unentschlossene Kundschafterinnen werden zu der Stelle gelockt. Weiterhin war davon die Rede, wie Kundschafterinnen, die einen potentiellen Nistplatz ursprünglich entdeckt haben, ihren Fund besonders hartnäckig bekanntmachen, was vermutlich dazu dient, dass die Information, die ihnen anfangs allein gehört, an die anderen weitergegeben wird und in die öffentlichen Informationen des ganzen Schwarmes einfließt. Man sollte auch festhalten, dass es jeder Kundschafterin freisteht, sich für jeden gefundenen Nistplatz einzusetzen, selbst wenn dieser eine relativ schlechte Alternative darstellt. In einem Honigbienenschwarm werden also in einem gewissen Sinn alle Informationen gern angenommen und respektiert; alle Alternativen dürfen vertreten werden.

Wenn ein Entscheidungsgremium zusammengetreten ist und Informationen über die Alternativen ausgetauscht hat, steht es als Nächstes vor der Aufgabe, diese Informationen zusammenzufassen und eine Möglichkeit auszuwählen. Wie wir erfahren haben, tun die

Bienen dies auf geradezu geniale Weise: Unter den Kundschafterinnen, die sich für die verschiedenen möglichen Nistplätze einsetzen, findet eine freimütige Diskussion statt. Diese Diskussion funktioniert ganz ähnlich wie eine politische Wahl: Es gibt mehrere Kandidaten (Nistplätze), einen Wettbewerb der Propaganda (Schwänzeltänze) für die verschiedenen Kandidaten, Individuen, die sich für diesen oder jenen Kandidaten engagieren (Kundschafterinnen, die sich für eine Stelle aussprechen), und eine große Zahl neutraler Wähler (Kundschafterinnen, die sich noch nicht auf eine Stelle festgelegt haben). Außerdem können die Unterstützer einer Stelle auch ihre Leidenschaft verlieren und in die Gruppe der neutralen Wähler zurückkehren. Das Wahlergebnis ist stark zugunsten der besten Stelle gefärbt, denn die Unterstützer dieser Stelle machen sie am nachdrücklichsten mit Tänzen bekannt und gewinnen damit am schnellsten neue Anhänger; gleichzeitig kehren die Unterstützer dieser Stelle am langsamsten in den Status neutraler Wähler zurück. Am Ende gewinnen Bienen, die sich für eine der Stellen – gewöhnlich die beste – aussprechen, im Wettbewerb so vollständig die Oberhand, dass alle Kundschafterinnen nur noch eine Stelle unterstützen. Damit ist eine einheitliche Meinung erreicht. Ein Aspekt ist dabei besonders wichtig: Obwohl am Ende des Entscheidungsprozesses ein Konsens steht, vermeiden die Bienen nicht den Konflikt, um diesen Konsens zu erreichen. Insbesondere werden abweichende Meinungen in der Diskussion nicht unterdrückt. Außerdem besteht auch kein Druck zugunsten gesellschaftlicher Anpassung. Stattdessen trifft jede Kundschafterin ihre eigene, unabhängige Entscheidung darüber, ob sie eine Stelle unterstützt; diese Entscheidung gründet sich auf ihre eigene, persönliche Beurteilung der Stelle und nicht auf das Urteil der anderen. Um die Informationen über die Alternativen zusammenzutragen, führen die Bienen also eine ergebnisoffene Diskussion, in der die beste Stelle aufgrund ihrer Überlegenheit, die immer wieder von Dutzenden oder sogar Hunderten unabhängig urteilenden Kundschafterinnen bewertet wurde, die Oberhand behält.

Vor der Aufgabe, den richtigen Nistplatz für ihre Kolonie zu finden, stehen die Kundschafterinnen der Honigbienenschwärme schon seit Jahrmillionen. In diesem ungeheuer langen evolutionären Zeitraum hat die natürliche Selektion die Findungskommissionen der Insekten so strukturiert, dass sie die bestmögliche Entscheidung treffen. Jetzt endlich haben wir Menschen das Vergnügen, die Funktionsweise dieses genialen Auswahlprozesses kennenzulernen, und damit bietet sich für uns die Gelegenheit, solche Kenntnisse zur Verbesserung unseres eigenen Lebens zu nutzen. Es wurde gesagt, Honigbienen seien Botschafter, die von den Göttern geschickt wurden und uns zeigen, wie wir leben sollten: in Süße, in Schönheit und in Frieden. Ob das nun stimmt oder nicht, nach meiner Überzeugung kann die Geschichte der wohnungssuchenden Honigbienen das Licht des Staunens auf diese wunderschönen kleinen Lebewesen werfen, und ich hoffe, das gleiche Licht hat auch jede Seite des vorliegenden Buches erleuchtet.

Anmerkungen

Kapitel 1: Einleitung

1 George Bernard Shaw, *Mensch und Übermensch*, 2. Akt. Übers. v. Heinrich Böll und Annemarie Böll. Frankfurt: Suhrkamp, 1984, S. 134.

2 Bandbreite und wirtschaftlicher Wert der Bestäubung durch Honigbienen werden in zwei klassischen Werken im Einzelnen erläutert: McGregor, S. E. 1976. *Insect Pollination of Cultivated Crop Plants*. Agricultural Handbook 496. United States Department of Agriculture, Agricultural Research Service, Washington D. C.; und Free, J. B. 1993. Insect Pollination of Crops. Academic Press, London.

3 Nach Angaben der biologischen Systematiker gibt es mindestens neun Arten von Honigbienen, die alle zur Gattung *Apis* gehören. Biologie und die geographische Verbreitung der einzelnen Arten, darunter auch die allgemein bekannte Westliche Honigbiene *Apis mellifera*, werden im Einzelnen beschrieben in Ruttner, F. 1988. *Biogeography and Taxonomy of Honeybees*. Springer-Verlag, Berlin. Ein Fachartikel aus jüngerer Zeit bringt die Kenntnisse über lebende und fossile Honigbienen der Gattung *Apis* auf den neuesten Stand und erörtert die Biogeographie dieser Bienen vor dem Hintergrund der kürzlich entdeckten fossilen Honigbiene *Apis nearctica*, die aus Schiefergestein im US-Bundesstaat Nevada geborgen werden konnte. Siehe Engel, M. S., I. A. Hinojosa-Diaz und A. Rasnitsyn. 2009. A honey bee from the Miocene of Nevada and the biogeography of *Apis* (Hymenoptera: Apidae: Apini). *Proceedings of the California Academy of Sciences* 60:23–38.

4 Einen guten Überblick über Untersuchungen zu den Auswirkungen der Pheromone einer Honigbienenkönigin auf ihre Arbeiterinnen gibt Engel, M. S., I. A. Hinojosa-Diaz und A. Rasnitsyn. 2009. A honey bee from the miocene of Nevada and the biogeography of *Apis* (Hymenoptera: Apidae: Apini). *Proceedings of the California Academy of Sciences* 60:23–38.

5 Die Analogie zwischen den Bienen in einem Bienenstock und den Zellen eines Organismus – in beiden Fällen kooperieren zahlreiche Einheiten auf einer biologischen Organisationsebene und schaffen dadurch ein Gebilde höherer Ordnung – wird im Einzelnen erörtert in Hölldobler, B. und E. O. Wilson. 2009. *The Superorganism: The Beauty, Elegance, and Strangeness of Insect Societies*. Norton, New York. [dt. *Der Superorganismus: Der Erfolg von Ameisen, Bienen, Wespen und Termiten*. Übers. v. K. Afflerbach u. a. Berlin, Heidelberg: Springer, 2010.]

6 Der spektakulärste Erfolg der neurobiologischen Erforschung der Entscheidungsfindung von Primaten war die Klärung der Frage, wie einfache Entschei-

dungen im Zusammenhang mit der Wahrnehmung getroffen werden, das heißt, wie das Nervensystem eines Individuums sensorische Informationen in einer Wahrnehmung und dann in eine angemessene Verhaltensreaktion umsetzt. Zwei Übersichtsartikel aus jüngerer Zeit zu diesem Forschungsgebiet sind Gold, J. I., und M. N. Shadlen. 2007. The neural basis of decision making. Annual Review of Neuroscience 30:535–574; und Heekeren, H. R., S. Marrett und L. G. Ungerleider. 2008. The neural systems that mediate human perceptual decision making. Nature Reviews Neuroscience 9:467–479.

7 Zitat von Henry David Thoreau aus Thoreau, H. D., 1838; Tagebucheintrag vom 14. März.

8 Friedrich Nietzsche, *Jenseits von Gut und Böse*, Viertes Hauptstück, Zwischenspiele Nr. 156.

9 Wie Karl von Frisch nach und nach den Schwänzeltanz der Bienen entschlüsselte, wird sehr einleuchtend beschrieben im Kapitel 3 von Frisch, K. 1993. *Aus dem Leben der Bienen*. Berlin, Heidelberg: Springer. Der abschließende Bericht über v. Frischs experimentelle Untersuchungen dieses Kommunikationssystems ist v. Frisch, K. 1993. *The Dance Language and Orientation of Bees.* Harvard University Press, cambridge, MA. Bestätigt wurde seine Erkenntnis, dass Bienen die Informationen über reichhaltige Nahrungsquellen mit dem Schwänzeltanz weitergeben, in jüngerer Zeit durch Riley, J. R., U. Greggers, A. D. Smith, D. R. Reynolds und R. Menzel. 2005. The flight paths of honeybees recruited by the waggle dance. *Nature* 435:205–207.

10 Aus v. Frisch, K. 1993. *Aus dem Leben der Bienen.*

11 Detaillierte biographische Informationen über Martin Lindauer finden sich in Seeley, T. D., S. Kühnholz und R. H. Seeley. 2002. An early chapter in behavioral physiology and sociobiology: the science of Martin Lindauer. *Journal of Comparative Physiology A* 188:439–453.

12 Zitat von Martin Lindauer über eine Welt der Menschlichkeit aus Seeley, T. D., S. Kühnholz und R. H. Seeley. 2002. An early chapter in behavioral physiology and sociobiology: the science of Martin Lindauer. *Journal of Comparative Physiology A* 188:439–453, S. 442.

13 Zitat von Martin Lindauer über das wunderschöne Erlebnis aus Seeley, T. D., S. Kühnholz und R. H. Seeley. 2002. An early chapter in behavioral physiology and sociobiology: the science of Martin Lindauer. *Journal of Comparative Physiology A* 188:439–453, S. 447.

14 Zitat von Martin Lindauer über die schmutzigen Tänzerinnen aus Lindauer, M. 1955. Schwarmbienen auf Wohnungssuche. *Zeitschrift für vergleichende Physiologie* 37:263–324, S. 266.

15 Über Lindauers Entdeckung, dass Bienen mit dem Schwänzeltanz nicht nur Nahrungsquellen, sondern auch Nistplätze bekanntmachen, wurde erstmals berichtet in Lindauer, M. 1951. Bienentänze in der Schwarmtraube. *Die Naturwissenschaften* 38:509–513.

16 Roger A. Morse war 40 Jahre lang, von 1957 bis 1997, an der Cornell Univer-

sity als Professor für Bienenforschung tätig. Er beaufsichtigte die Forschungsarbeiten von mehr als 30 Doktoranden und Postdocs und schrieb viele maßgebliche Bücher über Bienenzucht, darunter *The Complete Guide to Beekeeping* (1972, Dutton, NY) und *Bees and Beekeeping* (1975, Cornell University Press, Ithaca, NY).

17 Siehe Wilson, E. O. 1971. *The Insect Societies*. Harvard University Press, Cambridge, MA.

18 Siehe Lindauer, M. 1961. *Communication among Social Bees*. Harvard University Press, Cambridge, MA. [dt. *Verständigung im Bienenstaat*. Gustav Fischer, Stuttgart 1975.]

19 Lindauers Hauptwerk über die Wohnungssuche der Bienen ist Lindauer, M. 1955. Schwarmbienen auf Wohnungssuche. *Zeitschrift für vergleichende Physiologie* 37:263–324. Eine englische Übersetzung mit dem Titel House-hunting by honey bee swarms, erschien als Ergänzung zu Visscher, P. K. 2007. Group decision making in nest-site selection among social insects. *Annual Review of Entomology* 52:255–275. Sie ist online verfügbar unter http://arjournals.annualreviews.org/toc/ento/52/1.

Kapitel 2: Das Leben im Bienenvolk

1 Zitat von James Butler aus Butler, C. 1609. *The Feminine Monarchie: Or, A Treatise concerning Bees and the Divine Ordering of Them*. Vorwort, S. 4. Joseph Barnes, Oxford.

2 Das umfassendste »Who's Who« der Bienen ist Michener, C. D. 2000. The Bees of the World. Johns Hopkins University Press, Baltimore. Ein detaillierter, wunderschön illustrierter Überblick über die Evolution der Bienen findet sich in Kapitel 11: Hymenoptera: ants, bees, and other wasps, in Grimaldi, D. und M. S. Engel. 2005. Evolution of the Insects. Cambridge University Press, Cambridge. Über die Entdeckung der ältesten bekannten fossilen Bienen berichten Poinar, G. O. jr. und B. N. Danforth. 2006. A fossil bee from Early Cretaceous Burmese amber. *Science* 314:614.

3 Einen Überblick über die vielschichtigen Gegenseitigkeitsbeziehungen von Pflanzen und Bienen gibt Proctor, M., P. Yeo und A. Lack. 1996. *The Natural History of Pollination*. Timber Press, Portland, OR. Siehe auch Barth, F. G. 1985. *Insects and Flowers: The Biology of a Partnership*. Princeton University Press, Princeton, NJ.

4 Einen Überblick über die Biologie der Solitärbienen im Vergleich zu sozialen Bienen gibt Michener, C. D. 1974. The Social Behavior of the Bees. Harvard University Press, Cambridge, MA.

5 In einem Beobachtungsstock lebt ein Bienenvolk zwischen zwei Glasscheiben. Der Stock ist gebaut wie ein Sandwich: Die Glasscheiben entsprechen dem Brot, die zweiseitige Bienenwabe ist der Belag dazwischen. Zwischen beiden

Seiten der Wabe und den Glasscheiben befindet sich ein Zwischenraum, so dass die Bienen in einer einzigen Schicht über die Wabe laufen können. Alle Bewohnerinnen des Stocks sind also immer zu sehen, und der Mensch kann einen Blick in ihre ansonsten abgeschirmte Privatsphäre werfen.

6 Die Anatomie und Fortpflanzungsbiologie von Arbeiterinnen, Königinnen und Drohnen werden detailliert beschrieben in Winston, M. L. 1987: *The Biology of the Honey Bee.* Harvard University Press, Cambridge, MA. Eine großartige Beschreibung der Anatomie von Bienen mit hervorragenden Fotos, Mikroskopaufnahmen, Zeichnungen und Gemälden ist Goodman, L. 2003. *Form and Function in the Honey Bee.* International Bee Research Association, Cardiff.

7 Die Vorstellung vom Bienenvolk als Superorganismus wird entwickelt in Seeley, T. D. 1989. The honey bee colony as a superorganism. *American Scientist* 77:546–553. Einen detaillierten Überblick über die Biologie der Honigbienen mit besonderer Betonung der Funktion eines Volkes als einheitliches Ganzes gibt Moritz, R. F. A. und E. E. Southwick. 1992. *Bees as Superorganisms: An Evolutionary Reality.* Springer-Verlag, Berlin. Einen großartigen Überblick über Superorganismen aus Insekten (Ameisen, Termiten, Bienen und Wespen) geben Hölldobler, B. und E. O. Wilson. 2009. *The Superorganism: The Beauty, Elegance, and Strangeness of Insect Societies.* Norton, New York. [dt. *Der Superorganismus: Der Erfolg von Ameisen, Bienen, Wespen und Termiten.* Übers. v. K. Afflerbach u. a. Berlin, Heidelberg: Springer, 2010.]

8 Detailliertere Informationen über die hier erwähnten Aspekte der Physiologie von Bienenvölkern finden sich in folgenden Literaturstellen: Temperaturregulation: Kapitel 16, Social thermoregulation, in Heinrich, B. 1993. *The Hot-Blooded Insects: Strategies and Mechanisms of Thermoregulation.* Harvard University Press, Cambridge, MA. Kohlendioxidhaushalt: Seeley, T. D. 1974. Atmospheric carbon dioxide regulation in honey bee (*Apis mellifera*) colonies. *Journal of Insect Physiology* 20:2301–2305. Nahrungskreislauf: Basile, R., C. W. W. Pirk und J. Tautz. 2008. Trophallactic activities in the honeybee brood nest-heaters get supplied with high performance fuel. *Zoology* 111:433–441. Fieberreaktion: Starks, P. T., C. A. Blackie und T. D. Seeley. 2000. Fever in honey bee colonies. *Naturwissenschaften* 87:229–231.

9 Der Jahreskreislauf von Honigbienenvölkern wird ausführlicher erörtert in Seeley, T. D. 1985. *Honeybee Ecology.* Princeton University Press, Princeton, NJ. Siehe auch Seeley, T. D. und P. K. Visscher. 1985. Survival of honeybees in cold climates: the critical timing of colony growth and reproduction. *Ecological Entomology* 10:81–88.

10 Die komplizierte Fortpflanzung der Honigbienenvölker wird genauer beschrieben in Kapitel 5, Reproduction, in Seeley, T. D. 1985. Honeybee Ecology. Princeton University Press, Princeton, NJ, und in Kapitel 12, Drones, Queens, and Mating, in Winston, M. L. 1987. *The Biology of the Honey Bee.* Harvard University Press, Cambridge, MA.

11 Über die dreijährige Studie zu Überlebenszeit, Lebensdauer, Fortpflanzungs-

rate und andere demographische Eigenschaften wild lebender Honigbienenvölker berichtet Seeley, T. D. 1978. Life history strategy of the honey bee, *Apis mellifera. Oecologia* 32:109–118. Über die experimentelle Überprüfung der Bedeutung des Schwärmens im Frühsommer berichten Seeley, T. D. und P. K. Visscher. 1985. Survival of honeybees in cold climates: the critical timing of colony growth and reproduction. *Ecological Entomology* 10:81–88.

12 Ein detaillierter Überblick über die Schwarmbildung bei Honigbienen findet sich in Kapitel 11, Reproduction: swarming and supersedure, in Winston, M. L. 1987. *The Biology of the Honey Bee.* Harvard University Press, Cambridge, MA.

13 Weitere Informationen über das seltsame Schütteln der Königinmutter vor dem Abflug des Schwarmes und ihre bemerkenswerte Abmagerungskur finden sich in Allen, M. D. 1959. The occurrence and possible significance of the »shaking« of honeybee queens by the workers. *Animal Behaviour* 7:66–69; und Pierce, A. L., L. A. Lewis und S. S. Schneider. 2007. The use of the vibrational signal and worker piping to influence queen behavior during swarming in honey bees, Apis mellifera. *Ethology* 113:267–275. Anmerkung: Das Signal des Schüttelns wird manchmal auch als Vibrationssignal oder mit der seltsamen Abkürzung DVAV für dorsoventrale Abdominalvibration bezeichnet.

14 Dass Arbeiterinnen sich zur Vorbereitung des Schwärmens mit Honig vollfressen, wurde erstmals dokumentiert in Combs, G. F. jr. 1972. The engorgement of swarming worker honeybees. *Journal of Apicultural Research* 11:121–128. Genauere Berichte über das Phänomen liefern Otis, G. W., M. L. Winston und O. R. Taylor jr. 1981. Engorgement and dispersal of africanized honeybee swarms. *Journal of Apicultural Research* 20:3–12; und Leta, M. A., C. Gilbert und R. A. Morse. 1996. Levels of hemolymph sugars and body glycogen of honeybees (*Apis mellifera* L.) from colonies preparing to swarm. *Journal of Insect Physiology* 42:239–245. Der Aufbau der Wachsdrüsen und die Physiologie der Bienenwachsproduktion werden zusammenfassend dargestellt in Kapitel 8, glands: chemical communication and wax production, in Goodman, L. 2003. *Form and Function in the Honey Bee.* International Bee Research Association, Cardiff, and in Hepburn, H. R. 1986. *Honeybees and Wax*. Springer-Verlag, Heidelberg.

15 Die Formulierung »Die Ruhe vor dem Schwarm« stammt von der Arbeitsbiene Nyuki; aus Hosler, J. 2000. *Clan Apis*. Active Synapse, Columbus, OH. S. 40.

16 Eine detaillierte Beschreibung der Vorgänge, mit denen die Kundschafterinnen den plötzlichen Abflug des Schwarmes aus dem Nest in Gang setzen, findet sich bei Rangel, J. und T. D. Seeley. 2008. The signals initiating the mass exodus of a honeybee swarm from its nest. *Animal Behaviour* 76:1943–1952; Rangel, J., S. R. Griffin und T. D. Seeley, 2010. An oligarchy of nest-site scouts triggers a honeybee swarm's departure from the hive. *Behavioral Ecology and Sociobiology,* im Druck. Die beiden Signale der Kundschafterinnen, Pfeifen und Schwirrlauf, werden in zwei Artikeln beschrieben: Seeley, T. D. und J. Tautz. 2001. Worker piping in honey bee swarms and its role in preparing for liftoff.

Journal of Comparative Physiology A 187:667–676; und Rittschof, C.C. und T.D. Seeley. 2007. The buzz-run: how honeybees signal »Time to go!« *Animal Behaviour* 75:189–197.

17 Eine zusammenfassende Darstellung über das Duftorgan der Arbeiterinnen und die chemischen Eigenschaften ihrer Pheromone bieten Gilley, D.C. und D.R. Tarpy. 2005. Three mechanisms of queen elimination in swarming honey bee colonies. *Apidologie* 36:461–474. Eine ausführliche Beschreibung des Verhaltens von Königinnen und Arbeiterinnen beim tödlichen Kampf der jungen Königinnen findet sich in Gilley, D.C. 2001. The behavior of honey bees (*Apis mellifera ligustica*) during queen duels. *Ethology* 107:601–622. Das anpassungsorientierte Kampfverhalten der jungen Königinnen wird analysiert in Visscher, P.K. 1993. A theoretical analysis of individual interests and intracolony conflict during swarming of honey bee colonies. *Journal of Theoretical Biology* 165:191–212.

18 Das Tuten und Quaken der Bienenköniginnen wird anhand von Laser-Schwingungsmessungen genau beschrieben in Michelsen, A., W.H. Kirchner, B.B. Andersen und M. Lindauer. 1986. The tooting and quacking vibration signals of honeybee queens: a quantitative analysis. *Journal of Comparative Physiology A* 158:605–611. Einen allgemeinen Überblick über die verschiedenen Schall- und Vibrationssignale, mit denen Honigbienen im Dunkeln kommunizieren, gibt Kirchner, W.H. 1993. Acoustical communication in honeybees. *Apidologie* 24:297–307.

Kapitel 3: Ein Traumhaus für Honigbienen

1 Zitat von Robert Frost aus A Drumlin Woodchuck. *The Poetry of Robert Frost.* Hg. v. E.C. Latham, 1969. Henry Holt, New York.

2 Mit der historischen Beziehung zwischen Menschen und Bienen, wie sie an materiellen Gegenständen (Höhlenmalereien, illuminierte Manuskripte, Bienenstöcke und ihre Unterstände, Imkergerätschaften) deutlich wird, beschäftigt sich Crane, E. 1983. *The Archaeology of Beekeeping.* Duckworth, London.

3 Über erste experimentelle Untersuchungen zur Nistplatzpräferenz von Honigbienen wird berichtet in Lindauer, M. 1955. Schwarmbienen auf Wohnungssuche. *Zeitschrift für vergleichende Physiologie* 37:263–324. Eine englische Übersetzung mit dem Titel *House-hunting by honey bee swarms* erschien als Ergänzung zu Visscher, P.K. 2007. Group decision making in nest-site selection among social insects. *Annual Review of Entomology* 52:255–275. Sie ist online verfügbar unter http://arjournals.annualreviews.org/toc/ento/52/1.

4 Lindauer, M. 1955. Schwarmbienen auf Wohnungssuche. *Zeitschrift für vergleichende Physiologie* 37:263–324, S. 290.

5 Zitat über den von Frisch-Lindauer-Ansatz der Verhaltensforschung aus Hölldobler, B. und E.O. Wilson. 1994. *Journey to the Ants.* Harvard University

Press, Cambridge, MA. S. 19. [dt. *Auf den Spuren der Ameisen*. Üb. v. S. Böll. Springer, Heidelberg, S. 24 f.]

6 Ein detaillierter Bericht über Honigbienennester in Bäumen ist Seeley, T. D. und R. A. Morse. 1976. The nest of the honey bee (*Apis mellifera* L.). *Insectes Sociaux* 23:495–512.

7 Die Bienenhaltung in den Wäldern des mittelalterlichen Russland, Polen, Deutschland und England wird zusammenfassend dargestellt in Kapitel 5, Forest »beekeeping« and the precursor of upright hives, in Crane, E. 1983. *The Archaeology of Beekeeping*. Duckworth, London. Siehe auch Galton, D. 1971. *Survey of a Thousand Years of Beekeeping in Russia*. Bee Research Association, London.

8 Wie man Bienen aufspürt, wird beschrieben in Edgell, G. H. 1949. *The Bee Hunter*. Harvard University Press, Cambridge, MA. Edgell war Direktor des Museum of Fine Arts in Boston. Er hatte schon als Junge in den Wäldern von New Hampshire nach Bienenbäumen gesucht und soll durch sein Buch über die Bienenjagd zu größerem Ruhm gelangt sein als mit seinen beruflichen Publikationen über schöne Künste. Ich habe mich in mehreren ökologischen Untersuchungen seiner pragmatischen Methoden zur Jagd auf wilde Bienenvölker bedient. Siehe Visscher, P. K. und T. D. Seeley. 1982. Foraging strategy of honeybee colonies in a temperate deciduous forest. *Ecology* 63:1790–1801; Seeley, T. D. 2007. Honey bees of the arnot forest: a population of feral colonies persisting with *Varroa destructor* in the northeastern United States. *Apidologie* 38:19–29; und Seeley, T. D. 2008. The bees of the Arnot forest. *Bee Culture* 136 (März): 23–25.

9 Die Verwendung von Lockstöcken in der afrikanischen Bienenzucht wird beschrieben in Smith, F. G. 1960. *Beekeeping in the Tropics*. Longmans, London; und Guy, R. D. 1972. Commercial beekeeping with African bees. *Bee World* 53:14–22.

10 Vollständige Berichte über meine Studien zur Nistplatzpräferenz der Bienen finden sich in Seeley, T. D. 1977. Measurement of nest cavity volume by the honey bee (*Apis mellifera*). *Behavioral Ecology and Sociobiology* 2:201–227; Seeley, T. D. und R. A. Morse. 1978. Nest site selection by the honey bee *Apis mellifera*. *Insectes Sociaux* 25:323–337; und Visscher, P. K., R. A. Morse und T. D. Seeley. 1985. Honey bees choosing a home prefer previously occupied cavities. *Insectes Sociaux* 32:217–220. Andere Veröffentlichungen zu dem gleichen Thema sind unter anderem Jaycox, E. R. und S. G. Parise. 1980. Homesite selection by Italian honey bee swarms, *Apis mellifera ligustica* (Hymenoptera: apidae). *Journal of the Kansas Entomological Society* 53:171–178; Jaycox, E. R. und S. G. Parise. 1981. Homesite selection by swarms of black-bodied honey bees, *Apis mellifera caucasica* and *A. m. carnica* (Hymenoptera: apidae). *Journal of the Kansas Entomological Society* 54:697–703; und Rinderer, T., K. W. Tucker und A. M. Collins. 1982. Nest cavity selection by swarms of European and Africanized honeybees. *Journal of Apicultural Research* 21:98–103.

11 Die Auswirkungen der Lage des Eingangs auf den Überwinterungserfolg von Bienenvölkern werden beschrieben in Szabo, T.I. 1983. Effects of various entrances and hive direction on outdoor wintering of honey bee colonies. *American Bee Journal* 123:47–49.

12 Über die Untersuchungen zur Größenverteilung natürlicher Baumhöhlen in einem Wald in Vermont wird berichtet in Seeley, T.D. 1977. Measurement of nest cavity volume by the honey bee (*Apis mellifera*). *Behavioral Ecology and Sociobiology* 2:201–227.

13 Die Ökonomie des Wabenbaus wird zusammenfassend dargestellt in Kapitel 6, Nest building, in Seeley, T.D. 1985. *Honeybee Ecology.* Princeton University Press, Princeton, NJ.

14 Dass Honigbienen in großem Umfang Harz (»Propolis«) benutzen, um ihre Nisthöhlen zu verschließen, wird beschrieben in Seeley, T.D. und R.A. Morse. 1976. The nest of the honey bee (*Apis mellifera* L.). *Insectes Sociaux* 23:495–512. Wie die Bienen im Nest mit dem Harz umgehen und wie das Bienenvolk seine Harzvorräte steuert, berichten Nakamura, J. und T.D. Seeley. 2006. The functional organization of resin work in honeybee colonies. *Behavioral Ecology and Sociobiology* 60:339–349.

15 Über die Studie an asiatischen Honigbienen in Tahiland wird berichtet in Seeley, T.D. und R.A. Morse. 1976. The nest of the honey bee (*Apis mellifera* L.). *Insectes Sociaux* 23:495–512.

16 Detaillierte Informationen über die Geschichte des gelben Regens finden sich in Seeley, T.D., J. Nowicke, M. Meselson, J. Guillemin und P. Akratanakul. 1985. Yellow rain. *Scientific American* 253 (September): 128–137.

17 KGB war die Abkürzung für das Komitee für Staatssicherheit der UdSSR. Es war von 1954 bis 1991 die wichtigste Geheimpolizei und der Geheimdienst des kommunistischen Staates.

18 Informationen über das Anlocken von Schwärmen mit Lockstöcken finden sich in Free, J.B., J.A. Pickett, A.W. Ferguson und M.C. Smith. 1981. Synthetic pheromones to attract honeybee (*Apis mellifera*) swarms. *Journal of Agricultural Science* 97:427–431; Schmidt, J.O., K.N. Slessor und M.L. Winston. 1993. Roles of Nasonov and queen pheromones in attraction of honeybee swarms. *Naturwissenschaften* 80:573–575; Winston, M.L., K.N. Slessor, W.L. Rubink und J.D. Villa. 1993. Enhancing pheromone lures to attract honey bee swarms. *American Bee Journal* 133:58–60; und Schmidt, J.O. 1994. Attraction of reproductive honey bee swarms to artificial nests by Nasonov pheromone. *Journal of Chemical Ecology* 20:1053–1056.

19 Über die Isles of Shoals im Golf von Maine und den Bau des Shoals Marine Laboratory auf Appledore Island in den 1960er und 1970er Jahren berichtet Kingsbury, J.M. 1991. *Here's How We'll Do It.* Bullbrier Press, Ithaca, NY.

20 Ein detaillierter Bericht über das Nestbesichtigungsverhalten der Kundschafterinnen und die experimentellen Untersuchungen zur Vermessung großer Räume durch die kleinen Bienen findet sich in Seeley, T.D. 1977. Measure-

ment of nest cavity volume by the honey bee (*Apis mellifera*). *Behavioral Ecology and Sociobiology* 2:201–227.

21 Der elegante, von Nigel Franks und Anna Dornhaus formulierte Algorithmus, mit dem Bienen vermutlich das Volumen potentieller Nisthöhlen ermitteln, wird beschrieben in Franks, N.R. und A. Dornhaus. 2003. How might individual honeybees measure massive volumes? *Proceedings of the Royal Society of London B (Supplement)* 270, S. 181–182.

Kapitel 4: Die Diskussion der Kundschafterinnen

1 Zitat von Jimmy Carter aus Carter, J.E. 1978. *Address to the Parliament of India*, 2. Juni 1978.

2 Die Bürgerversammlungen der Kleinstädte in Neuengland sind eine faszinierende Form der demokratischen Kommunalpolitik. Wie sie ablaufen, wird beschrieben in Mansbridge, J.J. 1983. *Beyond Adversary Democracy.* University of Chicago Press, Chicago; und Bryan, F.M. 2004. *Real Democracy.* University of Chicago Press, Chicago.

3 Der vollständige Bericht über Lindauers Beobachtungen an tanzenden Bienen auf Schwarmtrauben findet sich auf Seite 265 bis 285 seines Hauptwerkes Lindauer, M. 1955. Schwarmbienen auf Wohnungssuche. *Zeitschrift für vergleichende Physiologie* 37:263–324. Eine englische Übersetzung mit dem Titel House-hunting by honey bee swarms erschien als Ergänzung zu Visscher, P.K. 2007. Group decision making in nest-site selection among social insects. *Annual Review of Entomology* 52:255–275. Sie ist online verfügbar unter http://arjournals.annualreviews.org/toc/ento/52/1.

4 Die Formulierung »Beobachten und Staunen« stammt aus dem Titel einer Autobiographie von Niki Tinbergen. Siehe Tinbergen, N. 1985. Watching and wondering, in Dewsbury, D.A., Hrsg. *Studying Animal Behavior: Autobiographies of the Founders*. University of Chicago Press, Chicago. S. 431–463. Tinbergen setzte sich nachdrücklich dafür ein, Verhaltensuntersuchungen an Tieren grundsätzlich mit einer Beschreibung der fraglichen Verhaltensweisen zu beginnen, um sich so einen großen Überblick über das Phänomen zu verschaffen.

5 Das kluge, von Karl von Frisch entwickelte System, mit dem man Hunderte von Bienen einzeln identifizieren kann, in denen man Farbflecke in nur fünf verschiedenen Farben anbringt, wird beschrieben in von Frisch, K. 1993. *The Dance Language and Orientation of Bees*. Harvard University Press, Cambridge, MA. S. 14–17.

6 Zitat von Martin Lindauer über das Tauziehen zwischen zwei Gruppen tanzender Bienen aus Lindauer, M. 1955. Schwarmbienen auf Wohnungssuche. *Zeitschrift für vergleichende Physiologie* 37:263–324, S. 276.

7 Lindauer beschreibt zwei Fälle, in denen ein fliegender Schwarm auf dem Weg zum neuen Zuhause notlandete. Siehe Lindauer, M. 1955. Schwarmbie-

nen auf Wohnungssuche. *Zeitschrift für vergleichende Physiologie* 37:263–324, S. 319–320.

8 Martin Lindauer 1961. *Communication among Social Bees.* Harvard University Press, Cambridge, MA. S. 45.

9 Martin Lindauer über Kundschafterinnen, die sich für minderwertige Stellen eingesetzt haben und die Rekrutierung aufgaben, in Lindauer, M. 1955. Schwarmbienen auf Wohnungssuche. *Zeitschrift für vergleichende Physiologie* 37:263–324, S. 275.

10 Eine gute Beschreibung des Unterschiedes zwischen den beiden Kategorien der Gruppenentscheidungen – einvernehmlich oder kombiniert – findet sich in Conradt, L. und T. J. Roper. 2005. Consensus decision making in animals. *Trends in Ecology and Evolution* 20:449–456; und Conrad, L. und C. List. 2009. Introduction. Group decisions in humans and animals: a survey. *Philosophical Transactions of the Royal Society B* 364:719–742.

11 Seeley, T. D., 1995. *The Wisdom of the Hive: The Social Physiology of Honey Bee Colonies.* Harvard University Press, Cambridge, MA.[dt. *Honigbienen: Im Mikroskosmos des Bienenstocks.* Übers. v. U. Döring. Birkhäuser, Basel 1997.]

12 Der vollständige Bericht darüber, wie Susannah Buhrman und ich auf drei Schwärmen die Diskussion der Kundschafterinnen belauschten, findet sich in Seeley, T. D. und S. C. Buhrman. 1999. Group decision making in swarms of honey bees. *Behavioral Ecology and Sociobiology* 45:19–31.

13 Siehe Lindauer, M. 1955. Schwarmbienen auf Wohnungssuche. *Zeitschrift für vergleichende Physiologie* 37:263–324, S. 296–307.

14 Siehe Lindauer, M. 1955. Schwarmbienen auf Wohnungssuche. *Zeitschrift für vergleichende Physiologie* 37:263–324.

15 Ein detaillierter Bericht über die Untersuchungen von Dave Gilley zur erstaunlichen Altersverteilung der Nistplatz-Kundschafterinnen findet sich in Gilley, D. C. 1998. The identity of nest-site scouts in honey bee swarms. *Apidologie* 29:229–240.

16 Eine aktuelle Diskussion zu der Frage, wie Gene und Umwelt durch ihr Zusammenspiel das komplexe Sozialverhalten von Honigbienen prägen, findet sich bei Robinson, G. E. 2004. Beyond nature and nurture. *Science* 304:397–399; und Robinson, G. E. 2006. Genes and social behaviour, in Lucas, J. R. und L. W. Simmons, Hrsg. *Essays in Animal Behaviour: Celebrating 50 Years of Animal Behaviour.* Elsevier, London. S. 101–113.

17 Der vollständige Bericht über die Untersuchungen von Gene Robinson und Robert Page zu den genetischen Einflüssen auf die Wahrscheinlichkeit, dass eine Biene zur Nistplatz-Kundschafterin wird, ist Robinson, G. E. und R. E. Page jr. 1989. Genetic determination of nectar foraging, pollen foraging, and nest-site scouting in honey bee colonies. *Behavioral Ecology and Sociobiology* 24:317–323.

18 Eine detailliertere Anleitung zur Herstellung künstlicher Schwärme findet sich im Methodenteil von Seeley, T. D., 2003. Consensus building during nest-site

selection in honey bee swarms: the expiration of dissent. *Behavioral Ecology and Sociobiology* 53:417–424.

19 Über Lindauers Beobachtungen über die Erlebnisse der Nahrungssammlerinnen, die erstmals zu Kundschafterinnen werden, wird berichtet in Lindauer, M. 1955. Schwarmbienen auf Wohnungssuche. *Zeitschrift für vergleichende Physiologie* 37:263–324, S. 304–306.

20 Ein detaillierter Bericht darüber, wie Nektar-Sammlerinnen ihre Begeisterung für Tanz und Nahrungssuche verlieren, wenn sie im Stock keine Bienen mehr finden, die ihnen ihre Nektarladung abnehmen, findet sich in Seeley, T. D., 1989. Social foraging in honey bees: how nectar foragers assess their colony's nutritional status. *Behavioral Ecology and Sociobiology* 24:181–199; und Seeley, T. D. und C. A. Tovey. 1994. Why search time to find a food-storer bee accurately indicates the relative rates of nectar collecting and nectar processing in honey bee colonies. *Animal Behaviour* 47:311–316.

Kapitel 5: Einigung auf die beste Stelle

1 Zitat aus John Milton. 1671. *Samson Agonistes*, Zeile 1008.

2 Das Prinzip der begrenzten Rationalität formulierte der Wirtschaftswissenschaftler Herbert A. Simon Mitte der 1950er Jahre: Simon, H. A. 1956. Rational choice and structure of environments. *Psychological Review* 63:129–138; and in Simon, H. A. *Models of Man*. Wiley, New York. Ein aktuelles Buch zu dem Thema, das mehrere Kapitel über die Heuristik der Entscheidungsfindung enthält, ist Gigerenzer, G. und R. Selten. 2001. *Bounded Rationality: The Adaptive Toolbox*. MIT Press, Cambridge, MA.

3 Entscheidungen mit nur einem Grund werden sehr gut erörtert bei Gigerenzer, G. und D. G. Goldstein. 1999. Betting on one good reason: take the best and its relatives, in Gigerenzer, G., P. M. Todd und The ABC research group, Hrsg. *Simple Heuristics That Make Us Smart*. Oxford University Press, New York. S. 75–95.

4 Nach meiner Überzeugung beobachteten Susannah Buhrman und ich in diesem Fall, wie eine erstklassige Stelle so spät in die Diskussion der Kundschafterinnen einfloss, dass der Schwarm diese ausgezeichnete Alternative zugunsten einer schlechteren verwarf. Dies ereignete sich, als wir die in Abbildung 21 dargestellte Diskussion beobachteten. Am 20. Juni um 14.47 Uhr, als die Debatte schon weit fortgeschritten war, landete die Kundschafterin Grünweiß 39 auf der Schwarmtraube und führte voller Aufregung einen lebhaften, langen Tanz von 166 Tanzrunden zugunsten der Stelle L auf, die nur 200 Meter entfernt in südwestlicher Richtung lag. In einer großen Weißkiefer hatte sie das leere Nest eines wilden Bienenvolkes entdeckt, das im vorangegangenen Winter gestorben war … ein großartiges Zuhause! Um 15.50 Uhr landete sie erneut auf dem Schwarm und führte ein zweites Mal einen langen Tanz

(95 Tanzrunden) auf. Zur gleichen Zeit tanzten aber bereits Dutzende von anderen Kundschafterinnen relativ halbherzig zugunsten der Stelle I, die in südlicher Richtung 4200 Meter entfernt war. Ihre Tänze bestanden durchschnittlich nur aus sechs Tanzrunden, ein Zeichen, dass diese Stelle viel weniger wünschenswert war als die Stelle L. Dennoch entschied der Schwarm sich für die Stelle I, offensichtlich weil die ausgezeichnete Nachricht von Grünweiß 39 so spärlich und so spät eintraf, dass die Diskussion des Schwarmes nicht mehr zugunsten dieser überlegenen Alternative umgedreht werden konnte.

5 Die »Geheimnisse der wunderschönen inneren Funktionsweise eines Honigbienen-Volkes«, die in der biologischen Station am Cranberry Lake aufgedeckt wurden, sind beschrieben in *The Wisdom of the Hive: The Social Physiology of Honey Bee Colonies*. Harvard University Press, Cambridge, MA.[dt. *Honigbienen: Im Mikroskosmos des Bienenstocks.* Übers. v. U. Döring. Birkhäuser, Basel 1997.] Es lohnt sich, dieses Buch zu lesen!

6 Der vollständige Bericht über die Experimente zu der Frage, wie man eine mittelmäßige, aber annehmbare künstliche Nisthöhle schafft, findet sich in Seeley, T. D. und S. C. Buhrman. 2001. Nest-site selection in honey bees: How well do swarms implement the »best-of-n« decision rule? *Behavioral Ecology and Sociobiology* 49:416–427.

7 Im Einzelnen zählten wir die Kundschafterinnen an einem Nistkasten folgendermaßen: Die Person, die die Zählung vornahm, saß ungefähr drei Meter vor der Box und ermittelte in einem Zeitraum von drei Minuten fünfmal jeweils innerhalb von 30 Sekunden die maximale Zahl von Bienen, die gleichzeitig an dem Kasten zu sehen waren (und entweder um ihn herumflogen oder darauf herumkrabbelten). Der Durchschnittswert dieser fünf Zählungen war unser Maß für das Interesse der Kundschafterinnen an dem Kasten zu dem jeweiligen Zeitpunkt.

8 Die Belege dafür, dass die Stärke des Schwänzeltanzes einer Honigbiene ein genaues Abbild ihres Urteils über die Qualität einer Nahrungsquelle darstellt, stammen aus mehreren Studien, darunter Waddington, K. D. 1982. Honey bee foraging profitability and round dance correlates. *Journal of Comparative Physiology* 148:297–301; Seeley, T. D. 1994. Honey bee foragers as sensory units of their colonies. *Behavioral Ecology and Sociobiology* 34:51–62; und Seeley, T. D., A. S. Mikheyev und G. J. Pagano. 2000. Dancing bees tune both duration and rate of waggle-run production in relation to nectar-source profitability. *Journal of Comparative Physiology A* 186:813–819.

9 Eine genaue Beschreibung des »best-of-5«-Auswahltests findet sich in Seeley, T. D. und S. C. Buhrman. 2001. Nest-site selection in honey bees: how well do swarms implement the »best-of-n« decision rule? *Behavioral Ecology and Sociobiology* 49:416–427.

10 Meine Untersuchungen zu der Frage, wie gut ein Honigbienenvolk in Abhängigkeit vom Volumen der Nisthöhle überlebt, mit der auch geprüft wird, ob

die Nistplatz-Vorlieben der Bienen ihnen nützen, ist noch nicht veröffentlicht. Auch einige andere Studien gingen der Frage nach, wie die Nistplatz-Vorliebe von Tieren den Fortpflanzungserfolg verbessert; siehe beispielsweise Courtenay, S. C. und M. H. A. Keenleyside. 1983. Nest site selection by the fourspine stickleback, Apeltes *quadracus* (Mitchell). *Canadian Journal of Zoology* 61:1443–1447; Morse, D. H. 1985. Nests and nest-site selection of the crab spider *Misumena vatia* (Araneae, Thomisidae) on milkweed. *Journal of Arachnology* 13:383–390; Regehr, H. M., M. S. Rodway und W. A. Montevecchi. 1998. Antipredator benefits of nest-site selection in black-legged kittiwakes. *Canadian Journal of Zoology* 76:910–913; und Wilson, D. S. 1998. Nest-site selection: microhabitat variation and its effects on the survival of turtle embryos. *Ecology* 79:1884–1892.

Kapitel 6: Auf dem Weg zum Konsens

1 Zitat aus Society of Friends. 1934. *Book of Discipline*. Part I. Friends' book Centre, London.

2 Die Erkenntnis, dass es zwei Formen der Demokratie gibt – die »Demokratie der Gegner« und die »Demokratie der Einheit« – und dass sie nach ganz unterschiedlichen Entscheidungsmechanismen funktionieren, wurde erstmals deutlich gemacht in Mansbridge, J. J. 1983. *Beyond Adversary Democracy*. University of Chicago Press, Chicago. Wie Mansbridge deutlich macht, besteht der Entscheidungsprozess in einer Demokratie der Einheit, anders als in der Demokratie der Gegner, nicht darin, dass man in einer geheimen Abstimmung die Stimmen zählt und so die Mehrheitsmeinung feststellt, sondern stattdessen gelangt man in einer offenen, direkten Diskussion zum Konsens. Die Wohnungssuche der Honigbienen ist eindeutig ein Beispiel für die Demokratie der Einheit.

3 Die Parallele zwischen dem Entscheidungsprozess in Honigbienenschwärmen und den demokratischen Wahlen in unserer Gesellschaft wurde erstmals gezogen in Britton, N. F., N. R. Franks, S. C. Pratt und T. D. Seeley. 2002. Deciding on a new home: how do honeybees agree? *Proceedings of the Royal Society of London B* 269:1383–1388. Vor allem verfolgte dieser Artikel aber das Ziel, klassische mathematische Modelle für die Ausbreitung von Infektionskrankheiten und ansteckenden Ideen zu erweitern, um so Licht in den Entscheidungsprozess wohnungssuchender Honigbienen zu bringen. Wie diese theoretischen Arbeiten gezeigt haben, ist es nicht notwendig, dass irgendeine Biene einen Vergleich zwischen verschiedenen Stellen anstellt. Spätere empirische Arbeiten (die im weiteren Verlauf des Kapitels beschrieben werden) zeigten, dass die Kundschafterinnen tatsächlich die Stellen nicht vergleichen.

4 Siehe Lindauer, M. 1955. Schwarmbienen auf Wohnungssuche. *Zeitschrift für vergleichende Physiologie* 37:263–324. S. 294–296.

5 Lindauer, M. 1955. Schwarmbienen auf Wohnungssuche. *Zeitschrift für vergleichende Physiologie* 37:263–324, S. 296.

6 Über den ersten quantitativen Beleg, dass Kundschafterinnen qualitativ bessere Nistplätze mit längeren und lebhafteren Tänzen bekanntmachen, wird berichtet in Seeley, T. D. und S. C. Buhrman. 2001. Nest-site selection in honey bees: how well do swarms implement the »best-of-n« decision rule? *Behavioral Ecology and Sociobiology* 49:416–427. Der Parallelbefund, wonach Nektarsammlerinnen auch reichhaltigere Blüten mit zunehmender Dauer (= Länge der Tänze) und Geschwindigkeit (Lebhaftigkeit der Tänze) ihrer Tanzrunden bekanntmachen, wird dargestellt in Seeley, T. D., A. S. Mikheyev und G. J. Pagano. 2000. Dancing bees tune both duration and rate of waggle-run production in relation to nectar-source profitability. *Journal of Comparative Physiology A* 186:813–819.

7 Lindauer, M. 1961. *Communication among Social Bees*. Harvard University Press, Cambridge, MA. S. 49.

8 Kirk Visscher perfektionierte die Methode der »Entführung durch Außerirdische« zur Markierung von Kundschafterinnen, die einen Nistkasten verlassen, während einiger Studien, über die berichtet wird, in Visscher, P. K. und S. Camazine. 1999. Collective decisions and cognition in bees. *Nature* 397:400.

9 Der vollständige Bericht über das unterschiedliche Verhalten von Kundschafterinnen, die über einen qualitativ hochwertigen (40 Liter) oder einen mittelmäßigen (15 Liter) Nistplatz berichten, ist Seeley, T. D. und P. K. Visscher. 2008. Sensory coding of nest-site value in honeybee swarms. *Journal of Experimental Biology* 211:3691–3697.

10 Eine vollständige Untersuchung der Frage, wie die verrauschte individuelle Codierung der Qualität eines Nistplatzes abnimmt, wenn immer mehr Kundschafterinnen über diese Stelle berichten, findet sich in Seeley, T. D., und P. K. Visscher. 2008. Sensory coding of nest-site value in honeybee swarms. *Journal of Experimental Biology* 211:3691–3697.

11 Der eingängige Begriff »Überzeugungskraft« als Produkt der Zahl der Bienen, die zugunsten einer Stelle tanzen, und der durchschnittlichen Zahl der Tanzrunden jeder einzelnen Biene stammt aus Britton, N. F., N. R. Franks, S. C. Pratt und T. D. Seeley. 2002. Deciding on a new home: how do honeybees agree? *Proceedings of the Royal Society of London B* 269:1383–1388. Er ist analog zu dem epidemiologischen Begriff der »Infektionsstärke« in mathematischen Modellen der Ausbreitung von Infektionskrankheiten.

12 Siehe Seeley, T. D. und P. K. Visscher. 2008. Sensory coding of nest-site value in honeybee swarms. *Journal of Experimental Biology* 211:3691–3697.

13 Ob Honigbienen-Arbeiterinnen insbesondere im Hinblick auf die Reize, die von Blüten ausgehen, genetisch mit angeborenen Vorlieben ausgestattet sind, wurde in mehreren Studien sorgfältig untersucht. Einen Überblick über klassische Studien zur angeborenen Ausrichtung von Arbeiterinnen, die erstmals auf Nahrungssuche gehen, siehe Menzel, R. 1985. Learning in honey bees in an

ecological and behavioral context, in Hölldobler, B. und M. Lindauer, Hrsg. *Experimental Behavioral Ecology and Sociobiology.* Gustav Fischer Verlag, Stuttgart. S. 55–74; und Gould, J. L. und W. F. Towne. 1987. Honey bee learning. *Advances in Insect Physiology* 20:55–75. Originalarbeiten aus jüngerer Zeit sind unter anderem Giurfa, M., J. A. Núñez, L. Chittka und R. Menzel. 1995. Colour preferences of flower-naive honeybees. *Journal of Comparative Physiology A* 177:247–259; Rodriguez, I., A. Gumbert, N. Hempel de Ibarra, J. Kunze und M. Giurfa. 2004. Symmetry is in the eye of the »beholder«: innate preference for bilateral symmetry in flower-naive bumblebees. *Naturwissenschaften* 91:374–377.

14 Der vollständige Bericht über die Untersuchung, in der sich herausstellte, dass neutrale Kundschafterinnen offensichtlich die Tänze nach dem Zufallsprinzip verfolgen, wenn sie zu Unterstützern werden, findet sich in Visscher, P. K. und S. Camazine. 1999. Collective decisions and cognition in bees. *Nature* 397:400. Siehe auch Camazine, S., P. K. Visscher, J. Finley und R. S. Vetter. 1999. House-hunting by honey bee swarms: collective decision and individual behaviors. *Insectes Sociaux* 46:348–360.

15 Die mathematisch orientierte Biologin Mary R. Myerscough von der Universität Sydney in Australien entwickelte ein Leslie-Matrixmodell für die Populationsgenetik von Bienen-Kundschafterinnen, die Tänze zugunsten verschiedener Nistplätze aufführen. Damit konnte sie sehr elegant beweisen, dass sich die tanzenden Kundschafterinnen in einem Schwarm fast immer am Ende auf die beste gefundene Stelle konzentrieren, vorausgesetzt, es steht genügend Zeit zur Verfügung. Siehe Myerscough, M. R. 2003. Dancing for a decision: a matrix model for nest-site choice by honey bees. *Proceedings of the Royal Society of London B* 270:577–582.

16 Lindauer, M. 1955. Schwarmbienen auf Wohnungssuche. *Zeitschrift für vergleichende Physiologie* 37:263–324, S. 296. In späteren Berichten vertrat Lindauer wiederholt seine Ansicht, dass die Kundschafterinnen die Werbung für schlechtere Stellen einstellen, nachdem sie als Anhängerinnen einer neuen, überlegenen Stelle rekrutiert wurden und die alte und neue Stelle verglichen hatten. Im Jahr 1957 schrieb er beispielsweise: »Wenn diese Kundschafterinnen, die zuerst die unterlegenen Nistplätze bekanntgemacht hatten, von den lebhafteren Grenzen ihrer Konkurrentinnen überzeugt wurden und deshalb selbst dieses Zuhause besichtigt haben – so dass sie beide vergleichen können –, wählen sie von Natur aus die bessere Stelle. Dann steht einer Übereinkunft nichts mehr im Wege.« Lindauer, M. 1957. Communication in swarm-bees searching for a new home. *Nature* 179:63–66. S. 64.

17 Zitat von Martin Lindauer über Nistplatz-Kundschafterinnen, die nicht halsstarrig sind, aus Lindauer, M. 1955. Schwarmbienen auf Wohnungssuche. *Zeitschrift für vergleichende Physiologie* 37:263–324, S 312. Zitat von Martin Lindauer über Kundschafterinnen, die es sich anders überlegen, aus Lindauer, M. 1961. *Communication among Social Bees.* Harvard University Press, Cambridge, MA. S. 49.

18 Siehe Lindauer, M. 1955. Schwarmbienen auf Wohnungssuche. *Zeitschrift für vergleichende Physiologie* 37:263–324, S. 296.

19 Siehe Platt, J.R. 1964. Strong inference. *Science* 146:347–353.

20 Ein detaillierter Bericht über die Entscheidung zwischen Vergleichen-Wechseln- und Rückzugshypothese findet sich in Seeley, T.D. 2003. Consensus building during nest-site selection in honey bee swarms: the expiration of dissent. *Behavioral Ecology and Sociobiology* 53:417–424.

21 Planck, M. 1955. *Wissenschaftliche Selbstbiographie.* Leipzig: Barth.

22 Wie neue Theorien sich in einer wissenschaftlichen Gemeinschaft durchsetzen (das heißt, wie Wissenschaftler als Gruppe eine Entscheidung über neue Gedanken treffen), wird ausführlich erörtert in Hull, D.L., 1988. *Science as a Process.* University of Chicago Press, Chicago.

Kapitel 7: Der Umzug beginnt

1 Zitat von Charles Butler aus Butler, C. 1609. *The Feminine Monarchie: Or, A Treatise concerning Bees and the Divine Ordering of Them.* Kap. 5, S. 14. Joseph Barnes, Oxford.

2 Der detaillierte Bericht über Bernd Heinrichs Untersuchungen zur Temperaturregulation in Honigbienenschwärmen findet sich in Heinrich, B. 1981. The mechanisms and energetics of honeybee swarm temperature regulation. *Journal of Experimental Biology* 91:25–55. Darüber hinaus verfasste er auch einen umfassenden Übersichtsartikel über die Temperaturregulation bei Insekten im Allgemeinen. Siehe Heinrich, B. 1993. *The Hot-Blooded Insects.* Harvard University Press, Cambridge, MA.

3 Eine detaillierte Beschreibung, wie die Arbeiterinnen an der Oberfläche eines rastenden Honigbienenschwarmes ihre Orientierung, Flügelspannweite und die Abstände zwischen den Individuen so einstellen, dass möglichst wenig Konfektionswärme aus der Schwarmtraube verlorengeht, findet sich in Cully, S.M. und T.D. Seeley. 2004. Self-assemblage formation in a social insect: the protective curtain of a honey bee swarm. *Insectes Sociaux* 51:317–324.

4 Ein detaillierter Bericht über die Thermographie-Untersuchungen an Schwärmen, die sich vor einem Flug aufwärmen, findet sich in Seeley, T.D., M. Kleinhenz, B. Bujok und J. Tautz. 2003. Thorough warm-up before take-off in honey bee swarms. *Naturwissenschaften* 90:256–260.

5 Lindauer, M. 1955. Schwarmbienen auf Wohnungssuche. *Zeitschrift für vergleichende Physiologie* 37:263–324, 317.

6 Der detaillierte Bericht über die Untersuchungen an Kundschafterinnen, die das Pfeifsignal ausstoßen, findet sich in Seeley, T.D. und J. Tautz. 2001. Worker piping in honey bee swarms and its role in preparing for liftoff. *Journal of Comparative Physiology A* 187:667–676.

7 Weitere Informationen über die Bedeutung der Schüttel- oder Vibrationssi-

gnale in Honigbienenschwärmen finden sich in Schneider, S. S., P. K. Visscher und S. Camazine. 1998. Vibration signal behavior of waggle-dancers in swarms of the honey bee, *Apis mellifera* (Hymenoptera: apidae). *Ethology* 104:963–972; Lewis, L. A. und S. S. Schneider. 2000. The modulation of worker behavior by the vibration signal during house hunting in swarms of the honeybee, *Apis mellifera. Behavioral Ecology and Sociobiology* 48:154–164; Donahoe, K., L. A. Lewis und S. S. Schneider. 2003. The role of the vibration signal in the house-hunting process of honey bee (*Apis mellifera*) swarms. *Behavioral Ecology and Sociobiology* 54:593–600; und Pierce, A. L., L. A. Lewis und S. S. Schneider. 2007. The use of the vibration signal and worker piping to influence queen behavior during swarming in honey bees, *Apis mellifera. Ethology* 113:267–275.

8 Der detaillierte Bericht über Form und Funktion des Schwirrlaufes findet sich in Rittschof, C. C. und T. D. Seeley. 2008. The buzz-run: how honeybees signal »Time to go!« *Animal Behaviour* 75:189–197.

9 Der klassische Aufsatz über Ursprung und Evolution von Kommunikationssignalen durch Ritualisierungen ist Tinbergen, N. 1952. »Derived« activities: their causation, biological significance, origin, and emancipation during evolution. *Quarterly Review of Biology* 27:1–32. Eine aktuelle Abhandlung über die Evolution von Signalen ist Bradbury, J. W. und S. L. Vehrencamp. 1998. *Principles of Animal Communication*. Sinauer, Sunderland, MA.

10 Ein weiteres Beispiel für ein mögliches Steuerungssystem in großen Kolonien sozialer Insekten könnte so aussehen, dass eine kleine Untergruppe von Individuen Informationen über den Zustand der Kolonie sammelt und dann zum richtigen Zeitpunkt ein Signal gibt, aktiv zu werden; Berichte darüber gibt es im Zusammenhang mit den Imponierturnieren konkurrierender Kolonien der Honigtopfameise *Myrmecocystus mimicus*. Siehe Lumsden, C. J. und B. Hölldobler. 1983. Ritualized combat and intercolony communication in ants. *Journal of Theoretical Biology* 100:81–98.

11 Detaillierte Berichte über die gemeinsamen Studien von Kirk Visscher und mir zur Wahrnehmung von Konsens oder Quorum finden sich in Seeley, T. D. und P. K. Visscher. 2003. Choosing a home: how the scouts in a honey bee swarm perceive the completion of their group decision making. *Behavioral Ecology and Sociobiology* 54:511–520; und Seeley, T. D. und P. K. Visscher. 2004. Quorum sensing during nest-site selection by honeybee swarms. *Behavioral Ecology and Sociobiology* 56:594–601.

12 Der genaue Bericht zu der Frage, welche Bienen das Pfeifsignal hervorbringen (nämlich nur Kundschafterinnen, und unter diesen nur die von der Stelle, für die sich ein Quorum gebildet hat), befindet sich in Visscher, P. K. und T. D. Seeley. 2007. Coordinating a group departure: who produces the piping signals on honeybee swarms? *Behavioral Ecology and Sociobiology* 61:1615–1621.

13 Entscheidungsträger stehen häufig vor dem Problem, einen tragfähigen Kompromiss zwischen schnellen und exakten Entscheidungen zu finden. Der Tauschhandel zwischen Geschwindigkeit und Genauigkeit ergibt sich, wenn

ein Tier eine schnelle Entscheidung treffen muss und sich dann vielleicht schlecht entscheidet, entweder weil es nicht ein ausreichend breites Spektrum von Alternativen in Betracht ziehen kann oder weil es die Alternativen nicht gründlich genug durchdenken kann. Ein aktueller Übersichtsartikel zu dem Thema ist Chittka, L., P. Skorupski und N. E. Raine. 2009. Speed-accuracy trade-offs in animal decision making. *Trends in Ecology and Evolution* 24:400–407. Über eine gezielte Untersuchung an Menschen berichtet Osman, A., L. G. Lou, H. Muller-Gethman, G. Rinkenauer, S. Mattes und R. Ulrich. 2000. Mechanisms of speed-accuracy trade-off: evidence from covert motor processes. *Biological Psychology* 51:173–199. Zu einer Untersuchung an Bienen siehe Chittka, L., A. G. Dyer, F. Bock und A. Dornhaus. 2003. Bees trade-off foraging speed for accuracy. *Nature* 424:388. Der gleiche Tauschhandel wurde auch in Ameisenvölkern nachgewiesen. Siehe Franks, N. R., A. Dornhaus, J. P. Fitzsimmons und M. Stevens. 2003. Speed versus accuracy in collective decision making. K270:2457–2463.

14 Die Methode der Quäker, Entscheidungen durch Konsens in der Gruppe zu treffen, wird beschrieben in Pollard, F. E., B. E. Pollard und R. S. W. Pollard. 1949. *Democracy and the Quaker Method*. Bannisdale Press, London.

Kapitel 8: Der fliegende Schwarm wird gesteuert

1 Smibert, T. 1851. *Io Anche! Poems, Chiefly Lyrical*. James Hogg, Edinburgh.

2 Die Mechanismen, mit denen Honigbienen weit entfernte Blüten ansteuern und dann wieder den Heimweg finden, sind zusammenfassend dargestellt in Collett, T. S. und M. Collett. 2002. Memory use in insect visual navigation. *Nature Reviews Neuroscience* 3:542–552; Dyer, F. C. 1998. Spatial cognition: lessons from central-place foraging insects, in Balda, R. P., I. M. Pepperberg und A. C. Kamil, Hrsg. *Animal Cognition in Nature*. Academic Press, New York, S. 119–154; Menzel, R. und M. Giurfa. 2006. Dimensions of cognition in an insect, the honeybee. *Behavioral and Cognitive Neuroscience Reviews* 5:24–40; und Wehner, R. 1992. Arthropods, in Papi, F., Hrsg. *Animal Homing*. Chapman and Hall, London. S. 45–144.

3 Der detaillierte Bericht über die Studie, mit der nachgewiesen wurde, dass Bienen-Arbeiterinnen in einem fliegenden Schwarm die Gegenwart der Königin am Geruch des von ihr produzierten 9-ODA erkennen, findet sich in Avitabile, A., R. A. Morse und R. Boch. 1975. Swarming honey bees guided by pheromones. *Annals of the Entomological Society of America* 68:1079–1082.

4 Die vollständige Beschreibung über den Flug des Schwarmes auf Appledore Island im Jahr 1979 findet sich in Seeley, T. D., R. A. Morse und P. K. Visscher. 1979. The natural history of the flight of honey bee swarms. *Psyche* 86:103–113.

5 Zum genauen Bericht über die Verhaltensweisen fliegender Schwärme, die bei

der Liddell Field Station auf einer Strecke von 270 Metern verfolgt wurden, siehe Beekman, M., R.L. Fathke und T.D. Seeley. 2006. How does an informed minority of scouts guide a honey bee swarm as it flies to its new home? *Animal Behaviour* 71:161–171. Dieser Artikel berichtet auch über die hohen Fluggeschwindigkeiten anderer Schwärme, die bei Flügen über Strecken von 1000 und 4000 Metern verfolgt wurden.

6 Honigbienenschwärme sind nicht die Einzigen, die sich von einem kleinen Anteil ihrer Mitglieder, die über die Lage des Ziels Bescheid wissen, dorthin führen lassen. Zu experimentellen Untersuchungen, mit denen das Gleiche an Fischschwärmen und Menschengruppen nachgewiesen wurde, siehe Reebs, S.G. 2000. Can a minority of informed leaders determine the foraging movements of a fish shoal? *Animal Behaviour* 59:403–409; Ward, A.J.W., D.J.T. Sumpter, I.D. Couzin, P.J.B. Hart und J. Krause. 2008. Quorum decision making facilitates information transfer in fish shoals. *Proceedings of the National Academy of Sciences, U.S.A.* 105:6948–6953; und Dyer, J.R.G., C.C. Ioannou, L.J. Morrell, D.P. Croft, I.D. Couzin, D.A. Waters und J. Krause. 2008. Consensus decision making in human crowds. *Animal Behaviour* 75:461–470.

7 Die Hypothese, dass Kundschafterinnen den fliegenden Schwarm mit Pheromonen lenken, wurde formuliert in Avitabile, A., R.A. Morse und R. Boch. 1975. Swarming honey bees guided by pheromones. *Annals of the Entomological Society of America* 68:1079–1082.

8 Eine detaillierte Beschreibung der Hypothese von der subtilen Führung und die Ergebnisse der Computersimulationen von Gruppen, die sich mit Hilfe eines solchen Lenkungsmechanismus bewegen, finden sich in Couzin, I.D., J. Krause, N.R. Franks und S.A. Levin. 2007. Effective leadership and decision making in animal groups on the move. *Nature* 433:513–516.

9 Siehe Lindauer, M. 1955. Schwarmbienen auf Wohnungssuche. *Zeitschrift für vergleichende Physiologie* 37:263–324, S. 319.

10 Der ausführliche Bericht über die Simulation der Schützerbienen-Hypothese findet sich in Janson, S., M. Middendorf und M. Beekman. 2005. Honeybee swarms: how do scouts guide a swarm of uninformed bees? *Animal Behaviour* 70:349–358.

11 Der ausführliche Bericht über die Studie findet sich in Beekman, M., R.L. Fathke und T.D. Seeley. 2006. How does an informed minority of scouts guide a honey bee swarm as it flies to its new home? *Animal Behaviour* 71:161–171.

12 Eine hübsche Beschreibung über die Anatomie des Duftorgans und eine zusammenfassende Darstellung der chemischen Zusammensetzung der Sekrete aus der Nasonov-Drüse finden sich in Kapitel 8, Glands: chemical communication and wax production, in Goodman, L.J. 2003. *Form and Function in the Honey Bee.* International Bee Research Association, Cardiff.

13 Der vollständige Bericht über die Suche nach Flitzerbienen mit Hilfe der Stand-

bildfotografie findet sich in Beekman, M., R. L. Fathke und T. D. Seeley. 2006. How does an informed minority of scouts guide a honey bee swarm as it flies to its new home? *Animal Behaviour* 71:161–171.

14 Passino, K. M. 2005. *Biomimicry for Optimization, Control, and Automation.* Springer Verlag, London. S. 80.

15 Der vollständige Bericht über die Studie findet sich in Schultz, K. M., K. M. Passino und T. D. Seeley. 2008. The mechanism of flight guidance in honeybee swarms: subtle guides or streaker bees? *Journal of Experimental Biology* 211:3287–3295.

16 Der vollständige Bericht über die experimentelle Überprüfung der Flitzerbienen-Hypothese findet sich in Latty, T., M. Duncan und M. Beekman. 2009. High bee traffic disrupts transfer of directional information in flying honeybee swarms. *Animal Behaviour* 78:117–121.

Kapitel 9: Der Schwarm als kognitives Ganzes

1 Zitat von William Newsome aus der Einleitung zu dem Vortrag, den er am 17. Juni 2008 beim Workshop »Systems Biology of Decision Making« des Mathematical Biosciences Institute der Ohio State University hielt.

2 Die Vorstellung, dass Kolonien von Honigbienen und anderen sozialen Insekten elegante Informationsverarbeitungsapparaturen sind und dass es Parallelen zwischen der Entscheidungsfindung in Kolonien sozialer Insekten und im Primatengehirn gibt, wurde in jüngster Zeit entwickelt in Passino, K. M., T. D. Seeley und P. K. Visscher. 2008. Swarm cognition in honey bees. *Behavioral Ecology and Sociobiology* 62:401–414; Couzin, I. D. 2008. Collective cognition in animal groups. *Trends in Cognitive Sciences* 13:36–42; und Marshall, J. A. R., R. Bogacz, A. Dornhaus, R. Planqué, T. Kovacs und N. R. Franks. 2009. On optimal decision making in brains and social insect colonies. *Journal of the Royal Society Interface* 6:1065–1074.

3 Ausführliche zusammenfassende Darstellungen der neuronalen Grundlagen der Entscheidungsfindung bei Primaten sind Schall, J. D. 2001. Neural basis of deciding, choosing, and acting. *Nature Reviews Neuroscience* 2:33–42; Glimcher, P. W. 2003. The neurobiology of visual-saccadic decision making. *Annual Review of Neuroscience* 26:133–179; Glimcher, P. W. 2003. Decisions, Uncertainty, and the Brain: The Science of Neuroeconomics. MIT Press, Cambridge, MA; Gold, J. I. und M. N. Shadlen. 2007. The neural basis of decision making. *Annual Review of Neuroscience* 30:535–574; und Heekeren, H. R., S. Marrett und L. G. Ungerleider. 2008. The neural systems that mediate human perceptual decision making. *Nature Reviews Neuroscience* 9:467–479.

4 Der von Sugrue, Corrado und Newsome formulierte begriffliche Rahmen für die Stadien der Informationsverarbeitung bei der Entscheidungsfindung wird dargestellt in Sugrue, L. P., G. S. Corrado und W. T. Newsome. 2005. Choosing

the greater of two goods: neural currencies for valuation and decision making. Nature Reviews Neuroscience 6:363–375.

5 Das Modell von Usher und McClelland für die Entscheidungsfindung in der Sehrinde von Primaten wird beschrieben in Usher, M. und J. L. McClelland. 2001. The time course of perceptual choice: the leaky, competing accumulator model. *Psychological Review* 108:550–592.
Ein älteres konnektionistisches Modell für die Entscheidungsfindung, das sich ebenfalls auf den Gedanken stützt, dass Informationen nacheinander gesammelt werden und sich im Laufe der Zeit ansammeln, bis die Entscheidung getroffen wird, ist beschrieben in Busemeyer, J. R. und J. T. Townsend. 1993. Decision field theory: a dynamic cognition approach to decision making. *Psychological Review* 100:432–459. Einen ausgezeichneten allgemeinen Überblick über die Entscheidungsmodelle, die von mathematisch orientierten Psychologen entwickelt wurden, gibt Smith, P. L. und R. Ratcliff. 2004. Psychology and neurobiology of simple decisions. *Trends in Neurosciences* 27:161–168.

6 Der vollständige Bericht über mathematische Modelle für die Nistplatzwahl durch Honigbienenschwärme einschließlich einer Analyse der Frage, wie die Geschwindigkeit des Verschwindens von Tänzen und die Quorumsgröße von der natürlichen Selektion so angepasst wurden, dass sich ein gutes Gleichgewicht zwischen Geschwindigkeit und Genauigkeit der Entscheidungen ergibt, findet sich in Passino, K. M. und T. D. Seeley. 2006. Modeling and analysis of nest-site selection by honeybee swarms: the speed and accuracy tradeoff. *Behavioral Ecology and Sociobiology* 59:427–442.

7 Siehe Hofstadter, D. R. 1979. *Gödel, Escher, Bach: An Eternal Golden Braid*. Basic Books, New York. [dt. *Gödel, Escher, Bach: Ein Endloses Geflochtenes Band*. Üb. v. P. Wolff-Windeck u. H. Feuersee. Klett-Cotta, Stuttgart 1985.]

8 Übersichtsdarstellungen über die Analyse der kollektiven Nestwahl durch Kolonien von Felsameisen sind Mallon, E. B., S. C. Pratt und N. R. Franks. 2001. Individual and collective decision making during nest site selection by the ant *Leptothorax albipennis*. *Behavioral Ecology and Sociobiology* 50:352–359; Franks, N. R., S. C. Pratt, E. B. Mallon, N. F. Britton und D. J. T. Sumpter. 2002. Information flow, opinion polling and collective intelligence in house hunting social insects. *Philosophical Transactions of the Royal Society of London B* 357:1567–1583; Pratt, S. C., D. J. T. Sumpter, E. B. Mallon und N. R. Franks. 2005. An agent-based model of collective nest choice by the ant *Temnothorax albipennis*. *Animal Behaviour* 70:1023–1036; und Franks, N. R., F.-X. Dechaume-Moncharmont, E. Hanmore und J. K. Reynolds. 2009. Speed versus accuracy in decision-making ants: expediting politics and policy implementation. *Philosophical Transactions of the Royal Society B* 364:845–852.

9 Die vollständige Analyse der Frage, wie Kolonien sozialer Insekten ganz ähnlich wie das Primatengehirn durch Konkurrenz zwischen Populationen Evidenz anhäufender Untereinheiten (Arbeiterinnen oder Neuronen) zu statistisch optimalen kollektiven Entscheidungen gelangen, findet sich in Marshall,

J. A. R., R. Bogacz, A. Dornhaus, R. Planqué, T. Kovacs und N. R. Franks. 2009. On optimal decision making in brains and social insect colonies. *Journal of the Royal Society Interface* 6:1065–1074. Die Grundlage für diesen Artikel bilden theoretische Studien zur optimalen Entscheidungsfindung. Siehe beispielsweise Bogacz, R., E. Brown, J. Moehlis, P. Holmes und J. D. Cohen. 2006. The physics of optimal decision making: a formal analysis of models of performance in two-alternative force choice tasks. *Psychological Review* 113:700–765.

Kapitel 10: Der kluge Schwarm

1 William Shakespeare, *Heinrich V.*, 1. Akt, 2. Szene. Übersetzung von A. W. Schlegel.

2 Zu einer allgemeinen Darstellung der Frage, wie persönlich zusammenarbeitende Menschen so organisiert werden können, dass sie zu mehreren stets klüger sind als wenige Einzelne, siehe Elster, J. 2000. *Deliberative Democracy*. Cambridge University Press, Cambridge; Surowiecki, J. 2004. *The Wisdom of Crowds*. Doubleday, New York [dt. *Die Weisheit der Vielen: Warum Gruppen klüger sind als Einzelne …*, Üb. v. G. Beckman. Bertelsmann, München 2005]; und Austen-Smith, D. und T. J. Feddersen. 2009. Information aggregation and communication in committees. *Philosophical Transactions of the Royal Society B* 364:763–769.

3 Maßgebliche Übersichtsartikel über Fossilfunde von Honigbienen (Gattung *Apis*) sind Engel, M. S. 1998. Fossil honey bees and evolution in the genus *Apis* (Hymenoptera: apidae). *Apidologie* 29:265–281; Engel, M. S. 1999. The taxonomy of recent and fossil honey bees (Hymenoptera: apidae: *Apis*). *Journal of Hymenoptera Research* 8:165–196; Engel, M. S. 2006. A giant honey bee from the middle miocene of Japan (Hymenoptera: Apidae). *Journal of the Kansas Entomological Society* 76:71; und Engel, M. S., I. A. Hinojosa-Diaz und A. Rasnitsyn. 2009. A honey bee from the miocene of nevada and the biogeography of *Apis* (Hymenoptera: apidae: apini). *Proceedings of the California Academy of Sciences* 60:23–38.

4 Der Ausdruck »Fünf Wege zur Effektivität« geht zurück auf den Titel eines hervorragenden Buches von Stephen R. Covey: *The Seven Habits of Highly Effective People*. 1989. Free Press, New York [dt. *Die 7 Wege zur Effektivität: Prinzipien für persönlichen und beruflichen Erfolg*. Üb. v. A. Roethe und I. Proß-Gill. Gabal, Offenbach 2005.].

5 Die Bürgerversammlung (*town meeting*) der Ortschaften in Neuengland ist ein Gesetzgebungsgremium, an dem jeder Bürger (registrierte Wähler) mitwirken kann. Man sollte sie nicht mit dem »town hall meeting« verwechseln, das zu einer beliebten Form öffentlicher Anhörungen geworden ist, aber keine gesetzgeberischen Befugnisse hat. Nähere Informationen über die Funktionsweise

der Bürgerversammlungen in Neuengland finden sich in Gould, J. 1940. *New England Town Meeting: Safeguard of Democracy.* Stephen Daye Press, Brattleboro, VT; Mansbridge, J.J. 1980. *Beyond Adversary Democracy.* University of Chicago Press, Chicago; und Bryan, F.M. 2004. *Real Democracy: The New England Town Meeting and How It Works.* University of Chicago Press, Chicago.

6 Wie wichtig es ist, mit dem Führungsstil nicht die Entscheidungen einer Gruppe vorab zu beeinflussen und die Suche nach konkurrierenden Gedanken zu stärken, wird im Einzelnen erörtert in Janis, J.L. 1982. *Groupthink.* 2nd ed. Houghton Mifflin, Boston.

7 Eine genaue Beschreibung des Führungsstils des Präsidenten George W. Bush (nicht intellektuell, sondern instinktiv) und der Entwicklung, durch die er und seine außenpolitischen Berater sich entschlossen, im Irak einzumarschieren, ohne eine offene Untersuchung und die kritische Bewertung aller möglichen Alternativen vorzunehmen, findet sich in McClellan, S. 2008. *What Happened.* Public Affairs, New York, S. 126–129.

8 Die neueste Fassung der Regeln für parlamentarische Gesetzgebung, die erstmals 1876 von Major Henry M. Robert herausgegeben wurden, ist Robert, H.M. und S.C. Robert. 2000. *Robert's Rules of Order Newly Revised, 10th Edition.* Perseus Publishing, Philadelphia.

9 Eine weitgefasste Übersichtsdarstellung zu der Frage, wie eine Personengruppe bessere Lösungen für Probleme finden kann als ein begabter Einzelner, wobei in hohem Maße die überlegene Fähigkeit der Gruppe zur Untersuchung vielfältiger Alternativen eine Rolle spielt, ist Page, S.E. 2007. *The Difference.* Princeton University Press, Princeton, NJ.

10 Einen Überblick über Abstimmungssysteme der Menschen und über die Vorteile verschiedener Entscheidungsverfahren gibt Black, D. 1986. *The Theory of Committees and Elections.* Kluwer, Dordrecht.

11 Eine Übersichtsdarstellung der Literatur über demokratische Entscheidungsprozesse in Gruppen von Tieren geben Conradt, L. und T.J. Roper. 2003. Group decision making in animals. *Nature* 421:155–158; Conradt, L. und T.J. Roper. 2005. Consensus decision making in animals. *Trends in Ecology and Evolution* 20:449–456; Conradt, L. und T.J. Roper. 2007. Democracy in animals: the evolution of shared group decisions. *Proceedings of the Royal Society of London B* 274:2317–2326; Conradt, L. und C. List. 2009. Introduction. Group decisions in humans and animals: a survey. *Philosophical Transactions of the Royal Society B* 364:719–742.

12 In jüngster Zeit wurde mit mathematischen Modellen ausdrücklich gezeigt, in welcher Form das kollektive Entscheidungssystem der Bienen sowohl auf die gegenseitige Abhängigkeit als auch auf die Unabhängigkeitserklärung angewiesen ist. Ohne gegenseitige Abhängigkeit (durch Weitergabe der Informationen über potentielle Nistplätze durch den Tanz) breitet sich das Interesse an der besten Stelle nicht aus. Ohne Unabhängigkeit (bei der Bewertung der Stellen und anschließenden Werbung dafür) verbreitet sich zwar das Interesse,

aber nicht zwangsläufig das an der besten Stelle. Einzelheiten finden sich in List, C., C. Elsholtz und T. D. Seeley. 2009. Independence and interdependence in collective decision making: an agent-based model of nest-site choice by honeybee swarms. *Philosophical Transactions of the Royal Society* B 364:755–762.

13 Weitere Beispiele für die Gefahren von Informationslawinen, bei denen die Entscheidungsträger blind die Entscheidungen anderer kopieren, finden sich in Shiller, R. J. 2000. *Irrational Exuberance.* Princeton University Press, Princeton, NJ [dt. *Irrationaler Überschwang: Warum eine lange Baisse an der Börse unvermeidlich ist.* Übers. v. B. Kleidt. Campus, Frankfurt a. M.]; und Thaler, R. H. und C. R. Sunstein. 2008. *Nudge.* Yale University Press, New Haven, CT [dt. *Nudge: Wie man kluge Entscheidungen anstößt.* Übers. v. C. Bausum. Econ, Berlin]. Zwei wichtige Artikel zu dem Thema sind Bikhchandani, S., D. Hirshleifer und I. Welch. 1992. A Theory of fads, fashions, custom, and cultural change as informational cascades. *Journal of Political Economy* 100:992–1026; und Bikhchandani, S., D. Hirshleifer und I. Welch. 1998. Learning from the behavior of others: conformity, fads, and informational cascades. *Journal of Economic Perspectives* 12:151–170.

14 Eine allgemeine Darstellung der Nützlichkeit von Quorum-Reaktionen bei der Entwicklung einstimmiger Entscheidungen (zum Beispiel wenn Gruppenmitglieder sich schließlich auf die gleiche Alternative einigen) findet sich in Sumpter, D. J. T. und S. C. Pratt. 2009. Quorum responses and consensus decision making. *Philosophical Transactions of the Royal Society B* 364:743–753.

Epilog

1 Seeley, T. D., S. Kühnholz und R. H. Seeley. 2002. An early chapter in behavioral physiology and sociobiology: the science of Martin Lindauer. *Journal of Comparative Physiology* A 188:439–453. S. 447.

2 Leider ist es schwierig, die Erkenntnisse über die guten demokratischen Entscheidungen der Honigbienen auf Gruppen von Personen anzuwenden, die sehr widersprüchliche Interessen haben. In solchen Gruppen von Gegnern verhält sich der Einzelne nicht wie eine Kundschafterin: Er ist weder völlig ehrlich, noch wird er sich zuverlässig größte Mühe geben. Stattdessen kann man damit rechnen, dass die Gruppenmitglieder selbst dann lügen und schwerfällig handeln, wenn es den Erfolg der Gruppe untergräbt, solange es ihnen selbst einen Vorteil verschafft. Aber da viele kleine demokratische Organisationen aus Menschen bestehen, deren Interessen sich stark überschneiden, sind die Lektionen, die wir von den wohnungssuchenden Bienen gelernt haben, nach meiner Überzeugung auch für die Angelegenheiten der Menschen von beträchtlichem Interesse.

Danksagung

Mein größter Dank gebührt meiner Frau Robin, die ich auf Appledore Island kennenlernte und die meine Freude an der Untersuchung von Bienen auf dieser Wind- und Touristeninsel teilte. Ihr scharfer Yankee-Verstand, ihre Begeisterung für die Arbeit zehn Kilometer draußen im Nordatlantik und ihre ständige Unterstützung während der letzten 34 Jahre haben mir bei den Forschungen, die in diesem Buch beschrieben werden, viel Freude bereitet.

Ebenso geht mein Dank an unsere Töchter Saren und Maira: Sie hatten Verständnis für die Liebe ihres Vaters zu den Honigbienen und verbrachten viel Zeit mit uns in unserem abgelegenen Lager in der Nähe von Ox Cove im fernen Pembroke in Maine. Besonders dankbar bin ich ihnen für ihre Kommentare über meinen Text und für den von ihnen vorgeschlagenen Titel *Honeybee Democracy.*

Viele in diesem Buch beschriebene Arbeiten wären nicht möglich gewesen ohne die Hilfe von Doktoranden, Forschungsstudenten und Freilandassistenten, die mein Labor an der Cornell University während des letzten Vierteljahrhunderts mit Leben gefüllt haben. Es war mir wichtig, im Buch alle Studenten und Studentinnen zu nennen, die verschiedene Rätsel der Schwarmbienen untersucht haben, ich möchte aber hier auch allen Forschungsassistenten danken, die in vielen Studien zusätzlich ihre Augen, ihre Ohren, ihre Hände und ihren Verstand einsetzten: Susannah Buhrman-Deever, Siobhan Cully, Robert Fathke, Madeleine Girard, Sean Griffin, Benjamin Land, Sasha Mikheyev, Marielle Newsome, Kriston Pastor, Adrian Reich und Ethan Wolfson-Seeley.

Von entscheidender Bedeutung war auch, dass ich mich einer engen Partnerschaft mit meinen Mitarbeiterinnen und Mitarbeitern erfreuen durfte: Madeleine Beekman, der verstorbene Roger A. Morse, Kevin Passino, Jürgen Tautz und Kirk Visscher. Ohne ihre Begeisterung wären unsere gemeinsamen Arbeiten, naturgeschichtlichen Forschungen, agentenbasierten mathematischen Modelle, Videoanalysen und viele Experimente, über die hier berichtet wurde, nicht möglich gewesen. Auch die warmherzige Freundschaft dieser fünf Menschen trug viel dazu bei, dass es eine so große Freude war, gemeinsam die Funktionsweise von Bienenschwärmen aufzuklären.

Mein besonderer Dank gilt meinen allerersten Lehrern Bernd Heinrich, Bert Hölldobler, dem verstorbenen Martin Lindauer, dem verstorbenen Roger A. Morse und Edward O. Wilson; sie alle vermittelten mir ihre wissenschaftliche Klugheit und ermutigten mich, als ich Mitte der 1970er Jahre anfing, mich ernsthaft mit Bienen zu beschäftigen. Ich bin ihnen zutiefst dankbar für ihre zuverlässige Freundschaft, ihre Anleitung und Unterstützung. Ich hoffe, sie werden ihren starken Einfluss in diesem Buch wiedererkennen. Der Titel beispielsweise ist auch eine Hommage an Bernd Heinrichs großartiges Buch *Bumblebee Economics* [dt. *Der Hummelstaat*].

Dankbar bin ich auch einer ganzen Reihe von Wissenschaftlerkollegen, deren Arbeiten und Freundschaft im Laufe der Jahre für mich zu einer Quelle von Kenntnissen und Anregungen wurden: Kraig Adler, Andrew Bass, Koos Biesmeijer, Nicholas Britton, Nicholas Calderone, Scott Camazine, Larissa Conradt, Iain Couzin, Brian Danforth, Fred Dyer, der verstorbene George Eickwort, Michael Engel, Tom Eisner, Joseph Fetcho, Nigel Franks, Ronald Hoy, Barrett Klein, Susannah Kühnholz, Egbert Leigh, Christian List, James Marshall, Heather Mattila, Matthew Meselson, Randolf Menzel, Sasha Mikheyev, Mary Myerscough, Jun Nakamura, Francis Ratnieks, Kern Reeve, Gene Robinson, Paul Sherman, David Tarpy, Craig Tovey, Walter Tschinkel, Rüdiger Wehner, Anja Weidenmüller und David S. Wilson.

Darüber hinaus hatte ich das große Glück, im Laufe der letzten zehn Jahre auch außerhalb der Welt der Biologie mehrere bemerkenswerte Menschen kennenzulernen. Von Frank Bryan, Professor für Politische Wissenschaft an der University of Vermont und ein weltweit führender Fachmann für die Bürgerversammlungen in Neuengland, lernte ich viel über sein Fachgebiet; außerdem machte er mich mit Larry Coffin bekannt, dem langjährigen Moderator der alljährlichen Bürgerversammlungen in Bradford in Vermont. Ich bin Mr. Coffin sowie den Bürgerinnen und Bürgern von Bradford zutiefst dankbar, dass sie mich am Tag ihrer Bürgerversammlung zusehen ließen, wie echte Demokratie funktioniert. Paul Hyans, Professor für mittelalterliche Geschichte an der Cornell University, führte mich in die Erforschung der Geschichte von Demokratien unter Menschen ein und half mir, meine Erkenntnisse von den Bienen auf sinnvolle Weise auf die Angelegenheiten der Menschen anzuwenden. Michael Mauboussin, leitender Investmentstratege bei Legg Mason Capital Management, machte mich auf die Parallelen zwischen den Findungskommissionen der Bienen und den Investmentgremien von Menschen aufmerksam und erteilte mir die freundliche Genehmigung, aus seinen Essays im Consilient Observer die Überschrift für mein letztes Kapitel »Swarm Smarts« zu übernehmen. John Miller, Professor für Sozialwissenschaft und Entscheidungsforschung an der Carnegie Mellon University, brachte mich freundlicherweise in Verbindung mit dem Santa Fe Institute. Diese bemerkenswerte Forschungseinrichtung hat die Erforschung der kollektiven Entscheidungsfindung weit vorangebracht; sie finanzierte zu diesem Zweck Workshops, bei denen Menschen aus verschiedenen Fachgebieten zusammentrafen, von Ingenieur- und Wirtschaftswissenschaft bis zu Neurologie und Verhaltensforschung. Ich hatte das große Glück, dass ich durch diese Nichtbiologen »vom Kurs abgebracht« wurde und viele wunderschöne Ideen im Zusammenhang mit der Frage kennenlernte, wie ein System von Agenten ohne Führer zu einer kollektiven Intelligenz gelangen kann.

Die 24 Jahre, die ich an der Cornell University gearbeitet habe, waren eine glückliche Zeit, nicht zuletzt wegen der vielen persönlichen Bindungen, die ich im Laufe der Jahre geknüpft habe. Meinen Mit-Cornellianern, den Mitarbeitern ebenso wie meinen Kollegen im Institut für Neurobiologie und Verhaltensforschung, danke ich, weil sie die wolkigen Tage aufhellten, für die Ithaca so berühmt ist. Ganz besonders danke ich John M. Kingsbury, dem Visionär und Gründer des Shoals Marine Laboratory, der frühzeitig die Eignung dieser zerklüfteten Insel für eine biologische Außenstation und die Lehre für Studienanfänger erkannte und mich (mit meinen Bienen) dort 1975 herzlich aufnahm. Mein Dank gilt auch den früheren Direktoren des Shoals Marine Laboratory John Heiser und Jim Morin sowie dem jetzigen Direktor William Bernis, der das Labor zu einem Paradies für die Erforschung der Natur an Land und im Meer machte.

Ebenso weiß ich sehr die finanzielle Unterstützung zu schätzen, die ich im Laufe der Jahre von der Alexander von Humboldt-Stiftung, der American Philosophical Society, der National Geographic Foundation, der National Science Foundation und dem US-Landwirtschaftsministerium erhielt.

Im Laufe der Jahre habe ich mit verschiedenen Redakteuren zusammengearbeitet, die mir halfen, meine Erkenntnisse über Bienen einem breiten Publikum bekanntzumachen: Dennis Flanagan und Jonathan Piel (*Scientific American*, 1981 und 1985); Linda Peterson, Don Cunningham und Fenella Saunders (*American Scientist*, 1982, 1989, und 2006); Robert Wright (*The Sciences*, 1987); Rebecca Finnel (*Natural History*, 2002); Kim Flottum (*Bee Culture*, 1998–2009) und Silke Beckedorf (*Deutsches Bienen Journal*, 2009). Ihnen danke ich vor allem für ihre Ermutigung und Ratschläge, wenn es darum ging, dem allgemeinen Lesepublikum das Gefühl für die Wissenschaft näherzubringen: für Anblicke und Geräusche, für das langwierige Datensammeln, die glücklichen Zufälle, die aus Neugier geborene Besessenheit und die schiere Freude des Entdeckens.

Dankbar bin ich auch einer ganzen Reihe von Menschen, die Anmerkungen zu Teilen des Manuskripts machten, darunter Bernd Heinrich, Paul Hyams, James Marshall, Michael Mauboussin, Francis Ratnieks, Kevin Schultz und Maira Seeley. Zwei enge Mitarbeiter, nämlich Kevin Passino und Kirk Visscher, waren so freundlich, Kritik an dem gesamten Text zu äußern. Weiter danke ich Scott Camazine, Marco Kleinhenz und Rosemarie Lindauer, die Fotos zur Verfügung stellten.

Ebenso möchte ich anmerken, wie angenehm es war, mit Margaret C. Nelson zusammenzuarbeiten, die alle Abbildungen für dieses Buch erstellte. Ohne ihre Begabung, das Verhalten von Bienen in genauen Strichzeichnungen darzustellen und meine groben, auf Papier gezeichneten Skizzen in exakte Computerbilder umzusetzen, würde diesem Buch viel von seinem optischen Reiz fehlen. Ebenso danke ich mehreren Personen bei Princeton University Press: Alison Kalett, Lektorin für Biologie und Geowissenschaften, für ihre stetige Unterstützung und großartige Anleitung; Stefani Wexler, die mir half, alles zusammenzustellen; und Carmina Alvarez und Heanth Renfroe, die das Buch gestalteten und durch den Produktionsprozess begleiteten. Dawn Hall lektorierte das gesamte Manuskript und zeigte dabei stets die Sorgfalt und Geschicklichkeit, für die sie bekannt ist.

Ihnen allen gilt mein von Herzen empfundener Dank.

Abbildungsnachweise

Bilder im Text

Abb. 1: nach Fig. 46 in Frisch, K. von. 1993. The Dance Language and Orientation of Bees. Harvard University Press, Cambridge, MA.

Abb. 2: Originalzeichnung von Margaret C. Nelson.

Abb. 3: Foto zur Verfügung gestellt von Rosemarie Lindauer.

Abb. 4: nach Fig. 3 in Lindauer, M. 1951. Bienentänze in der Schwarmtraube. Die Naturwissenschaften 38:509–513.

Abb. 5: Originalzeichnung von Margaret C. Nelson.

Abb. 6: nach Fig. 54 in Kemper, H. und E. Döhring. 1967. Die Sozialen Faltenwespen Mitteleuropas. Paul Parey, Berlin.

Abb. 7: nach Fig. 8.2 in Seeley, T.D. 1985. Honeybee Ecology. Princeton University Press, Princeton, NJ.

Abb. 8: nach Fig. 1 in Seeley, T.D. und P.K. Visscher. 1985. Survival of honeybees in cold climates: the critical timing of colony growth and reproduction. Ecological Entomology 10:81–88.

Abb. 9: Originalzeichnung von Margaret C. Nelson.

Abb. 10: nach Fig. 3.7 in Seeley, T.D. 1985. Honeybee Ecology. Princeton University Press, Princeton, NJ.

Abb. 11: nach Fig. 2 in Michelsen, A., W.H. Kirchner, B.B. Andersen und M. Lindauer. 1986. The tooting and quacking vibration signals of honeybee queens: a quantitative analysis. Journal of Comparative Physiology A 158:605–611.

Abb. 12: Reproduktion von Fig. 20.3a in Crane, E. 1999. The World History of Beekeeping and Honey Hunting. Routledge, New York.

Abb. 13: nach Fig. 2 in Seeley, T.D. und R.A. Morse. 1976. The nest of the honey bee (Apis mellifera L.). Insectes Sociaux 23:495–512.

Abb. 14: nach Fig. 3 in Morse, R.A. und T.D. Seeley. Bait hives. Gleanings in Bee Culture 106 (May):218–220, 242.

Abb. 15: Foto von Thomas D. Seeley.

Abb. 16: nach Fig. 2 in Seeley, T.D. 1982. How honeybees find a home. Scientific American 247 (October):158–168.

Abb. 17: nach Fig. 8 in Seeley, T.D. 1982. How honeybees find a home. Scientific American 247 (October):158–168.

Abb. 18: nach Fig. 3 in Lindauer, M. 1955. Schwarmbienen auf Wohnungssuche. Zeitschrift für vergleichende Physiologie 37:263–324.

Abb. 19: nach Fig. 4 in Lindauer, M. 1955. Schwarmbienen auf Wohnungssuche. Zeitschrift für vergleichende Physiologie 37:263–324.

Abb. 20: nach Fig. 7 in Lindauer, M. 1955. Schwarmbienen auf Wohnungssuche. Zeitschrift für vergleichende Physiologie 37:263–324.

Abb. 21: nach Fig. 3 in Seeley, T.D. und S.C. Buhrman. 1999. Group decision making in swarms of honey bees. Behavioral Ecology and Sociobiology 45:19–31.

Abb. 22: nach Fig. 5 in Seeley, T.D. und S.C. Buhrman. 1999. Group decision making in swarms of honey bees. Behavioral Ecology and Sociobiology 45:19–31.

Abb. 23: Reproduktion von Fig. 16 in Lindauer, M. 1955. Schwarmbienen auf Wohnungssuche. Zeitschrift für vergleichende Physiologie 37:263–324. Illustration Credits 267.

Abb. 24: nach Fig. 2 in Gilley, D.C. 1998. The identity of nest-site scouts in honey bee swarms. Apidologie 29:229–240.

Abb. 25: nach Fig. 1 in Seeley, T.D. und S.C. Buhrman. 2001. Nest-site selection in honey bees: how well do swarms implement the »Best-of-N« decision rule? Behavioral Ecology and Sociobiology 49:416–427.

Abb. 26: nach Fig. 2 in Seeley, T.D. und S.C. Buhrman. 2001. Nest-site selection in honey bees: how well do swarms implement the »Best-of-N« decision rule? Behavioral Ecology and Sociobiology 49:416–427.

Abb. 27: nach Fig. 4 in Seeley, T.D. und S.C. Buhrman. 2001. Nest-site selection in honey bees: how well do swarms implement the »Best-of-N« decision rule? Behavioral Ecology and Sociobiology 49:416–427.

Abb. 28: nach Fig. 5 in Seeley, T.D. und S.C. Buhrman. 2001. Nest-site selection in honey bees: how well do swarms implement the »Best-of-N« decision rule? Behavioral Ecology and Sociobiology 49:416–427.

Abb. 29 und 30: Originalzeichnung von Margaret C. Nelson.

Abb. 31: nach Fig. 2 in Seeley, T.D. und P.K. Visscher. 2008. Sensory coding of nest-site value in honeybee swarms. Journal of Experimental Biology 211:3691–3697.

Abb. 32: nach Fig. 3 in Seeley, T.D. und P.K. Visscher. 2008. Sensory coding of nest-site value in honeybee swarms. Journal of Experimental Biology 211:3691–3697.

Abb. 33: nach Fig. 18 in Lindauer, M. 1955. Schwarmbienen auf Wohnungssuche. Zeitschrift für vergleichende Physiologie 37:263–324.

Abb. 34: nach Fig. 1 in Seeley, T.D. 2003. Consensus building during nest-site selection in honey bee swarms: the expiration of dissent. Behavioral Ecology and Sociobiology 53:417–424.

Abb. 36: nach Fig. 23 in Heinrich, B. 1981. The mechanisms and energetics of honeybee swarm temperature regulation. Journal of Experimental Biology 91:25–55.

Abb. 37: nach Fig. 2 in Seeley, T.D., M. Kleinhenz, B. Bujok und J. Tautz. 2003. Thorough warm-up before take-off in honey bee swarms. Naturwissenschaften 90:256–260.

Abb. 38: nach Fig. 2 in Seeley, T. D. und J. Tautz. 2001. Worker piping in honey bee swarms and its role in preparing for liftoff. Journal of Comparative Physiology A 187:667–676.

Abb. 39: nach Fig. 8 in Seeley, T. D. und J. Tautz. 2001. Worker piping in honey bee swarms and its role in preparing for liftoff. Journal of Comparative Physiology A 187:667–676.

Abb. 40: nach Fig. 4 in Seeley, T. D. und J. Tautz. 2001. Worker piping in honey bee swarms and its role in preparing for liftoff. Journal of Comparative Physiology A 187:667–676.

Abb. 41: nach Fig. 7 in Seeley, T. D. und J. Tautz. 2001. Worker piping in honey bee swarms and its role in preparing for liftoff. Journal of Comparative Physiology A 187:667–676.

Abb. 42: nach Fig. 6.3 in Seeley, T. D. 1995. The Wisdom of the Hive. Harvard University Press, Cambridge, MA.

Abb. 43: nach Fig. 1 and Fig. 9 in Seeley, T. D. und J. Tautz. 2001. Worker piping in honey bee swarms and its role in preparing for liftoff. Journal of Comparative Physiology A 187:667–676.

Abb. 44: nach Fig. 1 in Rittschof, C. C. und T. D. Seeley. 2008. The buzz-run: how honeybees signal »Time to go!« Animal Behaviour 75:189–197.

Abb. 45: nach Fig. 2 and Fig. 3 in Rittschof, C. C. und T. D. Seeley. 2008. The buzz-run: how honeybees signal »Time to go!« Animal Behaviour 75:189–197.

Abb. 46: nach Fig. 2 in Beekman, M., R. L. Fathke und T. D. Seeley. 2006. How does an informed minority of scouts guide a honeybee swarm as it flies to its new home? Animal Behaviour 71:161–171.

Abb. 47: nach Fig. 42 in Frisch, K. von. 1967. The Dance Language and Orientation of Bees. Harvard University Press, Cambridge, MA.

Abb. 48: nach Fig. 4 in Schultz, K. M., K. M. Passino und T. D. Seeley. 2008. The mechanism of flight guidance in honeybee swarms: subtle guides or streaker bees? Journal of Experimental Biology 211:3287–3295.

Abb. 49: Originalzeichnung von Margaret C. Nelson.

Abb. 50: nach Fig. 1 in Latty, T., M. Duncan und M. Beekman. 2009. High bee traffic disrupts transfer of directional information in flying honeybee swarms. Animal Behaviour 78:117–121.

Abb. 51: Originalzeichnung von Margaret C. Nelson.

Abb. 52: nach Fig. 4 in Glimcher, P. W. 2003. The neurobiology of visual-saccadic decision making. Annual Review of Neuroscience 26:133–179.

Abb. 53: nach Fig. 1 in Seeley, T. D. und P. K. Visscher. 2008. Sensory coding of nest-site value in honeybee swarms. Journal of Experimental Biology 211:3691–3697.

Abb. 54, 55 und 56: Originalzeichnung von Margaret C. Nelson.

Bilder im Bildteil

Abb. I: Foto von Kenneth Lorenzen.
Abb. II: Foto von Thomas D. Seeley.
Abb. III: Foto von John G. Seeley.
Abb. IV, V: Fotos von Kenneth Lorenzen.
Abb. VI: Foto von Scott Camazine.
Abb. VII: Foto von Thomas D. Seeley.
Abb. VIII: Foto von Kenneth Lorenzen.
Abb. IX, X: Foto von Kenneth Lorenzen.
Abb. XI–XVI: Fotos von Thomas D. Seeley.
Abb. XVII: Aerial photo courtesy of the Shoals Marine Laboratory; landscape photo by Thomas D. Seeley.
Abb. XVIII: Foto von Thomas D. Seeley.
Abb. XIX: Foto von Peter Essick.
Abb. XX–XXV: Fotos von Thomas D. Seeley.
Abb. XXVI: nach Fig. 11 in Seeley, T. D., P. K. Visscher und K. M. Passino. 2006. Group decision making in honey bee swarms. American Scientist 94:220–229.
Abb. XXVII: nach Fig. 2 in Seeley, T. D. 2003. Consensus building during nest-site selection in honey bee swarms: the expiration of dissent. Behavioral Ecology and Sociobiology 53:417–424.
Abb. XXVIII: Foto von Peter Essick.
Abb. XXIX: Fotos von Thomas D. Seeley.
Abb. XXX: nach Fig. 23 in Heinrich, B. 1981. The mechanisms and energetics of honeybee swarm temperature regulation. Journal of Experimental Biology 91:25–55.
Abb. XXXI: Foto vonThomas D. Seeley.
Abb. XXXII: Foto von Peter Essick.
Abb. XXXIII: Foto von Thomas D. Seeley.
Abb. XXXIV: Foto von Kenneth Lorenzen.
Abb. XXXV: Foto von Thomas D. Seeley.

Trotz Recherche war es nicht in allen Fällen möglich, die Inhaber von Urheberrechten ausfindig zu machen. Sollten noch Rechtsansprüche bestehten, so bitten wir die Inhaber der Rechte, ihre Rechtsansprüche dem Verlag mitzuteilen.

Register

Kursivierte Seitenzahlen verweisen auf Abbildungen.

Abhängigkeit 268–273, 279 f.
Abweichende Ansichten, Erlöschen von 160–171
Ameisen 36, 56 f., 251
Anführer 14, 262–265, 278 f.
Apis cerana 70
Apis dorsata 70
Apis florea 79
Apis mellifera 12, 30
Appledore Island 76–84, 121–136, *125*, 197–202, 208–210, 222 f., XVII, XXXI, XXXII
Arbeiterinnen: Anatomie 33 f., *34*; Vorbereitungen für das Schwärmen 46–48
Avitabile, Alphonse 206 f., 213

Beekman, Madeleine 210–212, 215–219, 226–229, XXXIII
Begrenzte Rationalität 118 f.
Best-of-n-Aufgabe 120 f., 132–139
Bestäubung 30 f.
Bienen: als Bestäuber 30 f.; Evolution 30 f., 257 f.; als Solitäre 31
Bienenzucht 41, 53 f., *54*, 62
Biomimikry 221
Boch, Rolf 213
Brut: Ablage 40–42; Aufzucht 40–42
Buhrman, Susannah C. 102–108, 132–135, XXIII
Bujok, Brigitte 177 f.
Bürgerversammlung in Neuengland 86–88, 259–262, 264 f., 267 f., 271 f.
Bush, George W. 263 f.
Butler, Charles 172 f.

Camazine, Scott 159
Coffin, Larry 260 f., 264
Corrado, Greg 237
Couzin, Iain 214
Cranberry Lake Biological Station 121 f.

Dartmouth College 27
Demokratie: der Einheit oder von Gegnern 141; direkte 86 f.; menschliche und Bienendemokratie 86–88, 140 f., 204, 257–276
Dornhaus, Anna 84 f.
Drohnen: Entstehung 33; Paarungsverhalten 34 f.; Versammlungsgebiete 34 f.
Duftorgane 50, 73, 79, 201, 213–218, *216*, XXXIV, XXXV
Duncan, Michael 226 f.

Elimination by aspects (EBA) 118 f.
Entscheidungen: einvernehmliche oder kombinierte 101; Regeln 141; zwiespältige 98
Exkremente 67, 71 f.

Flitzerbienen 214f., 218f., *227*, 229
Flitzerbienen-Hypothese 214f., 218–221, 225–229, *228*
Fluggeschwindigkeit: der Individuen 33, 219f., 223–226, *227*; des Schwarms 209, *212*, 217
Flugmuskulatur: als Schallquelle 179–185, 189–191; als Wärmequelle 173–179
Flugrichtung: der Individuen 33, 219f., 223–226; des Schwarms 205–230
Fluon 81
Fortpflanzung der Kolonien 42–44; s. a. Drohnen
Franks, Nigel R. 84f., 214
Frisch, Karl von 17–25, *21*, 28, 56f., 89, 205
Frost, Robert 53

Gelber Regen 71f.
Gene: Einfluss auf das Verhalten 112f.; Einfluss auf die Bewertung des Nistplatzes 155f.
Geschlecht, Bestimmung 33
Geschwindigkeit und Genauigkeit 202–204, 247–251, 273–276
Gilley, David C. 108, 111f.

Haig, Alexander M. 71
Harvard University 27f., 57, 71, 74, 148, 196
Harz 69
Haufenbildung: beim Schwärmen 48–50, 172f.; zur Temperaturregulation 37f., *38*, 176f.
Heinrich, Bernd 173–177
Hemmung, gegenseitige: im Gehirn 234–238, *235*, 245f., 252, *252*; im Schwarm *241*, 245f., 252, *252*
Heutistik 118–120
Hofstadter, Douglas 251
Hölldobler, Bert 28, 56f., 177
Honig: Verbrauch 39–42, 68f.; Vorräte 39–41
Hussein, Saddam 263f.

Informationen: Abfolge 240f.; Berichte auf der Ebene des Schwarms und Einzelberichte 153–155
Integrator: im Gehirn *235*, 236f., 244–249; im Schwarm 246–248, 252f.

Jahreszyklus einer Kolonie 37–42

KGB 71
Kingsbury, John M. 77f.
Kleinhenz, Marco 177f.
Köderstöcke 63f., 72f., *73*, *110*
Kommunikation: Aufrichtigkeit 88; s. a. Königin, Pfeifsignale; Pfeifsignale (Arbeiterinnen); Pheromone; Schütteln; Schwänzeltanz; Schwirrlauf
Königin: Eiablage 13, 32f., 45f.; Eigenschaften 32f., *34*, IV; Entourage 32, IV; Entstehung 13, 45f.; junge Königinnen 50–52; Kämpfe 52; Paarungsverhalten 52; Pfeifsignale 51, *51*; Pheromone 13, 207; Rolle 13, 262; Vorbereitung auf das Schwärmen 45f.; Weiselzellen 33, 45f., 50, IX
Konsens: Bildung 88, 140–171; Reaktion 98f., 195–202
Krause, Jens 214
Kundschafterinnen (Nistplatz-): Aktivität 74f., 108–111; Alter 111f., *113*; als »Dirty Dancers« 22–25; Methode 74f., 78f., *80*, 151f., *151*, *153*; Zahl im Schwarm 108, 208f., 240

Latty, Tanya 226 f.
Lebenszyklus einer Kolonie *49*
Levin, Simon 214
Liddell Field Station 210–212, 215–218
Lindauer, Martin: Ansatz in der Tierverhaltensforschung 56 f., 89 f.; Biografie 20–25, *21*; Entdeckungen 22–25, 55 f., 89–99, 109–111, 115 f., 144–146, 160–162, 189, 195 f., 214 f.
Lüftungskanäle im Schwarm 175, *176*

Markierung von Bienen 75, 89 f., 102, 149, XX, XXV
Marshall, James 253
McClellan, Scott 263 f.
McClelland, James 246 f.
Meselson, Matthew 71
Morse, Roger A. 27, 57, 72, 74, 206–208, 211–213

Nahrungssammlung 39 f.
Nasonov-Drüse 209, 213, 215–218, XXXIV, XXXV
Nelson, Herb 57–60
Nest: Bauweise 60–63, *61*, 68 f., VI, VII, XI, XII, XIII; Temperaturregulation *36*, 36 f., 38 f.
Neurobiologie der Entscheidungsfindung 15 f., 232–239, *235*
Newsome, Marielle 148, 154, XXIV
Newsome, William 231, 237
Nietzsche, Friedrich 17
Nistplatz: angeborene Skala für die Güte 146, 155 f.; Eigenschaften 60–63, *61*; Vorlieben der Bienen 65–70, 137–139

Ohio State University 220 f.

Page, Robert E. 113 f.
Passino, Kevin 220–226, 247 f., 250
Pfeifsignale (Arbeiterinnen): Botschaft 48 f., 179 f., 185–189, 250; Urheber 180–184, 199 f.; Verhaltensmuster 48 f., 179–185, *181*, *183*, *184*, *185*
Pfeifsignale s. Königin, Pfeifsignale; Pfeifsignale (Arbeiterinnen)
Pheromone: der Königin 13, 207; als Lockstoff 50, 73, 79, 201, 209, 211–218, XXXIV, XXXV
Planck, Max 171
Platon 16
Positive Rückkopplung 121, *145*, 157 f., 200, *241*, 242, 269 f., XXVI
Propolis s. Harz

Quäker-Zusammenkünfte 140, 195, 204
Quorum 195–204, *241*, 249–251, 268, 274–276

Rangel, Juliana 48
Ratnieks, Francis 210
Raubtiere 54, 61 f., 67, 70 f.
Reich, Adrian XXXI
Rice, Condoleezza 264
Rittschof, Claire 190 f.
Ritualisierung 193
Robert, Henry M. 264 f., 267 f.
Robert's Rules of Order 264 f., 267 f.
Robinson, Gene E. 113 f.

Satisficing 118
Schmidt, Justin O. 73
Schultz, Kevin 221–226
Schütteln: unter Arbeiterinnen 186 f., *187*, der Königin 46, *47*, 52
Schwarm: Abflug 172 f., 178 f., *179*, *185*, 185–193, *192*, XXX; Außenseite 175–179, *176*, 185–189; Flug 24 f., *25*, 206–230; Größe 208, 211; künstliche Erzeugung 74, 113–115, 217;

Temperaturregulation 173–176, *176*, 178 f., *179*; XXIX; Verhalten 14 f., 44–50; Verlassen des Stocks 46–50, 191 f., *192*; Zusammensetzung 43 f.
Schwänzeltanz: Botschaft 17–20; nachlassende Motivation 150–152, XXVII; Position im Schwarm 22, *183*, XIX; Stärke als Indiz für die Qualität des Nistplatzes 132 f., 143–157, *170*, 239, 269 f., XXVI; Verfolgung 18 f., 159; Verhaltensmuster 17–20, *18*, *19*, 147, *148*
Schwärmen: Ereignisse 44–50; Zeitpunkt 14, 89
Schwirrlauf: Botschaft 49; 189–191; Urheber 190–193; Verhaltensmuster 48 f., 189–192, *190*
Seeley, Daniel H. 68
Seeley, Robin Hadlock 70
Sensorische Repräsentation: im Gehirn 237–239; im Schwarm 238–243
Sequential Probability Ratio Test (SPRT) 253–256
Shoals Marine Laboratory 76–84, 121–136, 197–202, 222 f.
Signale: Evolution 192–194; s. a. Königin, Pfeifsignale; Pfeifsignale (Arbeiterinnen); Pheromone; Schütteln; Schwänzeltanz; Schwirrlauf
Smibert, Thomas 205
Stoffwechsel: der Individuen 38, 175 f., *176*; der Kolonie 36 f., 38, 174–176, *176*
Subtile Lenkung (Hypothese) 214, 220, 226
Sugrue, Leo 237
Sullivan, Rodney 77 f., *78*, 124
Superorganismus 35–37
Szabo, Tibor 67

Tautz, Jürgen 177 f., 182–189
Temperaturregulation: der Individuen 49, 173–179; im Nest *36*, 36 f., 38 f.; im Schwarm 173–176, *176*, 178 f., *179*, XXIX
Thoreau, Henry David 17

Überzeugungskraft 130, 157–159
Unabhängigkeit 268–273, 279 f.
Undichtigkeit: im Gehirn 236, 246 f., 252 f.; im Schwarm 246–248, 252 f.
Universität Würzburg 177
Usher, Marius 246 f.

Vergleich, ausbleibender 161–166
Vibration s. Schütteln
Vielfalt 262–268, 278–280
Visscher, P. Kirk 148–150, 159, 196–200, 208 f., XXIV, XXXII

Waben, Konstruktion 40 f., 68 f., I
Wachs: Drüsen 47; Produktion 47, 69, X
Wahlen in der Schwarmdemokratie 143 f., 280–282
Wettbewerb, freundlicher 88
Wilson, Edward O. 27, 56 f.
Winter 37–39, *38*, 44 f., 68 f., 81, 137–139
Wolfson-Seeley, Ethan 124